HISTOIRE

DES

DÉCOUVERTES

ET

DES VOYAGES FAITS DANS LE NORD.

TOME SECOND.

Orbis ſitum dicere..... impeditum opus & facundiæ minime capax..... verum aſpici tamen cognoſcique digniſſimum.

Pomponius Mela in Proemio.

HISTOIRE

DES

DÉCOUVERTES

ET

DES VOYAGES

FAITS DANS LE NORD,

Par M. J. R. Forster:

MISE EN FRANÇAIS

Par M. BROUSSONET.

Avec trois Cartes Géographiques.

TOME SECOND.

A PARIS,

Chez CUCHET, Libraire, rue & hôtel Serpente.

M. DCC. LXXXVIII.

Avec Approbation & Privilége du Roi.

TABLE DES CHAPITRES

Contenus dans le Tome second.

LIVRE III.

HISTOIRE

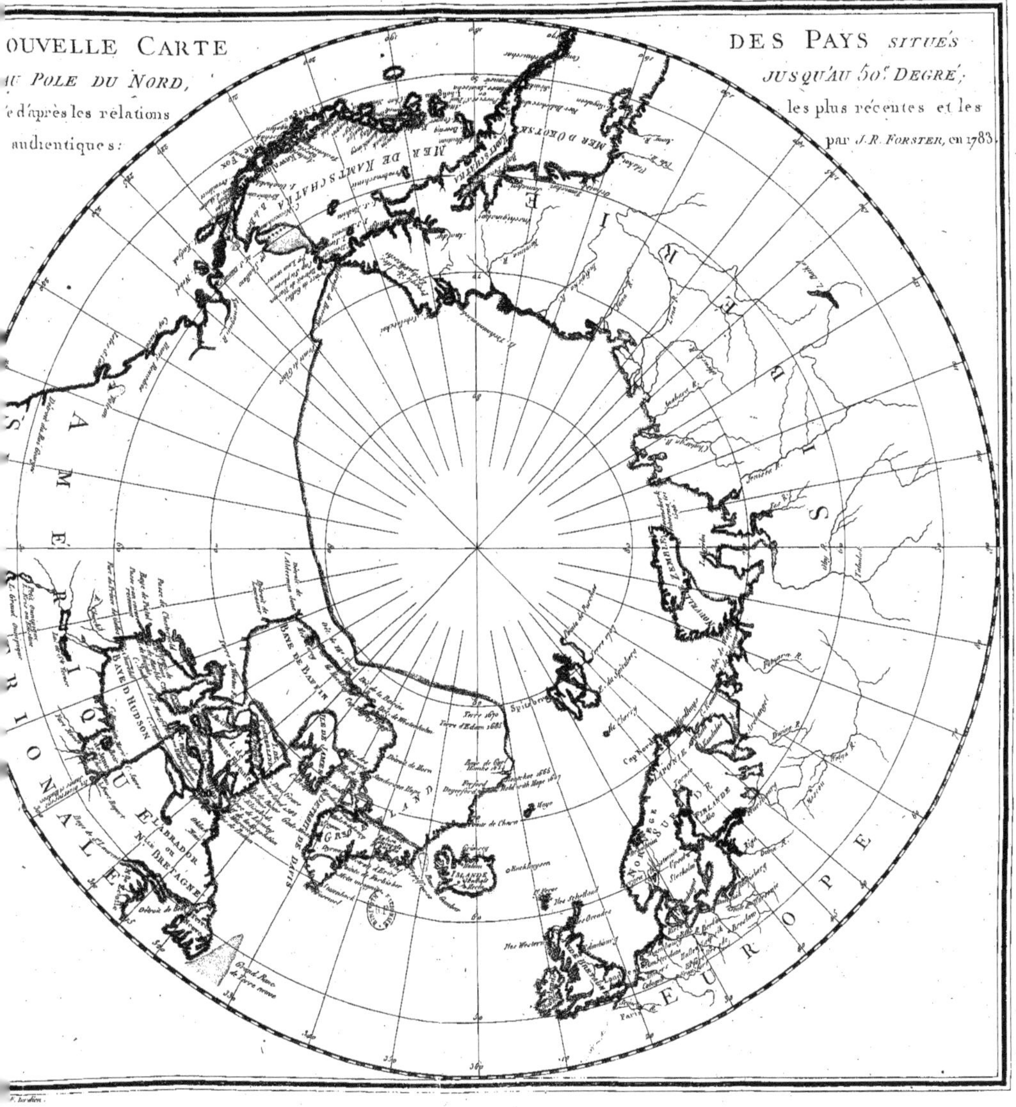

OUVELLE CARTE DES PAYS SITUÉS
U POLE DU NORD, JUSQU'AU 50e DEGRÉ;
e d'après les rélations les plus récentes et les
authentiques: par J.R. FORSTER, en 1783.

E. Tardieu.

HISTOIRE

DES

DÉCOUVERTES

ET DES VOYAGES

FAITS DANS LE NORD.

LIVRE III.

Des Découvertes faites dans le Nord par les Modernes.

OBSERVATIONS GÉNÉRALES.

LES progrès des connaissances & de l'industrie; la liberté accordée aux serfs & aux esclaves; la puissance, la considération que le commerce & la navigation avaient données à quelques villes d'Allemagne, d'Italie & des Pays-Bas ; les réformes faites dans l'adminiſtration de la juſtice qui forçaient chaque individu à renoncer au droit de venger ſes propres injures ; l'augmentation de la puiſſance des princes & des rois, leurs efforts pour anéantir dans les matières de gouvernement l'influence de leurs grands vaſſaux & de la nobleſſe ; l'établiſſement des armées toujours ſubſiſtantes en France & en Italie, & la néceſſité où les ſouverains ſe trouvaient d'augmenter leurs revenus ; toutes ces circonſtances avaient concouru à produire au commencement du quinzième ſiècle de grands changemens dans la forme des gouvernemens de l'Europe.

Tous les princes avaient formé le projet de s'agrandir, ſoit par de nouvelles conquêtes, ſoit par l'augmentation de leur pouvoir dans leurs propres états. Dès l'an 1250, les Portugais avaient chaſſé les princes Arabes des lieux qui les avaient vus naître. Pour empêcher les Maures de ſe lier avec ceux de l'Eſpagne & de cauſer de nouveaux troubles chez eux, les Portugais paſsèrent ſur la côte de la Mauritanie où ſont aujourd'hui Fez & Maroc, & firent tout le mal qu'ils purent aux ennemis du nom chrétien. Ils s'emparèrent de *Ceuta* en 1415, & fortifièrent pluſieurs ports des environs, ſur l'Océan. En 1418,

Jean-Gonzales Zarco & *Tristan Vaz*, après avoir été battus par une grande tempête, découvrirent une île qu'ils nommèrent *Porto-Santo* (Port-Saint), à cause de l'asile qu'ils avaient eu le bonheur d'y trouver. Il est impossible de ne pas voir, de *Porto-Santo*, l'île de *Madère*, sur-tout lorsqu'il fait beau. Ces navigateurs firent voile vers cette île qui leur paraissait comme un nuage ; ils lui donnèrent le nom de Saint-Laurent dont on célébrait la fête le jour qu'ils la découvrirent. Mais bientôt après elle fut nommée *Madère* à cause des bois dont elle était couverte. Deux ans après on mit le feu à ces forêts, ce qui favorisa beaucoup la culture du sucre.

L'infant de Portugal, Dom Henri, enflammé du desir de faire de grandes découvertes, envoya *Gonzales Velho Cabral* pour en faire de nouvelles vers l'ouest. Celui-ci entreprit ce voyage en 1431. Il découvrit d'abord quelques rochers arides qu'il nomma *las Formigas* (les Fourmis), à cause du mouvement continuel de la mer qui les entoure. Bientôt après il découvrit l'île de *Sainte-Marie* qu'il peupla en 1432, après en avoir obtenu la permission de l'infant *Dom Henri*. On envoya dans le même temps *Antonio Gonzales* avec deux caravels, espèce de petit vaisseau, pour faire de nouvelles découvertes sur la côte d'Afrique. Jusqu'alors on avait eu coutume de se ſaiſir des Maures mahométans qu'on trouvait errans dans ces lieux, & de les réduire en eſclavage comme ennemis du chriſtianiſme. Mais dans l'année 1442, quelques-uns de ces priſonniers furent rachetés par leurs parens qui donnèrent en échange, non-ſeulement des hommes à cheveux crépus & tout-à-fait noirs, mais encore de la poudre d'or. Depuis ce temps le deſir de découvrir les contrées d'où venaient les Nègres & de poſſéder l'or qu'on y trouve, ſe fortifia de jour en jour. En 1443, *Nunno Triſtan* découvrit le cap *Arguin* ou *Akaget*, & l'île des *Grues* (*Ilha de Garzyas.*) L'année ſuivante on apperçut l'île de *San-Miguel* (Saint-Michel) une des Açores. *Lanzorotte* fit un grand nombre de priſonniers ſur la côté d'Afrique, & *Cadamoſte* découvrit la rivière de *Gambra*. On reconnut dans l'année 1445, une autre des Açores, c'eſt l'île des *Oiſeaux*; elle fut nommée *Tercère* parce qu'elle était la troiſième de celles qui avaient été découvertes dans ces parages dans la même année. *Denis Fernandes* découvrit le *Cap-Verd*, qu'il nomma ainſi parce qu'il était couvert de verdure, & donna le même nom aux îles ſituées vis-à-vis. Depuis 1445 juſqu'en 1449, on reconnut le reſte des Açores, les îles *Saint-Georges*, *Gracieuſe*, *Fayal* & *Pico*. Il était impoſſible que ces îles preſque à la vue de *Tercère*, demeuraſſent plus long-temps inconnues. L'île de Fayal nommée ainsi, non à cause du hêtre qui y croît, mais d'une nouvelle espèce de bruyère, *Myrica-Faya*, fut donnée par *Alphonse* à Isabelle, duchesse de Bourgogne, sa sœur. Après la mort de l'Infant *Dom Henri*, cette princesse la donna à *Jobst Von. Hurter*, que les Portugais nomment *Jos :* de *Hutra* & *Hura*, né à *Nuremberg*. Hurter qui était entré par un mariage dans l'illustre maison portugaise de *Macedo*, aborda dans l'île Fayal en 1466, avec une colonie de plus de deux mille Flamans des deux sexes. Quoique la nation fût, à cette époque, accablée par une guerre ruineuse & par la famine, la duchesse avait donné à ces colons toutes les provisions nécessaires pour deux ans; cette colonie fit bientôt de grands progrès. On fit encore en 1472, quelques tentatives pour peupler les îles du Cap-Verd. L'année précédente, on avait découvert les îles de Saint-Thomas, *Ilha do Principe*, l'île du Prince, & *Anho-Bon*, ainsi que la côté de Guinée & la côte d'Or. Sur les globes terrestres de Martinm Behai, la Guinée est nommée Genea; &, selon *Léon l'Africain*, elle était appelée par les Arabes *Gheneoa*, & par les Nègres *Genni*. Les Portugais prirent autant de soin pour cacher la situation de ces contrées qui recèlent l'or, que les Carthaginois en avaient pris autrefois pour cacher celle des lieux où ils allaient chercher l'étain. Cependant les Français prétendent avoir été dès 1346, ou au moins en 1364, de Dieppe à *Della-Mina* sur la côte de Guinée, en longeant la côte occidentale de l'Afrique. Les grands avantages que le Portugal tira de la cire, de l'ivoire, des plumes d'autruche, des esclaves nègres, & sur-tout de l'or de ces contrées, déterminèrent Jean II à y envoyer en 1481, douze vaisseaux sous le commandement de *Dom Diego d'Azembuya* & à faire bâtir un fort pour protéger le commerce. Ce fort fut nommé *Saint-George della Mina*. Dans l'année 1483, *Diego Cam* ou *Jacob de Cano* & Martin Behaim (*a*) de Nuremberg, mirent à la voile avec deux caravels pour faire de nouvelles découvertes. Ils reconnurent le royaume de *Benin* où croît une espèce d'épice qu'on prit pour le poivre & qu'on transporta en grande quantité en Europe. Cependant cette épice bien observée ne se trouva être que la *graine de paradis* (*b*). Ces navigateurs abordèrent en 1484, à la côte de *Congo*. Les Portugais continuèrent d'examiner ces lieux avec la plus grande attention.

Barthelemi Diaz s'avança, avec trois vaisseaux,

(*a*) Ce Martin Behaim épousa ensuite à Fayal environ l'an 1486, Jeanne de Macedo, fille du chevalier Jobs Von Huter, & en 1489, il en eut un fils nommé Martin.

(*b*) *Amomum grana paradisi* qu'on nomme aussi graine de *Malaguette* ou *Maniguette*.

beaucoup plus loin au ſud qu'aucun de ceux qui l'avaient précédé. Enfin il découvrit en 1486, le promontoire le plus au ſud de l'Afrique, il le nomma *Cabo de todos los Tormientos* (Cap des Tourmentes) à cauſe des fréquentes tempêtes qui s'y forment. Mais le roi de Portugal qui avait l'eſpoir de faire de plus grandes découvertes, & ſur-tout de trouver une nouvelle route pour aller aux Indes, lui donna le nom de Cap de Bonne-Eſpérance. La célébrité que ces voyages avaient acquiſe aux Portugais & les avantages qu'ils en retiraient firent naître à pluſieurs perſonnes très-verſées dans les mathématiques & la navigation, l'envie de participer à ces découvertes. Les Allemands, les Flamands & les Italiens furent les premiers à acquérir par ces moyens de la réputation & des richeſſes. *Jacob van Brugge* & *Guillaume van Dagora* qui prit enſuite le nom de *Silveira*, tous deux flamands, peuplèrent quelques-unes des Açores. *Jacob van Hurter* & *Martin Behaim*, tous deux de Nuremberg, devinrent ſeigneurs de *Fayal* & de *Pico*. *Antoine de Nolle*, italien, découvrit *San-Jago* (Saint-Jacques), une des îles du *Cap-Verd*, dont il devint enſuite gouverneur. *Jean-Baptiſte*, français d'origine, devint propriétaire de *Mayo*, autre île du Cap-Verd. *Bethencourt*, gentilhomme français, prit poſſeſſion, le premier, des îles *Canaries*. Des hommes de toutes les nations, diſtingués par leur rang, leurs connaiſſances & leur caractère entreprenant, s'unirent aux aventuriers portugais dans toutes leurs entrepriſes. Quoique les Portugais ne permiſſent pas alors aux autres nations de prendre poſſeſſion des pays qu'ils avaient découverts à travers tant de dangers, avec de ſi grandes dépenſes & ſoutenus d'un zèle infatigable, ils n'étaient pas éloignés d'admettre des étrangers inſtruits à leur ſervice, de les unir par des alliances aux familles portugaiſes, & de partager avec eux les avantages de leurs découvertes. Tous les vaiſſeaux que l'immortel Dom Henri avait envoyés pour ces voyages étaient pourvus de pilotes auſſi habiles qu'ils pouvaient l'être à cette époque. Il avait eu ſoin auſſi de prendre à ſon ſervice, une jeune nobleſſe qu'il avait fait élever à *Ternaubel* près *Sagre* en *Algarve*, & inſtruire dans la géographie, la navigation & dans l'art de lever des cartes, par un habile mathématicien de Mayorque qu'il avait envoyé exprès à *Ternaubel*. On indiqua ſur les cartes tous les pays nouvellement découverts. On voit que lorſque *Pédro de Covillam* & *Alonzo de Payva* mirent à la voile dans l'année 1487, ils prirent avec eux une mappemonde, qui avait été deſſinée par *Calſadilla*, évêque de *Viſeu*, très-ſavant mathématicien. Joſeph II, roi de Portugal, ordonna à ſes deux médecins, *Roderic* & *Joseph*, & à *Martin Behaim*, tous trois bons mathématiciens pour ce temps, de chercher un moyen de déterminer avec plus de certitude qu'on ne l'avait fait jusqu'alors, la marche d'un vaisseau & le point où il se trouve en mer. En conséquence de cet ordre, ces savans firent des changemens à l'astrolabe, dont l'usage avait jusqu'alors été borné à l'astronomie, & ils le rendirent également propre à la navigation. C'est un fait avéré, que lorsque Martin Behaim fut en 1492 à Nuremberg pour y revoir ses parens, il fit un globe sur lequel il dessina tous les pays alors connus. Entre plusieurs choses que présente ce globe, on voit que l'auteur pensait qu'en avançant toujours vers l'ouest on pourrait enfin aborder au *Cathay* ou nord de la Chine, & au *Cipangu* ou Japon. On trouve aussi sur ce globe la grande & la petite *Java*, les îles de *Kandyn* & d'*Angama* décrites par *Marco Polo*. L'opinion dont nous venons de parler, fut encore confirmée par l'observation que l'on fit des fruits exotiques souvent poussés sur les côtes des Açores par les courants & les vents d'ouest. Ces courants y avaient même porté une barque & les cadavres d'une nation inconnue; ce qui suffisait pour rendre probable l'existence d'une contrée habitée vers l'ouest, mais on supposait toujours que c'étoit l'Inde. Un génois, *Christophe Colomb*, qui joignait à des connaiſſances très-étendues en mathématiques & en coſmographie, une grande habileté dans la navigation, avait demeuré long temps en Portugal, où il avait épouſé la fille de Barthelemi Pereſtrello, un des premiers qui avait contribué à peupler *Porto-Santo* & *Madère.*

Colomb ne pouvait pas ignorer les ſuccès des importantes découvertes que les Portugais avaient faites. Il devait auſſi être informé de l'opinion où on était alors, qu'un vaiſſeau qui ferait voile vers l'oueſt, arriverait immanquablement aux Indes. Plein de cette idée il demanda au roi de Portugal, Joſeph II, quelques vaiſſeaux pour aller au Japon, pays dont il était fait mention dans les écrits de *Marco Polo.* Le roi le renvoya à *Diego Ortiz*, évêque de Ceuta, & à ſes deux médecins, Roderic & Joſeph qui regardaient tous l'opinion reçue généralement ſur le Japon, comme une rêverie, & le plan de *Chriſtophe Colomb* comme impoſſible à exécuter, rejetèrent conſéquemment ſa demande. Mais Colomb que de pareils refus étaient bien loin de décourager, quitta le Portugal où l'on n'acceptait pas ſes propoſitions, paſſa en Eſpagne en 1484, & envoya ſon frère Barthelemi en Angleterre pour y faire les mêmes propoſitions à Henri VII.

Chriſtophe Colomb ſollicita pendant ſept ans auprès de la cour d'Eſpagne pour l'exécution de ſon projet & n'éprouva que des obſtacles. Dans le même temps ſon frère avait été pris par des pirates qui le retenaient en priſon. En 1488, il fit préſent au Roi Henri d'une mappemonde qu'il avait deſſinée lui-même. Henri VII, prince extrêmement avare & par cela même peu fait pour les grandes découvertes, laiſſa partir Barthelemi Colomb de ſes états ſans avoir rien fait pour lui. Barthelemi vint trouver à Paris Charles VIII; ce prince fut le premier qui lui donna connaiſſance des importantes découvertes de ſon frère.

Cependant Chriſtophe Colomb fatigué de ces longs délais & d'une attente infructueuſe, était ſur le point de quitter l'Eſpagne. Il voulut cependant faire encore une tentative; mais la réponſe ſi déſirée ſe faiſant trop attendre, il partit pour rejoindre ſon frère en Angleterre. La reine Iſabelle déterminée enfin par la conquête qu'elle venait de faire du royaume de Grenade, & par les preſſantes ſollicitations de deux de ſes courtiſans dont l'eſprit était ſans préjugés & le coup d'œil vaſte, accorda un foible ſecours de 40,000 florins pour l'expédition qu'avait projettée Colomb; on envoya un bateau après lui pour le ramener, il revint, & on conclut avec ce navigateur un arrangement convenable.

Colomb partit de *Palos* en Eſpagne, le 3 août 1492; & le 15 mars de l'année ſuivante, il rentra dans ce port après avoir découvert quelques îles. De l'or, du coton, du piment, un grand nombre de perroquets de différens plumages, des animaux rares qu'il rapporta & même quelques habitans de *Haiti* (Saint-Domingue) qu'il amena avec lui, furent les preuves incontestables de ses découvertes. Ce grand événement fixa l'attention de toute l'Europe. Il se trouva des hommes qui desirèrent partager avec Christophe Colomb l'honneur de faire de nouvelles découvertes. L'un desquels était *Amerigo Vespucci*, qui avait vu le nouveau pays, sinon avant Colomb, au moins bientôt après lui ; & par un singulier effet du hasard, toute cette vaste contrée fut appelée de son nom, *Amérique*. Enfin, vers cette même époque, c'est-à-dire, en 1496, *Vasco de Gama* doubla le *Cap des Tempêtes*, ou plutôt de Bonne-Espérance, & aborda aux grandes Indes. Alors l'émulation naquit entre les Espagnols & les Portugais; ils cherchèrent à étendre de plus en plus leurs découvertes, & à les rendre plus utiles & plus importantes. En 1500, Pedro Alvarez Cabral partit pour les Indes, & découvrit par hasard une vaste côte qu'il appela Terre de Sainte-Croix, & qu'on nomme actuellement *Brésil*, du nom d'un bois qui teint en rouge, qu'on y trouve en abondance. Ce nom était déja connu par les Arabes (*a*).

(*a*) *Abulfeda Tab. XVI, exhibens insulas maris*

On crut pendant long-temps que ce continent nouvellement découvert était l'Inde. Ce ne fut qu'au bout de plusieurs années qu'on s'apperçut qu'il était impossible qu'une côte d'une étendue de plusieurs centaines de milles du nord au sud fût celle de l'Inde. Mais lorsque *Vasco Nunnez* de *Balbao* eut en 1513 découvert l'Océan au-delà de l'isthme de Panama, il ne resta plus de doute sur cet objet.

Cependant le Portugal tirait d'immenses trésors des Indes, & l'Espagne semblait ne s'être pas moins enrichie de ceux de l'Amérique. Toute l'Europe contemplait avec étonnement & jalousie cette augmentation de richesses & de puissance. L'Espagne, les Pays-Bas, une grande partie de l'Italie & en Allemagne, les états héréditaires d'Autriche étaient réunis en la personne de Charles V. Les trésors de l'Amérique le rendaient capable d'usurper en Allemagne plus de pouvoir que n'en avaient eu avant lui les chefs de l'empire. François premier qui essaya de mesurer ses forces avec lui, fut vaincu & fait prisonnier devant Pavie. Les armées que Charles V employa pour l'exécution de ses desseins ambitieux étaient principalement composées d'Espagnols, nation douée d'une grande

---

Orientalis. Lameri *est matrix ligni brasilli & cannæ Indicæ.*

valeur, d'une rare constance, endurcie à la fatigue & fière de ses exploits. Les opérations militaires de ce prince en Italie, dans les Pays-Bas & dans presque toutes les parties de l'Allemagne, servirent à répandre les trésors des deux Indes dans ces contrées. Les richesses & la guerre, non-seulement introduisirent chez les différentes nations le mélange des mœurs & le rafinement du luxe, mais elles excitèrent encore les princes de l'Europe à faire des efforts pour augmenter leurs finances, maintenir des armées toujours sur pied, & être en état de résister à la trop grande puissance des papes & de l'empereur. Les différentes nations de l'Europe commencèrent à communiquer entr'elles plus qu'elles ne l'avaient encore fait. Les souverains les plus éloignés cultivèrent l'amitié des uns des autres dans le dessein d'augmenter leurs forces par le moyen des traités & de se mettre en état d'exécuter les plans d'agrandissement ou de défense qu'ils avaient formés. Le génie & le talent commencèrent à être en grande considération, le feu sacré de la liberté s'alluma dans les cœurs généreux, & se déploya dans les pensées & dans les actions; en un mot l'Europe prit une face toute nouvelle. Les deux Indes, sources de tant de changements dans la politique, devinrent l'objet des desirs de tous les princes, ainsi que des particuliers qui joignaient à des connaissances dans la cosmographie, l'astronomie & la navigation, un courage ferme & un esprit élevé, & qui espéraient exécuter les plus grandes entreprises. Il était difficile, dans de pareilles circonstances, qu'il ne se trouvât pas chez les nations maritimes & commerçantes des gens qui s'offrissent à chercher de nouveaux passages pour aller aux Indes.

Depuis la découverte de la route des deux Indes, presque toutes les nations qui ont une marine ont essayé d'y aller par des mers différentes & en même-temps de découvrir de nouvelles régions.

Les bornes que nous nous sommes prescrites dans cet ouvrage nous restreignent à l'Histoire des découvertes faites dans le Nord; cependant nous avons cru nécessaire de lier notre narration par cette Introduction, & nous observerons dans ce qui nous reste à dire, que les tentatives qu'on a faites pour arriver aux Indes par des routes nouvelles & plus courtes, que celles qu'on prend ordinairement, ont donné lieu à plusieurs voyages dans le Nord. Mais quelques-uns de ces voyages ont été faits dans d'autres vues que nous aurons occasion de développer suivant l'ordre de leurs dates.

Il est cependant nécessaire, pour mettre de la précision & de la clarté dans notre exposé, de désigner les découvertes dont nous allons rendre compte, sous le nom des différentes nations qui y ont eu part ; c'eſt pourquoi nous ferons un récit ſuccinct de celles qu'ont faites les Anglais, les Allemands, les Français, les Danois, les Ruſſes, les Eſpagnols & les Portugais ; & nous finirons par quelques obſervations générales ſur la phyſique, la zoologie, la botanique, la minéralogie & l'hiſtoire de l'homme. Nous ajouterons enfin quelque choſe ſur la poſſibilité de trouver un paſſage par les mers du Nord pour aller dans celle du Sud.

CHAPITRE PREMIER.

Découvertes des Anglais dans le Nord.

SOUS le règne de Henri VII, après la perte de toutes les provinces que les rois d'Angleterre avaient poſſédées en France, & les longues guerres civiles qui avaient diviſé les maiſons *d'York* & de *Lancaſtre*, l'Angleterre était reſtée dans un état extrême de foibleſſe. La défiance & l'économie de Henri contribuèrent particulièrement à maintenir la tranquillité au dedans & la paix au dehors. Ce qui fut favorable au commerce, & les manufactures commencèrent à s'établir de tous côtés. Les marchands ſe rendirent en foule à Londres de toutes les parties de l'Europe. Les Vénitiens & les Lombards y étaient en particulier ſi nombreux, que ces derniers donnèrent leur nom

nom à une rue de Londres. Les habitans des villes Anséatiques y firent aussi un grand commerce. La découverte de l'Amérique occupa tous les esprits & suggéra l'idée d'entreprendre des voyages pour trouver de nouveaux pays.

I. Il y avait alors à Londres un vénitien nommé *Jean Cabota* ou *Cabot*, qui avait trois fils, *Louis*, *Sébastien* & *Sanches*. Sébastien quoique très-jeune, avait fait de grands progrès dans les lettres & en particulier dans la connaissance de la sphère, c'est-à-dire, dans les sciences mathématiques qui ont pour objet la géographie & la navigation. La renommée de Colomb & le bruit de ses succès inspirèrent à Sébastien le desir d'acquérir aussi de la gloire par de semblables entreprises. Henri VII, en 1495 ou 1496, permit à Cabot & à ses trois fils de partir avec cinq vaisseaux sous pavillon royal pour parcourir les mers de l'est, de l'ouest & du nord, & s'emparer des continents & des îles appartenans aux payens & qui n'auraient point été découverts par des princes chrétiens. La treizième année du règne d'Henri VII, *Jean Cabot* obtint la permission d'aller avec six vaisseaux de deux cents tonneaux chacun, faire de nouvelles découvertes; il ne partit cependant qu'au commencement de mai 1497. Il n'avait alors que deux vaisseaux frétés & approvisionés aux frais du Roi. Mais les marchands de Bristol envoyèrent avec lui trois ou quatre petits bâtimens chargés de gros draps, de bonneterie & d'autres marchandises de peu de valeur. Il navigua quelque temps sans voir aucune terre. Son équipage commençait à murmurer; lorsqu'enfin, craignant de le voir se mutiner, il dirigea plus au sud-ouest; &, après avoir fait voile encore quelque temps, il découvrit le 24 juin une terre qu'il nomma *Prima Vista* (Première Vue) par allusion aux circonstances où il se trouvait alors. Les Anglais, employant un mot à peu près de la même signification, la nommèrent *Newfound-land* (Terre-Neuve). D'autres auteurs disent qu'il rencontra de grandes montagnes de glace, que les jours étaient devenus plus longs, & que dans les lieux qu'il visita il n'y avait point de glaces. Quelques-uns prétendent qu'il s'avança jusqu'au soixantième degré trente minutes latitude nord; d'autres pensent qu'il n'alla pas plus loin que le cinquante-huitième degré même latitude. Il nous apprend lui-même qu'il ne s'éleva que jusqu'au cinquante-sixième degré latitude nord, & que la côte dans cette partie s'étend à l'est; ce qui semble peu probable, car la côte de *Labrador* ne court ni au cinquante-sixième, ni au cinquante-huitième degré à l'est, & la côte de Groenland est au soixante-septième degré & demi.

Je penserais donc que *Sébastien Cabot* vit d'abord Terre-Neuve vis-à-vis du cap de *Bona*

Vista. Selon la relation de *Pierre Martyr*, *Cabot* nomma aussi cette terre nouvelle *Baccalaos*, parce qu'il trouva dans ces parages une grande quantité de gros poissons que les habitans de ces lieux nomment ainsi. Ce mot est prononcé avec le double *ll* espagnol, *Baccaljaos.* C'est delà que les Allemands & les Hollandais ont fait leur mot *Kabbéljau* dont la signification est la même. Je présume d'après cela que *Prima Vista*, la première terre que découvrit *Cabot*, était la pointe de Terre-Neuve, encore appelée *Cape bona Vista*; & cette conjecture est confirmée par la situation de l'île *Baccalao* qui n'est pas éloignée de cet endroit. Les habitans que Cabot rencontra étaient couverts de peaux d'animaux. Il vit aussi quelques cerfs & des ours blancs qui prenaient le cabelliau dans la mer. Il trouva aussi dans ces lieux des faucons noirs, des perdrix & des aigles de la même couleur. Il remarqua que les habitans avaient beaucoup de cuivre.

Ayant pris des rafraîchissemens dans cette île, il fit voile vers le sud-ouest à-peu-près à la même latitude que le détroit de Gibraltar, & à la même longitude que l'île de *Cuba.* Suivant cette remarque de *Pierre Martyr*, *Sébastien Cabot* doit avoir été aussi loin que *la baye de Chesapeak* en Virginie. Il fut obligé, faute de provisions, de songer à son retour; il emmena avec lui trois habitans de *Baccalao* ou Terre-Neuve ; mais comme on faisait alors en Angleterre de grands préparatifs pour une guerre contre l'Ecosse, il ne lui parut pas probable qu'on se déterminât à tirer aucun parti de ses découvertes : il entra en conséquence au service de l'Espagne où il fut fait *pilote-mayor*, grand pilote. Il reconnut en cette qualité la côte du Brésil & la rivière de *la Plata*. Il entreprit ensuite quelques autres voyages pour l'Espagne. Il y eut aussi un *Sébastien Cabot*, élevé au grade de grand pilote d'Angleterre, par un ordre d'Edouard VI, en 1549, avec 166 sterlings 13 schellins 4 sols d'appointemens. Mais si c'est le même que celui dont nous parlons, il devait être alors très-âgé.

II. Nous ne voyons pas que depuis ce temps, sous les règnes de Henri VII & de Henri VIII, on ait entrepris aucun grand voyage au Nord. L'avarice du premier l'éloignait de toute nouvelle entreprise ; & *Sébastien Cabot*, quoiqu'il eût découvert une grande étendue de terre en s'élevant depuis le cinquante-sixième jusqu'au trente-sixième degré de latitude nord, n'avait rapporté en Angleterre de sa première expédition, ni or, ni argent, seuls objets qui déterminaient alors à entreprendre des voyages de découvertes. Henri VIII avec un caractère voluptueux, cruel & violent, n'était pas fait pour encourager les navigateurs instruits à tenter des entreprifes qui les auraient expofés à fa tyrannie en cas de mauvais fuccès ; de telles expéditions dépendant fouvent des vents pouvaient prendre une tournure malheureufe. Après la mort de ce prince, arrivée en 1548, il y eut un *Sébaftien Cabot*, qui fut non-feulement créé grand pilote d'Angleterre, mais qui obtint en outre une penfion de 166 livres fterlings 13 fchelins 4 den. pendant fa vie, en confidération des fervices qu'il avait rendus & de ceux qu'on attendait de lui. Ces expreffions femblent indiquer que c'était le même Sébaftien Cabot qui long temps avant, en 1497, avait fait avec fon père, la découverte du nord de l'Amérique, de Terre-Neuve & de la terre *di Laborador* (de Labrador). D'après ce qu'il dit lui-même, il était fort jeune alors. Suppofons qu'il eût, en 1497, 22 ans, en 1548, il devait être âgé de 73 ans. Ainfi, fi Sébaftien Cabot avait été un jeune homme & différent du premier navigateur (comme le père Bergeron le fuppofe dans fon Traité des Navigations), il aurait fait lui-même le voyage dont nous parlons ? Au contraire, le titre de gouverneur de la fociété des marchands formée pour découvrir des terres inconnues, montre affez qu'il devait être alors un homme d'une expérience confommée. Il eft donc probable que ce *Sébaftien Cabot*, foit par mécontentement ou par quelqu'autre caufe, avait quitté la cour de

Charles-Quint, & était retourné en Angleterre. Dans des observations qu'il fit sur ses voyages, il essaya de prouver qu'il était possible de trouver un passage par le nord-est pour aller à la Chine & aux Indes.

Une compagnie de marchands forma une association à la tête de laquelle il fut placé. Cette société envoya trois vaisseaux, en 1553, sous le commandement du chevalier Hughes Willoughby, pour faire de nouvelles découvertes. Au mois de juin ils arrivèrent à *Halgoland*, patrie d'*Other*; s'avançant plus loin ils touchèrent à *Rost* où Quirini avait hiverné, s'élevant encore davantage, ils virent *Lafot* & *Seynam* (Senju). A la vue de cette île, l'Edouard-Bonaventure, commandé par le capitaine Richard Chancellor, fut séparé du vaisseau amiral par une tempête. L'amiral bientôt après vit la terre, mais il ne put y aborder à cause des glaces & des bas-fonds. Il supposa qu'il était à cent soixante lieues de *Seynam*, dans la direction d'est par nord, & au soixante-douzième degré latitude nord. Il pouvait conséquemment avoir touché à la côte de *Kola*. Peut-être cette terre était-elle la côte de la Nouvelle-Zemble, ou l'île de *Kolgow*. Il partit se dirigeant de nouveau vers l'ouest & aborda enfin dans un havre à l'embouchure d'une rivière, où il se détermina à hiverner. Mais ils y périrent tous, soit qu'ils aient été atteints du scorbut, soit qu'ils n'aient pas eu assez de bois pour se chauffer. Il paraît néanmoins par les manuscrits qu'on trouva après eux dans ces lieux, qu'ils étaient encore vivants au mois de janvier 1554. La rivière ou le port où le chevalier *Willoughby* mit à l'ancre était appelée *Arzina.* On trouve dans la Laponie russe une rivière de ce nom entre *Kola* & le cap que les Russes appellent *Swjtoi-Noss.* Car il n'est pas probable que Willougby ait vu le Spitzberg, comme *Wood* l'assure. La partie la plus au sud du Spitzberg étant, au moins, au soixante-dix-septième degré latitude nord, & conséquemment, quatre ou cinq degrés plus au nord que la terre de *Willoughby.*

Dès que *Willoughby* fut à la vue de cette terre; la *Bona-Confidentia* commandée par le capitaine *Durforth*, fut séparée par une autre tempête & retourna en Angleterre. Le vaisseau le Bonaventure, commandé par Richard Chancellor, aborda au port de Saint-Nicolas, à l'embouchure de la *Dwina;* & Chancellor alla voir le czar *Ivan Wassielewitsch* à *Moscou.* Les grands-ducs avaient toujours beaucoup souffert sous le joug des Tartares; mais ils l'avaient alors entièrement secoué, & la Russie n'était plus divisée comme autrefois en une multitude de petites principautés; elle n'avait plus qu'un seul souverain, le grand-duc, dont la puissance était devenue fort considérable par cette réunion. Cet empire n'a de puissances chrétiennes limitrophes, que la Pologne, la Livonie & la Suède; mais au sud il a pour voisins les Turcs, les Tartares, les Perses & d'autres nations peu civilisées. Cette situation était cause que les négocians des villes Anséatiques avaient, pour faire le commerce, un grand avantage sur ceux de la Russie. Le czar devait donc voir avec satisfaction les Anglois dans ses ports. Aussi il leur fit les offres les plus avantageuses, leur accorda les plus grands priviléges & les traita avec beaucoup d'égards & d'amitié. Richard Chancellor vendit sa cargaison, prit d'autres marchandises en échange de celles qu'il laissait, & s'en retourna en 1554, en Angleterre, avec une lettre du czar *Ivan Wassielewitsch*. Il trouva à son arrivée l'Angleterre gouvernée par la reine Marie qui était montée sur le trône après la mort de son frère, Edouard VI.

III. Les avantages qui résultèrent de ce premier voyage en Russie, engagèrent la compagnie anglaise à tirer tout le parti possible de cet heureux événement & des dispositions favorables du grand-duc. La reine *Marie* & *Philippe II*, roi d'Espagne, son époux, se firent un plaisir d'accorder à la compagnie qui s'engageait à parcourir les mers du nord, nord-est & nord-ouest, sous la direction de Sébastien Cabot, une chartre avec de grands priviléges. Leurs majeſtés écrivirent auſſi une lettre au czar, & donnèrent pouvoir à Richard *Chancellor*, *Georges Killingworth* & *Richard Gray*, de traiter avec ce prince de tout ce qui concernait le commerce & les priviléges de la nouvelle compagnie qu'il voulait favoriſer. Ces plénipotentiaires partirent avec de nouvelles marchandiſes, ſur les vaiſſeaux le *Bonaventure*, le *Philippe* & *Marie*, ils furent très-bien reçus du czar, ils en obtinrent la permiſſion de vendre leurs cargaiſons, & le firent avangeuſement à *Kolmolgori*, *Wologda*, *Moſcou* & Grand-Novogorod.

Ainſi la compagnie anglaiſe fut amplement dédommagée des peines qu'elle avait priſes pour trouver un chemin plus court qui conduisît aux Indes. Cependant elle continua de recommander à ſes marins de faire des recherches exactes pour découvrir la route des Indes & de la Chine.

Dans l'année 1556, les deux vaiſſeaux partirent de la *Dwina* & de la baie Saint-Nicolas, ſous le commandement de Richard Chancellor & retournèrent en Angleterre. Dans le même temps on avait appris la deſtinée des deux vaiſſeaux perdus dans le premier voyage, & la *Bonna-Eſperanja* & la *Bonna-Confidentia* retournèrent en Angleterre avec de riches cargaiſons. Le grand-duc, *Ivan Waſſielowitſch*, avoit envoyé ſur ces vaiſſeaux commandés par Chancellor, un ambaſſadeur avec sa suite, en Angleterre. Mais de tous ces vaisseaux, un seul rentra dans les ports d'Angleterre, tous les autres furent perdus. Richard *Chancellor* périt, & l'ambassadeur *Osep* (*Joseph*) *Nepea* eut les plus grandes peines à sauver sa vie sur les côtes d'Ecosse; il perdit toutes ses marchandises & les présens qu'il portait en Angleterre. Dès que cet accident fut connu en Angleterre, on envoya chercher l'ambassadeur, qui fut magnifiquement reçu à Londres. La compagnie lui fit de riches présens, & le renvoya en Russie sur ses propres vaisseaux. En 1557, le roi & la reine lui accordèrent une audience où ils le reçurent très-bien, & lui donnèrent des présens pour lui & le grand-duc. Les vaisseaux anglais continuèrent à aller tous les ans en Russie & y firent un commerce très-avantageux que Dantzick & les autres villes Anséatiques s'efforcèrent envain de détruire.

IV. La compagnie envoya, en 1556, une pinasse, sous le commandement d'*Etienne Burrough* ou *Burrow* qui avait fait le premier voyage avec Richard *Chancellor* en qualité de contre-maître, en 1553. Ce vaisseau simplement destiné aux découvertes, fut nommé le *Searchthrist*. A leur départ, le gouverneur de la compagnie, Sébastien Cabot, leur rendit une visite, & on le nommait le *bon vieillard*, comme on le voit dans une relation de ce voyage. Cette expression semble une preuve évidente que ce *Sébastien Cabot* est le même que celui qui découvrit *Terre-Neuve*, & s'il avait vingt-deux ans lorsqu'il fit cette découverte, il devait en avoir alors quatre-vingt-un. *Burrough* relâcha à la côte de *Norwège*, vit *Lafot* & le Nord-Cap, qu'il avait nommé ainsi dans son premier voyage de l'année 1553, il vint enfin à *Cola*. Delà il fit voile de conserve avec quelques petits vaisseaux russes ou *lodje*, jusqu'à *Kanyn-Noss* ou *Kanda Noss*. Dès qu'on a passé le cap de cette île, on trouve les vents d'est, nord-est & nord, qui soufflent de plus en plus. Il relâcha ensuite à trente lieues delà par est-nord-est à la baie de *Morschiowez* (Morzovetz) par le soixante-huitième degré vingt minutes latitude nord. Delà il courut vingt-cinq milles à l'est; & à huit lieues au nord par ouest, il trouva l'île de *Colgoive* (*Kolgow-Ostrow*). Il vint ensuite à Swetinotz (*Swjœtoi-Noss*), & bientôt après à l'embouchure dangereuse de la *Petschora*. Toute cette côte est couverte de petites collines sablonneuses. Enfin, il toucha à la Nouvelle-Zemble (Newland) & aux îles de Waigats (*a*).

(*a*) *Waigats*, selon l'opinion de quelques savants, vient de l'hollandais *Waaieu*, c'est à-dire, souffler, venter, & de *gat*, creux ou étroit, & est appelé Waigat, parce que

Mais *Burrough* trouvant qu'il était impossible d'avancer plus loin à cause des vents de nord-est, & de la grande quantité de glace ; outre cela les nuits commençant déjà, au 22 d'août, à devenir très-obscures, se détermina à retourner sur ses pas & à passer l'hiver à l'île *Colmogori* ; quoique les Russes lui montrassent les avantages qu'il retirerait dans le voisinage de l'Oby, à cause de la grande quantité de morses qu'il y trouverait. Il ne vit pas, dans la Nouvelle-Zemble, un seul homme, mais il apperçut beaucoup d'oiseaux, quelques renards blancs & des ours de la même couleur. Sur le continent il vit les Samojedes, nation payenne qui habite les bords de la

---

dans ces détroits le vent souffle avec violence. Mais comme ces détroits étaient déja appelés *Waigats*, par Burrough, avant que les Hollandais les eussent vues, & que les Anglais leur avaient entendu donner les noms de Nouvelle-Zemble, & des *Waigats* par un russe appelé *Loshak* ; il suit que ce nom est plutôt russe qu'hollandais. *Barentz* trouva sur la Nouvelle-Zemble quelques figures gravées sur un promontoire près le détroit, il le nomma pour cela, *Afgoedenhock* (le Cap des Idoles) : dans la langue esclavone, *Wajat* signifie graver, faire une figure. *Wajati-Noss*, signifierait donc cap gravé, ou cap des images. Il me paraît que c'est la vraie origine du mot *Waigats*, qu'on pourrait appeler très-proprement *Wajatelstwoi Proliw*, Détroit des Images.

Petſchora ; ils étaient déjà ſujets de la Ruſſie, & vivaient aſſez en paix. Ceux qui étaient établis ſur les bords de l'*Oby*, étaient cruels & ſauvages. *Burrough* ayant paſſé l'hiver en Ruſſie, retourna en Angleterre dans l'année 1557, & fut fait enſuite contrôleur de la marine royale.

V. Les tentatives pour découvrir un paſſage par le nord-eſt pour aller aux Indes, ayant échoué ; on conçut de nouveau l'eſpérance d'en trouver un par le nord-oueſt. Pénétrée de cette idée, la reine Eliſabeth envoya en 1576, *Martin Forbisher* avec trois petits vaiſſeaux. Le 11 de juillet, ce navigateur vit une terre par le ſoixante-unième degré latitude nord, qu'il ſuppoſa être le *Frieſland* de *Zeno*. Il trouva dans ces parages une grande quantité de glace ; le 28 du même mois, il vit encore une terre qu'il prit pour la côte de Labrador. Le premier d'août il apperçut une troiſième terre & trouva une grande île de glace qui s'éclata le lendemain avec un bruit effroyable. Le 11 du même mois il était dans un détroit, quoique cela ne fût peut-être qu'un golfe. Après qu'il eut fait quelques préſens aux habitans, ceux-ci vinrent voir ſon vaiſſeau ; le jour ſuivant l'un d'eux vint à bord ſur la chaloupe & fut enſuite renvoyé à terre ; mais les cinq matelots qui l'accompagnaient, deſcendirent avec lui, malgré les ordres qu'ils avaient reçus, & diſparurent avec la chaloupe ; depuis ce temps on n'en entendit plus parler. Forbisher se saisit d'un naturel de ce pays & l'emmena avec lui en Angleterre où il mourut bientôt après son arrivée. Parmi les objets que Forbisher apporta avec lui, il montra une pierre noire, brillante & très-pesante, c'était la marcassite d'or (*Pirytes aureus de Linné*), qui contient une assez grande quantité d'or.

VI. L'or trouvé dans cette pierre fut cause que la société se détermina à envoyer en 1577, trois autres vaisseaux. *Forbisher* en fut encore nommé le chef. A la distance de six journées des Orcades, il rencontra des bois flottans, poussés continuellement par des courans qui allaient du sud-ouest vers le nord-est. Après avoir fait voile pendant vingt-six jours dans la direction de l'ouest & nord-ouest, il vint des Orcades à la terre qu'il avait d'abord prise pour le *Friesland*, bientôt après il relâcha dans le détroit de Forbisher, où tout était couvert de neige & de glace, quoiqu'on fût alors au 4 juillet. Cependant il ne pouvait se persuader que le froid fût assez fort pour faire geler l'eau de la mer, parce que la différence entre le flux & le reflux était de plus de dix brasses. Forbisher trouva de la glace à une distance de plus de mille milles de la terre ; mais cette glace était formée d'eau douce. On ne pouvait pas concevoir alors comment cette glace avait pu ſe détacher de la maſſe entière dans une latitude où l'air eſt d'un froid ſi pénétrant, & où les rayons du ſoleil tombent ſi obliquement, que cet aſtre même à ſa plus grande hauteur, ne s'éleve que de vingt-trois degrés trente minutes au-deſſus de l'horizon. Il fallait qu'il y eût des torrens rapides d'eau douce, ou au moins une grande inondation pour pouvoir détacher ces maſſes énormes de glace & les charrier à la mer. *Forbisher* n'oſant approcher de plus près avec ſes vaiſſeaux, à cauſe de ces glaces, deſcendit à terre avec ſa chaloupe, & après avoir tout examiné, il ſe ſaiſit d'un naturel du pays & s'en retourna à bord. Il rapporta que l'intérieur de ces montagnes ſtériles & pelées recélait probablement de grandes richeſſes. Ayant pris terre dans quelques autres lieux, il eſſaya toujours de ſe ſaiſir de quelques naturels, mais ils ſe défendaient quelquefois courageuſement avec leurs flèches dont la plupart étaient armées de pierres ou d'os aigus, & quelques-unes de pointes de fer.

Les Anglais de leur côté firent feu & en bleſsèrent quelques-uns, qui, pour éviter d'être pris, ſe noyèrent; action qui parut très-extraordinaire aux Anglais, eux qui cherchaient à les guérir de leurs bleſſures, & à les emmener en Angleterre. Les Groenlandais employèrent toutes ſortes d'artifices pour attirer à terre les étrangers, au point que l'un d'eux feignit d'être boiteux ; & un autre de l'emporter. Cependant ils ne purent s'emparer d'aucun Anglais. Ceux-ci au contraire, effrayèrent tellement les Groenlandais par le feu de leur mousqueterie ; que ces prétendus blessés s'enfuirent bientôt avec autant de vîtesse que les autres. Les Anglais examinèrent leurs huttes faites de peaux de rennes & d'autres animaux. Ils trouvèrent quelques - uns des habits des cinq Anglais qui s'étaient perdus l'année précédente. Ils virent aussi quelques misérables habitations des naturels, ce n'étaient que des pierres amoncelées. Vient ensuite la description de leurs barques faites pour un seul homme ; de leurs vêtemens & de leurs meubles.

De deux femmes qu'ils trouvèrent, ils en prirent une avec son enfant qui était blessé, ils laissèrent l'autre à terre, à cause de son extrême laideur. Les matelots soupçonnèrent cette femme d'avoir les pieds fourchus, mais après lui avoir ôté sa chaussure, ils virent qu'elle les avait comme ceux de tous les autres hommes. Ils prirent quelques pierres luisantes & revinrent en Angleterre. Pendant le voyage, les prisonniers groenlandais, hommes & femmes, se comportèrent avec une décence & une modestie qu'on n'aurait pas attendues de leur part. Le vaisseau

ſeau amiral fut ſéparé des deux autres par une tempête. Ils arrivèrent cependant heureuſement, l'un à Briſtol, l'autre en Ecoſſe, & l'amiral à *Milford-Haven*.

Les remarques de l'auteur du voyage de Forbisher ſur les courans qui charrient la grande quantité de bois flottant qu'on rencontre dans la direction du ſud-oueſt vers le nord-eſt, ont été depuis fréquemment confirmées ; car, c'eſt par ces courans que les bois & les fruits de l'Amérique ſont pouſſés ſur les côtes d'Irlande, d'Ecoſſe, des îles *Feroe* & *Weſtern ;* ainſi que ſur les Orcades, & les iſles de *Schetland* & la Norwège. Il eſt probable que les pois & les feves noires & rouges qu'on trouva au troiſième voyage dans les hutes des Groenlandais, avaient été portés par les mêmes courans. On avait ſuppoſé que c'était des fruits de Guinée, mais il eſt à préſumer qu'ils ſont la régliſſe des îles (*Abrus precatorius.*) Les Iſlandais tirent de grands avantages de ces mêmes courans qui leur fourniſſent du bois à brûler. Les peuples qui habitent la Nouvelle-Zemble, le Spitzberg, le Groenland & même ceux des côtes ſeptentrionales & orientales de la Sibérie, trouvent auſſi beaucoup de ces bois flottans qui leur ſont d'un grand uſage pour bâtir leurs demeures, ainſi que pour le chauffage.

Cette partie du Groenland découverte par Forbisher, ſituée plus au ſud qu'aucune partie de l'Iſlande & que Drontheim en Norwège, eſt cependant beaucoup plus froide & plus environnée de glace que ces derniers lieux; ce qui paraît dépendre des cauſes ſuivantes : le Groenland s'étend beaucoup plus au nord, il eſt coupé de havres qui s'avancent profondément dans les terres où il ſe forme des maſſes énormes de glace par les pluies du printemps, & les monceaux de neiges qui ſe précipitent des rochers élevés. Ces montagnes de glace entraînées par la marée & les torrens ſont portées à la mer. Elles y ſont ſi nombreuſes, que dans les détroits entre l'Iſlande & le Groenland, lorſqu'elles ſont preſſées par les gros temps, elles s'arrêtent ſur les ſables & les bas-fonds, & forment, en ſe réuniſſant, de vaſtes champs de glace; leur hauteur eſt telle, qu'à peine la quinzième partie de ces maſſes s'éleve au-deſſus des eaux, tandis qu'il y en a pluſieurs milliers de pieds au-deſſous. Comme elles couvrent une grande partie de l'Océan, les vapeurs de la mer qui ſont ordinairement tempérées, ne peuvent arriver au Groenland, ou du moins qu'en petite quantité, ce qui doit prodigieuſement y augmenter l'intenſité du froid; ſur-tout lorſque les vents du nord déjà très-froids, ſoufflant ſur ces plaines de glaces, ſe refroidiſſent de plus en plus, juſqu'à ce qu'ils deviennent inſoutenables.

On rencontre ici une preuve de la cruauté qui a caractérisé par-tout les découvertes des Européens. On avait résolu de se saisir de ces malheureux sans trop savoir ce qu'on en ferait, & l'on prétendait que c'était pour leur bien. Il n'est pas surprenant que ces gens simples ne pussent pas se former une idée aussi avantageuse de la bienveillance de leurs vainqueurs qui portaient la désolation dans leurs familles & qui dévastaient leur pays. Les Européens s'imaginaient sans doute que panser les blessures qu'ils leur avaient faites, après les avoir privés de leur liberté & souvent de leurs membres, était une très-grande récompense. Enfin, le désespoir inspira à ces peuples tourmentés la vigoureuse résolution de préférer la mort à une longue & douloureuse captivité. Ce qui priva plusieurs familles de ceux qui les protégeaient & les exposa à mourir de faim dans ces tristes & misérables contrées. Mais supposons que les Européens aient eu la louable intention de leur rendre service & de les instruire dans la religion chrétienne; nous osons assurer que ces moyens violens n'étaient rien moins que la méthode la plus convenable pour remplir cet objet. Quel attrait la religion pouvait-elle avoir pour un peuple qu'on faisait gémir sous la plus dure tyrannie, & qui ne voyait que la violation du premier des préceptes de la religion qu'on lui prêchait, l'humanité. Mais ce que ces prétendus apôtres du christianisme cherchaient avec le plus d'application, c'était où l'on pourrait trouver de l'or, l'unique objet des vœux de tous les Européens. Fait qui prouve jusqu'à la démonstration, que leur zèle pour la conversion des ames n'était que le prétexte, & que l'avarice & la soif des richesses étaient le véritable motif de tous les voyages qu'ils entreprenaient. Cependant la rapacité & la cruauté qui les distinguait les a couverts d'une honte ineffaçable, & n'a servi qu'à dépeupler des régions où la nature n'est déjà que trop avare de l'espèce humaine. La modestie & la décence de deux Groenlandais qu'on amena en Angleterre fut aussi un sujet de grand étonnement, comme si la chasteté & la vertu étaient le patrimoine des Européens. Mais non; c'est chez les nations les plus barbares qu'elles se trouvent dans leur plus grande pureté.

Enfin, que pouvons-nous penser de chrétiens qui prenaient pour un diable une vieille femme peu favorisée par la nature, & qui ne furent convaincus du contraire, que lorsqu'ils virent qu'elle n'avait pas le pied fourchu? Des hommes courbés sous le joug de la superstition sont peu faits pour éclairer d'autres hommes, & ceux qui traitent si inhumainement des peuples auxquels ils sont forcés, en dépit des préjugés, de reconnaître de solides vertus, ne sont nullement propres à prêcher l'évangile, qui ne respire que l'esprit de douceur, de paix & de charité.

Toutes les descriptions qu'on a données des mœurs, des habillemens, des instrumens & du langage de ces Groenlandais, prouve que leurs descendans n'ont point changé les coutumes qu'ils en avaient reçues ; ces flèches armées de fer, ces couteaux qu'on a trouvés alors chez eux, prouvent, à mon avis, qu'ils estimaient le fer qui avait été apporté dans ces lieux par des naufrages. Il me semble également probable, qu'ils pouvaient avoir conservé de génération en génération une partie du fer qu'ils avaient acquis lors de la destruction de la colonie Norwègienne. Il est vrai qu'il s'était écoulé plus de neuf cents ans depuis cet événement mémorable. Cependant cette espèce d'économie ne paraît nullement invraisemblable. Car en 1773, j'achetai dans l'île de la nouvelle Amsterdam, un petit clou qui y avait été laissé en 1643, conséquemment cent trente ans auparavant, par *Abel-Jansen Tasmann*.

VII. La reine Elisabeth fut très-satisfaite des découvertes de Martin Forbisher; on examina son rapport, ainsi que la possibilité du passage à la Chine, & les avantages qu'on pourrait retirer de la mine d'or dont il avait apporté des échantillons; tout cela ayant été mûrement considéré, on résolut de bâtir un fort dans le pays nouvellement découvert, auquel la reine avait donné le nom de *Meta Incognita* (Borne Inconnue), & d'y laiſſer pour ſa défenſe cent hommes, & trois vaiſſeaux ſous le commandement des capitaines *Fenton*, *Beſt* & *Filpot*. Ces cent hommes conſiſtaient en quarante matelots, trente pionniers, & trente ſoldats ; il s'y trouvait des boulangers, des rafineurs d'or, des charpentiers & d'autres gens également néceſſaires. On équipa quinze petits vaiſſeaux pour cette entrepriſe, dont on donna le commandement à l'amiral *Martin Forbisher*.

Ils partirent d'*Harwich* le 31 mai de l'année 1578. Lorſqu'ils eurent paſſé l'Irlande, ils rencontrèrent un grand courant dans la direction du ſud-oueſt au nord-eſt. Ils découvrirent, le 20 de juin, le *Weſt-Frieſland* qu'ils nommèrent alors Angleterre occidentale, & y étant deſcendus, ils en prirent poſſeſſion. Ils virent des cabanes ou des tentes dont la forme & la conſtruction leur parurent parfaitement ſemblables à celles des cabanes qu'ils avaient vues dans le *Meta Incognita*. Les habitans ayant pris la fuite, les Anglais entrèrent dans leurs tentes ; ils y trouvèrent une boëte pleine de petits clous, des harengs ſalés & des planches fort bien faites. On en conclut que ce peuple commerçait avec quelques nations civiliſées, ou qu'il y avait d'aſſez bons ouvriers parmi eux. On trouva près de ces hutes, quelques chiens ; on en emmena deux en place desquels on laissa quelques présens de peu de valeur, comme de petites sonnettes, des miroirs, & quelques autres bagatelles. Les baleines étaient aussi nombreuses dans ces parages, que les marsouins dans les autres mers. Le vaisseau, la *Salamandre*, qui allait avec un bon vent, donna si fort contre une baleine, que la violence de ce choc l'arrêta; la baleine fit un bruit épouvantable, s'éleva sur l'eau, mais bientôt elle se replongea dans cet élément. Deux jours après, ils trouvèrent une très-grande baleine morte qu'ils crurent être celle qui avait été frappée par le vaisseau la *Salamandre*. Ils ne purent entrer dans le détroit de *Forbisher* à cause de la grande quantité de glace qui s'y trouvait. L'amiral qui pensait que la mer ne pouvait geler surtout parce que la marée monte à dix brasses dans ces lieux, où ils trouvèrent des glaces à cent milles de la terre, pensait qu'elles étaient formées d'eau douce; en effet, lorsqu'on les fit fondre, elles rendirent de l'eau qui n'était nullement salée. Elles avaient, sans doute, été chassées par les vents d'est & d'ouest qui soufflent très-fréquemment dans ces parages. Ces énormes glaçons changeaient si souvent de position que les vaisseaux couraient les plus grands dangers. La barque la *Dennis*, coula à fond pour avoir heurté contre un de ces glaçons; heureusement qu'ayant tiré un coup de canon à temps, tout l'équipage fut sauvé. Mais le vaisseau fut perdu avec une partie du bois qu'on avait préparé pour construire les habitations de ceux qui devaient hiverner dans ces parages.

Une tempête qu'éleva le vent de sud-est mit la flotte dans un danger imminent. Les vaisseaux étaient si souvent environnés de ces immenses glaçons qu'ils eurent la plus grande peine à se garantir de leurs chocs réitérés. Enfin, un vent de ouest-nord-ouest dispersa toutes ces glaces, & délivra la flotte de ce pressant danger. Les Anglais se rapprochèrent de la terre, qui était si couverte de neige & de brouillards, qu'ils ne pouvaient distinguer où ils étaient. Un courant très-rapide entraîna les navires hors de leur route dans la direction du nord-est au sud-ouest.

Forbisher croyait que la cause de ces courans dépendait de ce que la mer qui coulait constamment de la baie du Mexique vers l'Islande & la Norwège, trouvait sur ces côtes une résistance augmentée par un courant venant par le Cap-Nord de la mer de Sibérie, & était repoussée avec force sur la côte nord du Groenland, où elle continuait à être poussée le long de la côte dans la direction du nord-est au sud-ouest.

L'amiral envoya le vaisseau, le *Gabriel*, dans une passe d'où l'on pouvait entrer dans le détroit de Forbisher ; il examina avec ſoin les îles nombreuſes qui s'y trouvent & ſoutint avec courage les murmures de ſon équipage; enfin, après avoir lutté une ſeconde fois contre les dangers d'une nouvelle tempête, il arriva heureuſement dans le détroit de la Comteſſe de Warwick. Deſcendu à terre, ſon premier ſoin fut de chercher des minéraux. Il obſerva que dans les vallées, l'air était quelquefois extrêmement chaud, mais que pour peu que le vent ſoufflât de deſſus les glaces, il changeait cette douce température en un froid extrêmement pénétrant.

Trois vaiſſeaux que la tempête avait ſéparés de la flotte, tinrent long-temps la mer au milieu des plus grands dangers. Enfin, ils gagnèrent un havre où l'équipage répara les vaiſſeaux. Ils conſtruiſirent une pinaſſe avec les pièces de bois qu'ils avaient préparées à ce deſſein, & avec laquelle ils ſe mirent à chercher l'amiral qu'ils réjoignirent. On fit alors l'eſſai des mines que le capitaine *Beſt* avait trouvées, ainſi que de celles qui avaient été découvertes par l'amiral ; on les trouva aſſez bonnes pour en charger les deux vaiſſeaux. On ne put ſe réſoudre à laiſſer perſonne cette année dans ces lieux ; la ſaiſon étant trop avancée, & les bois pour la conſtruction des habitations, ainſi que les proviſions pour les cent hommes, ayant été perdus.

Ils avaient fixé leur retour au dernier jour d'août; mais une violente tempête les obligea d'appareiller plutôt. Pendant tout le voyage ils ne perdirent que quarante hommes sur toute la flotte.

Les habitans de ces contrées étaient extrêmement timides. On supposa que ces peuples commerçaient avec quelque autre nation, parce qu'on leur avait trouvé du fer en barre, des aiguilles & des boutons de cuivre dont ils ornaient leur tête, toutes choses qu'ils n'étaient point capables de faire eux-mêmes. Ils avaient coutume d'allumer leur feu en frottant deux bâtons l'un contre l'autre. Ils faisaient traîner sur la glace par des chiens tout ce dont ils avaient besoin. Leurs marmittes étaient faites avec beaucoup d'art, d'une certaine pierre, pierre Ollaire *Lapis Ollaris*. Les Anglais bâtirent dans le détroit de l'Ours *Bear-Sound*, une maison & un four; on laissa dans cette maison des bagatelles de différentes espèces & des poupées pour les naturels du pays. Lorsque le *Bridgewater* revint, il trouva une terre au sud-est de *Friesland* vers le cinquante-septième degré trente minutes latitude nord; il en côtoya pendant trois jours le rivage qui était couvert de bois & de verdure.

La lecture du voyage de Forbisher nous fait connaître son opinion sur l'origine des glaces qu'il trouva en si grande quantité dans les mers du

Nord. Malgré les louanges que donne le chevalier Pringle au capitaine *Cook* ſur l'uſage qu'il a fait de la glace pour fournir d'eau douce ſes vaiſſeaux, il eſt très-certain cependant qu'il n'eſt pas le premier qui ait connu que la glace flottante ſur la mer, étant fondue, donnait une eau très-potable. *Forbisher* l'avait éprouvé dès l'année 1578, conſéquemment cent quatre-vingt-quatorze ans avant l'expérience du capitaine Cook. Celui-ci pouvait avoir connaiſſance de l'obſervation de Forbisher, car il avait ſur ſon bord la collection des voyages par *Hackluyt* dans laquelle ſe trouve celui de Forbisher, & il liſait ſouvent cet ouvrage pour ſon amuſement; en outre, immédiatement après le voyage de Forbisher ſuit, dans cette collection, celui de Jean *Davis* fait dans l'année 1585, dans lequel il eſt dit expreſſément, que ce navigateur fit charger ſur une barque, de la glace qui fournit une eau très-douce.

Il eſt vrai que les montagnes de glace ſont formées d'eau douce gelée; mais il ne s'enſuit pas que toutes ces glaces flottantes ſur la mer ne ſoient que de l'eau de pluie ou de neige. M. *Nairne* a montré en 1776, que lorſque le thermomètre de Fahrenheit était à vingt-ſept degrés & demi, les molécules douces de l'eau de la mer ſe gelaient & ne laiſſaient qu'une eau ſalée très-chargée. *Barentz* a vu, étant à la Nouvelle-Zemble, la mer geler ſubitement de l'épaiſſeur de quelques pouces, & cette glace fondue aurait fourni une eau douce & potable. Il eſt poſſible, ſans doute, qu'il ſe forme des glaces des neiges & des torrens d'eaux pluviales; mais il ne s'enſuit pas pour cela que toutes les glaces qu'on trouve dans la mer, ayent la même origine. On en trouvera davantage ſur cet objet, dans mes obſervations faites pendant mon voyage autour du monde.

Il eſt remarquable que le choc d'un vaiſſeau voguant à pleines voiles ſoit capable de tuer d'un ſeul coup, un auſſi grand animal qu'une baleine. Je me rappelle qu'un jour, dans notre voyage autour du monde, il parut pluſieurs baleines autour de notre vaiſſeau. Tandis que quelques-unes ſe jouaient en s'élevant & ſe replongeant dans les eaux, le vaiſſeau effleura dans ſans courſe, le dos de l'un de ces animaux; la mer fut bientôt teinte de ſon ſang, quoique nous n'euſſions qu'un vent très-doux & que la direction de cette baleine croiſât celle du vaiſſeau; elle aurait été infailliblement tuée, ſi nous euſſions eu vent frais & ſi le vaiſſeau l'eût frappée en ligne droite.

J'ai dit auſſi dans mes obſervations que la mer entre les tropiques coule au nord, & au ſud le long des côtes du continent de l'Amérique, pouſſée continuellement par les vents de l'eſt dans l'Atlantique vers le continent de l'Amérique, & dans la mer du Sud vers la Chine, la nouvelle Hollande & les Moluques, & qu'elle prend dans la zone tempérée de l'hémiſphère ſeptentrional, la direction du ſud-oueſt au nord-eſt; & dans l'hémiſphère méridional, celle du nord-oueſt au ſud-eſt.

Conſéquemment, nous voyons qu'il part un courant de la baie du Mexique qui ſe dirige au nord-eſt vers l'Iſlande & la Norwège; & un autre dans l'hémiſphère Auſtral qui vient du Bréſil & pouſſe les eaux de l'Océan au-delà du cap de Bonne-Eſpérance dans la mer des Indes; d'un autre côté, ce courant ſe jete par le nord contre la Norwège, & eſt repouſſé de l'eſt à l'oueſt ſur les côtes occidentales du Groenland : dans l'hémiſphère méridional le courant part du cap, ſe jète ſur la nouvelle Hollande & revient vers l'oueſt.

C'eſt pourquoi, au-delà de la terre de Feu, près le cap *Horn* & dans le détroit de le Maire, nous obſervâmes un grand courant venant de l'eſt, que nous remarquâmes auſſi près de l'île des Etats & les îles de la Nouvelle Année. Dans la mer du Sud on trouve de ſemblables courans; par exemple, entre les tropiques, de l'eſt à l'oueſt, dans les zones tempérées, de l'oueſt à l'eſt, & dans les zones glaciales encore de l'eſt à l'oueſt. Ces courans en occaſionnent auſſi de ſemblables dans l'air. C'eſt la raiſon pour laquelle les vents d'oueſt dominent dans les zones tempérées, ainſi que dans les zones glaciales les vents d'eſt ſont plus fréquens que les autres vents, & la remarque de Forbisher eſt parfaitement d'accord avec la vérité.

Pour ce qui eſt des mines qu'on dit avoir trouvées dans le Groenland, il faut bien que ce ne ſoit pas ſans fondement. Mais quelques habiles que fuſſent les eſſayeurs que nos navigateurs avaient avec eux, il fut impoſſible de déterminer quelle quantité d'or contenaient ces mines. Il eſt poſſible cependant qu'il y ait dans le Groenland des mines de fer & de cuivre qui contiennent peut-être une aſſez grande quantité d'or & d'argent. *Crantz* dans ſon hiſtoire du Groenland, *livre premier*, *chap.* 4, § 26, ſemble en quelque ſorte confirmer cette ſuppoſition. Enfin, on ne peut pas dire que les pays du Nord ſoient entièrement privés d'or, puiſque les mines d'*Aedelfirs* & de *Konysberg*, ſont connues de tout le monde; & que les Ruſſes ont trouvé dans l'île Béar des morceaux d'argent natif & très-bien ramifié.

Que les Groenlandais faſſent encore leurs chaudières avec la pierre Ollaire, c'eſt ce qui eſt aſſuré par Crantz, dans le livre cité ci-deſſus, § 25.

Il n'eſt pas probable que les Groenlandais commerçaſſent alors avec aucune nation civiliſée, ni qu'ils en reçuſſent le fer en barres & les petits morceaux de cuivre dont ils ornaient leur tête. Le fer & le cuivre trouvés chez eux, y avaient été ſans doute, gardés depuis la deſtruction des colonies Norwègiennes; quelques naufrages le leur avaient peut-être procuré; ou, enfin, ils pouvaient l'avoir obtenu par échange, par ſtatagême ou par force de quelques ſauvages Américains, habitans de la baie d'Hudſon. On trouve même à préſent chez ces ſauvages des morceaux de cuivre brut, mais qu'ils ont forgés avec beaucoup de peine en forme de bracelets. Du reſte, les mœurs des Groenlandais d'aujourd'hui ſont parfaitement ſemblables à celles des anciens Groenlandais.

Si le vaiſſeau le *Bridgewater* a trouvé véritablement une terre couverte de bois & de verdure au cinquante-ſeptième degré trente minutes latitude nord, il faut qu'elle ait été ſubmergée depuis; on ne l'a revue dans aucun des voyages qu'on a faits plus récemment à la baie d'Hudſon, au Groenland & à la côte de Labrador. Autrement ces navigateurs ſe feraient bien trompés dans leur compte; il faudrait qu'ils euſſent pris l'Iſlande pour une nouvelle contrée, & que les bois n'euſſent exiſté que dans leur imagination.

VIII. Forbisher n'ayant pas réuſſi dans les trois voyages au nord-oueſt entrepris pour découvrir un paſſage à la Chine & en Aſie, & les Portugais acquérant journellement des richeſſes par leurs voyages aux grandes Indes, la compagnie de Ruſſie fit de nouveaux efforts pour découvrir le moyen de pénétrer dans ces contrées par le nord-est. Ce passage devint l'objet des desirs de toutes les puissances maritimes de l'Europe. La compagnie Russe expédia pour cette tentative, deux vaisseaux sous le commandement d'*Arthur Pet* & de *Charles Jackman*, dans l'année 1580; ils mirent à la voile d'*Harwich* le 30 mai. Au bout de quelques jours, ils arrivèrent à la vue du cap Nord & de *Wardhouse*; mais les vents d'est, de nord-est & de sud-est soufflèrent si long-temps, qu'ils les empêchèrent de continuer leur voyage. Enfin, après avoir beaucoup souffert de la grande quantité de glaces, & avoir été souvent trompés par les fausses apparences de terre, ils parvinrent le 18 juillet au détroit de *Waigatz*, ils y entrèrent & rencontrèrent bientôt une si grande quantité de glaces, qu'après bien des efforts inutiles pour les traverser, ils furent obligés de retourner sur leurs pas. Il est à remarquer que, dans la mer qui s'étend entre la Nouvelle-Zemble & le continent, par-tout où ils sondaient, ils trouvèrent le fond, c'est-à-dire, qu'ils avaient de quatre à trente-trois, soixante-huit, soixante & dix & quatre-vingt-quinze brasses; tout près de *Colgoyeve* ils touchèrent sur un banc de sable; ils apperçurent la terre de *Hugri* ou *Jugria* sur le bord de la Petchora, & la baie de *Morjowetz*. Enfin, ils doublèrent

doublèrent le Cap-Nord ; & le 26 novembre, ils arrivèrent heureusement à *Ratclif.* L'autre vaisseau, le *William*, commandé par *Charles Jackman*, ayant été séparé des autres par un brouillard très-épais, fut forcé d'hiverner dans un havre de la Norwège ; il en partit au mois de février de compagnie avec un vaisseau danois chargé pour l'Islande ; depuis ce temps on ne sait plus ce qu'est devenu le *William.* Cette recherche d'un passage par le nord-est, ne réussit pas mieux que les précédentes ; mais elle servit à confirmer deux observations de physique dont j'ai déja parlé. La première, c'est que dans ces latitudes élevées vers le nord, les vents d'est, de nord-est & de sud-est sont les plus fréquens. La seconde, que la mer glaciale est peu profonde, ce qu'on a remarqué non-seulement alors, mais ce qui a été vérifié depuis par plusieurs navigateurs modernes. Ce voyage nous montre aussi l'existence de la quantité de glaces & de brouillards épais & dangereux dont on est accablé dans les zones glaciales des deux hémisphères, & qui contribuent infiniment à retarder les découvertes qu'on pourrait faire dans ces tristes mers.

IX. Malgré qu'il n'eût résulté aucun avantage des premiers voyages au Nord, il se trouva toujours des hommes qui tentèrent de faire de nouvelles découvertes ; les uns dans l'espérance de trouver des contrées qui leur fourniraient de l'or, de l'argent & des épices; les autres, dans la persuasion que, dans la poursuite de ces découvertes, ils trouveraient une nouvelle route pour aller aux Indes. La reine Elisabeth voulant favoriser ce goût pour les découvertes, fit don au chevalier *Humphrey Gilbert*, de tous les pays qu'il découvrirait & dont il prendrait possession. En conséquence il fit les préparatifs de son voyage. Je ne puis disconvenir qu'il n'y ait quelques relations obscures de voyage entrepris dans de pareilles vues long-temps avant celui-ci. Nous trouvons que dès l'année 1502, *Hugh Elliot* & *Thomas Ashhurst*, marchands de Bristol, obtinrent des lettres-patentes de Henri VII pour l'établissement de colonies dans les contrées nouvellement découvertes par *Cabot*; mais nous ne trouvons rien qui puisse nous apprendre s'ils ont fait usage de cette permission, dans les écrivains leurs contemporains, ni dans ceux qui les ont immédiatement suivis. En 1527, sous le règne de Henri VIII, d'après le conseil de *Robert Thorne* de Bristol, on envoya deux vaisseaux, dont l'un était nommé le *Dominus vobiscum*, pour faire des découvertes dans le nord-ouest. L'un de ces vaisseaux se perdit dans un golfe entre le nord de Terre-Neuve, & la contrée appelée depuis par la reine Elisabeth, *Meta-Incognita*. L'autre vaisseau fit route vers le cap Breton & la côte d'Arambec. Ces navigateurs descendirent souvent à terre pendant leur voyage, examinèrent avec attention ces régions jusqu'alors inconnues, & retournèrent heureusement en Angleterre, au commencement d'octobre. Mais cette relation très-imparfaite est tout ce qu'il y a de connu de cette expédition. Cependant elle nous apprend que le cap Breton nommé ainsi dans un temps si reculé, doit avoir reçu ce nom de *Sébastien Cabot*, lorsqu'il découvrit avec son père Terre-Neuve ou *Baccalao*, & qu'il s'avança le long des côtes de l'Amérique jusqu'à la baie de *Chesapeak*. A l'égard de la côte d'*Arambec*, j'avoue que sa situation m'est entièrement inconnue; cependant je présume que c'est la côte de ce qu'on nomme actuellement nouvelle Ecosse, ou peut-être même de quelque région plus au sud.

Après ce voyage, un homme appelé *Hore*, partit de Londres sur la fin d'avril 1536, avec deux vaisseaux, la *Trinité* & le *Mignon*. Ils arrivèrent au cap Breton, s'avancèrent au nord-est, & abordèrent à l'île des *Pinguins* située à la côte sud de Terre-Neuve. Cette île a été nommée ainsi d'une espèce d'oiseaux de mer que les Espagnols & les Portugais appellent Pinguins, parce qu'ils sont fort gros. Ces oiseaux construisent leurs nids & vivent en quantités innombrables sur les petits rochers qui sont auprès de cette île. Ils vinrent ensuite à Terre-Neuve où ils apperçurent quelques habitans qui venaient voir leur vaisseau, & qui, lorsqu'ils se virent poursuivis, s'enfuirent dans l'île. On y descendit, & l'on trouva un morceau de viande d'ours qui rôtissait à une broche de bois. Les Anglais tuèrent quelques ours blancs & noirs, dont ils trouvèrent la chair très-bonne. Mais enfin, leurs provisions commençant à diminuer, ils se virent forcés de manger quelques poissons qu'une orfraye avait portés à son nid pour la nourriture de ses petits, même des herbes & des racines de toutes espèces; ils furent réduits à un tel excès de misère, que des matelots tuèrent & mangèrent quelques-uns de leurs camarades dans les bois. Enfin, malgré la sévérité des reproches que le capitaine fit à son équipage de cette cruauté, on allait tirer au sort pour savoir qui d'entr'eux serait dévoré par ses compagnons, lorsqu'il arriva un vaisseau français dont ils s'emparèrent laissant le leur aux français après leur avoir distribué une suffisante quantité de provisions. Ils retournèrent par ce moyen en Angleterre, où ils arrivèrent heureusement. Bientôt après les Français firent des plaintes contr'eux parce qu'ils s'étaient emparés de force de leur vaisseau; mais le roi informé de la dure nécessité qui les avait contraints à commettre cet acte de violence, indemnisa les Français & ne fit point punir cette piraterie, qui dans toute autre circonstance aurait mérité la plus sévère punition.

Il est évident que ces aventuriers n'avaient nulle connaissance de l'immense quantité de poissons qu'on trouve sur les côtes de Terre-Neuve, autrement ils s'en seraient servis dans leur extrême disette. Il existe quelques relations qui attestent que dès l'année 1504, les Français, Normands & Bretons, les Espagnols de Biscaye, ainsi que les Portugais, pêchaient la morue sur ces bancs, avec un grand nombre de vaisseaux. Cette pêche s'était donc faite pendant trente-deux ans avant que les Anglais en eussent eu la moindre connaissance; il semble même qu'ils n'aient eu aucune idée des différentes manières dont on peut soutenir sa vie sans le secours du pain & des autres nourritures d'usage en Europe. C'est une chose inconcevable que des hommes pressés par le besoin n'aient trouvé d'autre moyen pour vivre que d'assassiner leurs semblables.

On frémit d'horreur en voyant ces gens fouler aux pieds les liens sacrés de l'humanité & se porter à un tel degré de cruauté, que l'un d'eux, tandis que son camarade était courbé vers la terre pour arracher une faible nourriture, vînt par derrière & le tuât pour se pourvoir de sa chair; & qu'un autre attiré par l'odeur de ce détestable aliment, saisît l'assassin & le menaçât de lui faire subir un pareil sort s'il ne partageait avec lui cet abominable mets (*a*) !

Il paraît aussi par un acte du parlement passé sous le règne d'Edouard VI, en 1584, que pour favoriser la pêche en Islande & à Terre-Neuve, on exempta les pêcheurs anglois & les matelots attachés à cette pêche, de toute imposition en argent, en poisson ou en espèces ; & on défendit d'en exiger d'eux sous aucun prétexte. Cela prouve au moins que les Anglais, même dans ce temps, faisaient la pêche sur le banc de Terre-Neuve, & qu'on cherchait par ces encouragemens à enlever ce commerce à d'autres nations auxquelles il était très-lucratif.

Le capitaine d'un vaisseau de Bristol, nommé Antoine *Parkhurst*, donne dans la Collection du savant *Hackluyt*, un très-bon & très-fidèle récit qui constate qu'il se faisait dès l'année 1578, une pêche considérable dans le voisinage de Terre-Neuve ; il paraît que cinquante vaisseaux anglais ou environ étaient occupés à cette pêche, & qu'il

---

(*a*) Ce fait est mal présenté. Celui qui voulut partager avec le meurtrier, ne connaissait pas de quelle espèce était cette chair ; & quand il en fut instruit, il paraît qu'il le divulgua à ses autres compagnons. Voyez *Hackluyt*, *Voyages*, *Vol. III*, *pag.* 130. *T.*

ſe rendait à Terre-Neuve pour le même objet, environ cent vaiſſeaux eſpagnols & à-peu-près vingt ou trente de la Biſcaye. Ces derniers y venaient ſeulement pour la pêche de la baleine. Tous les vaiſſeaux eſpagnols pris enſemble pouvaient former environ cinq ou ſix cents tonneaux; outre cela, il y venait environ cinquante vaiſſeaux portugais pour la pêche de la morue, & leur charge pouvait être de trois mille tonneaux; enfin, il venait auſſi de la France, principalement de la Bretagne, cent cinquante vaiſſeaux faiſant enſemble à-peu-près ſept mille tonneaux. *Parkhurſt* décrit auſſi très-bien la grande quantité de poiſſon qui vient annuellement de Terre-Neuve, ainſi que les productions de cette île; telles que le gibier, les oiſeaux, les oiſeaux d'eau, les fourrures, le ſel, le cuivre, le fer, & d'autres objets de commerce très-utiles.

Dans la même année 1578, le chevalier *Humphrey Gilbert* ayant obtenu de la reine Eliſabeth la permiſſion de s'emparer de toutes les contrées qui n'appartiendraient encore à aucun prince chrétien, & de les peupler, engagea pluſieurs de ſes amis & de ſes connaiſſances à ſe joindre à lui en aſſez grand nombre pour faire eſpérer de former une flotte capable de réſiſter à des forces conſidérables. Mais lorſqu'ils furent prêts à mettre à la voile, pluſieurs d'entr'eux dégagèrent leur parole. Malgré ce contre-temps, le chevalier *Humphrey* tenta cette expédition avec un petit nombre d'amis & quelques vaiſſeaux. A peine ſorti du port, une violente tempête endommagea conſidérablement la flotte & cauſa la perte des plus grands vaiſſeaux. Quoique *Gilbert* ſouffrît le plus de cet accident, puiſqu'il avait engagé la plus grande partie de ſa fortune, ce malheur n'abatit point ſon courage, il l'employa au contraire tout entier à ſe procurer les moyens de mettre ſon projet à exécution. Il donna une certaine étendue de terre à l'embouchure de la rivière *Canada*, à d'autres gens, ſous la condition de peupler & de cultiver ce pays. Mais voyant qu'ils n'étaient pas diſpoſés à remplir ces conditions, il ſe détermina enfin à entreprendre encore une fois ſeul ce voyage, parce qu'il n'y avait plus que deux ans juſqu'à l'entière expiration de la conceſſion que la reine lui avait faite.

Quelques amis ſecondèrent enfin ſes efforts de leurs avis & de leur argent, & il partit avec cinq vaiſſeaux, & environ cent ſoixante hommes, de la baie de *Cauſand* près Plymouth, le 11 de juin 1583. Il ſouffrit beaucoup des brouillards épais qu'il rencontra & des tempêtes qu'il eſſuya principalement ſur le banc de Terre-Neuve. Le 11 de juillet il vit la terre; mais ne trouvant que des rochers arides, il dirigea plus au ſud & arriva enfin à l'île des Pinguins (*a*) où il prit une grande quantité d'oiseaux de mer. Ensuite il alla à l'île de *Baccalao* & à la baie de la Conception. Il y retrouva le *Swallow*, un des vaisseaux qu'il avait perdus étant dans les brouillards. Il entra ensuite dans la baie de Saint-Jean, où il trouva un grand nombre de vaisseaux anglais & étrangers occupés à la pêche. Humphrey reçut de riches présens de tous les capitaines des vaisseaux qui étaient devant l'île, principalement des Portugais qui s'y trouvaient en grand nombre. L'un d'eux lui apprit que trente ans auparavant, on avait jeté dans l'île de Sablon (île de Sable) des cochons & des bêtes à cornes. Après avoir pris possession de l'île, l'amiral recueillit des informations sur la nature du pays & l'examina lui-même avec son équipage. Il apprit que cette contrée était fort chaude en été, mais très-froide en hiver; cependant que le froid y était supportable. La mer qui environne Terre-Neuve est si abondante en poisson, qu'il n'y a point d'exemple de quelque chose de semblable ailleurs. Les baies & les rivières abondent en saumons, en

---

(*a*) Cette île des Pinguins ne doit pas être confondue avec celle du même nom vue par *Hore*; car la première est située sur la côte sud de Terre-Neuve, la seconde à l'est & se nomme aujourd'hui *Fogo*.

truites, turbots & en très-grands crabes, ainsi qu'en une espèce de harengs aussi beaux que ceux de Norwège. Il s'y trouvait aussi un grand nombre de baleines. Toute cette contrée était couverte des plus beaux bois fort propres à fournir des mâts, des planches pour la construction des vaisseaux, du goudron & de la potasse en grande quantité.

Il s'y trouvait aussi du gibier de toutes espèces & des animaux dont on pouvait tirer de fort belles fourrures. Outre cela, le sol était très-fertile & on pouvait obtenir, par la culture, du blé, du lin & du chanvre, & faire de ces derniers, des cordes, des cables, des toiles & d'autres choses aussi utiles. Toutes les espèces d'oiseaux d'eau s'y trouvaient en abondance. On y découvrit aussi des mines de fer, de plomb & de cuivre. Maître *Daniel*, saxon, très-habile mineur & plein de probité, présenta au chevalier une espèce de mine dans laquelle il lui assura qu'il trouverait de l'argent. Comme il y avait beaucoup de vaisseaux étrangers dans le port, Gilbert ne voulut pas qu'on ébruitât cette découverte; mais il ordonna de porter sur le champ cette portion de minéral à bord. Tandis qu'ils étaient à terre, quelques-uns de ses gens s'emparèrent dans une baie voisine d'un vaisseau, mirent à terre les hommes qui le gardaient, & s'enfuirent à toutes voiles. Quelques-uns le quittèrent ſecrettement & ſe cachèrent dans les bois. D'autres tombèrent malades de la dyſſenterie & pluſieurs en moururent ; ce qui l'obligea de diviſer ſa flotte ; un vaiſſeau reſta avec les malades & il en renvoya quelques autres en Angleterre. Cependant l'amiral deſirait vivement pourſuivre ſes découvertes & prendre poſſeſſion de quelques autres pays ſitués au ſud. Il mit à la voile pour aller au cap Breton & à l'île de Sable où il y avait, diſait-on, un grand nombre de bêtes à cornes. Porté çà & là par les vents contraires, le vaiſſeau amiral ſur lequel cependant n'était point Humphrey, échoua dans un épais brouillard, contre un banc de ſable & fut totalement briſé. Un petit nombre des gens de l'équipage cependant ſe ſauva dans une barque, mais tout le reſte périt. Cet accident & la ſaiſon qui était fort avancée, déterminèrent le commandant à retourner en Angleterre. Mais à la vue des côtes de cette île, ils furent ſurpris par une autre tempête qui engloutit dans les flots le vaiſſeau que montait l'amiral.

Je ferai ſeulement quelques remarques ſur pluſieurs circonſtances de ce malheureux voyage. D'abord il paraît que, bientôt après la découverte de Terre-Neuve, les Portugais, les Eſpagnols, les Français & d'autres nations firent la pêche ſur les bancs & les côtes de cette île, & qu'ils uſurpèrent le droit de pêche ſur une côte que la couronne d'Angleterre avait découverte à ſes propres dépens. Tant que l'Eſpagne, le Portugal & la France furent très-puiſſantes ſur mer, l'Angleterre n'eſſaya pas de leur diſputer leurs droits à cette pêche. Mais dès que l'Eſpagne fut engagée dans la guerre avec l'Angleterre, cette dernière puiſſance envoya en 1585, une flotte dans ces mers ſous le commandement du chevalier *François Drake*, qui s'empara de tous les vaiſſeaux qu'il y trouva & les emmena, comme de bonnes priſes, en Angleterre. La puiſſance navale de l'Angleterre s'étant accrue dans la ſuite, elle eſſaya d'exclure entièrement de ces importantes pêcheries, les Eſpagnols & les Portugais dont les forces navales commençaient à décliner.

Dans l'année 1756, l'Angleterre s'empara de tous les vaiſſeaux français qui pêchaient dans ces parages; la France perdit alors plus de vingt-cinq mille matelots, & il lui fut impoſſible d'équiper parfaitement une flotte pendant tout le reſte de la guerre. Par le traité de Paris en 1763, on ne laiſſa à la France que les îles de Saint-Pierre & de Miquelon avec un droit à la pêche borné par mille reſtrictions. Ce royaume a cependant recouvré plus de liberté pour cette pêche, & a fait de meilleures conditions par le dernier traité de paix de 1783. La même paix en cimentant l'indépendance des Américains a confirmé leurs droits à cette pêche à laquelle ils avaient toujours eu part dès le commencement de leur établissement dans ces contrées. En second lieu, ce sont les Portugais & les Espagnols qui ont peuplé d'animaux domestiques, après la découverte de l'Amérique & de la nouvelle route aux Indes, toutes les îles & les endroits du continent où ils touchaient. Ces animaux y ont considérablement multiplié, comme le prouve le grand nombre de chevaux & de bœufs sauvages qu'on a trouvés au Chili & dans les terres Magellaniques. Il y a encore quelques chèvres sauvages aux îles de l'*Ascension* & de *Sainte-Helene*. Au commencement de ce siècle on voyait un grand nombre de ces chèvres sauvages dans l'île de *Juan-Fernandès*; mais ces troupeaux sont à présent considérablement diminués & peut-être même totalement détruits par les gros chiens que les Espagnols ont lâchés dans ces îles. Il y avait aussi une grande quantité de bœufs, de cochons & d'oiseaux de basse-cour devenus sauvages dans l'île de *Tinian*; mais ils ont été également dévorés en grande partie par les chiens qu'on y a portés. Dans les Manilles & dans quelques autres îles des Philippines, on trouve encore des troupeaux de bœufs & de chevaux sauvages provenans de ceux que les Espagnols y avaient laissés. Nous voyons les premiers navigateurs qui découvrirent le nouveau monde, pleins d'humanité & du desir de pourvoir à l'infortune des malheureux qui pourraient échouer sur ces côtes. Mais la politique fausse, tyrannique & cruelle des temps modernes, a détruit par des moyens odieux, les animaux utiles que ces navigateurs avaient laissés, en mettant à leur place des chiens. Est-ce là ce qu'on devait attendre d'un siècle si vanté, si éclairé, & de nos mœurs si douces ? Quand est-ce que l'humanité, bannie depuis trop long-temps de l'univers, reviendra habiter dans le cœur des hommes, des chrétiens, des maîtres de la terre !

Cette prise de possession effectuée dans l'année 1585, au nom de l'Angleterre, est le fondement du droit de pêche que prétend avoir cette nation dans ces mers, droit qui deviendrait bien plus utile à cette puissance si Terre-Neuve était mieux peuplée. Mais la perte qu'a faite la Grande-Bretagne des treize colonies américaines, la dépopulation qu'elle a éprouvée par les fréquentes guerres où elle s'est engagée, & plusieurs autres considérations ne permettent pas à ce royaume de penser à augmenter la population ni à faire fleurir l'agriculture dans ces belles îles.

Il y a des mines si riches de charbon de terre à Terre-Neuve & au cap Breton, que si l'Angleterre permettait de les exploiter, elles pourraient suffire à fournir l'Europe & l'Amérique de ce minéral. Il y en a de si avantageusement situées & si près de la mer, qu'on pourrait jeter directement le charbon de sa mine dans le vaisseau. Je tiens ces renseignemens de mon ami le grand navigateur *Cook*, qui a examiné pendant plusieurs années les côtes de ces îles, leur situation & leurs distances respectives, pour en lever la carte.

IX. Plusieurs marchands, ainsi que divers propriétaires & quelques seigneurs firent en 1585, une association dans le dessein d'envoyer deux vaisseaux faire des découvertes, sous le commandement de *Jean Davis*, navigateur très-expérimenté. Il mit à la voile de Darmouth le 7 de juin, & le 13 du même mois il avait quitté Farmouth. Il dirigea d'abord à l'ouest & ensuite au nord-ouest. Ces vaisseaux rencontrèrent un grand nombre de baleines & de dauphins, ils tuèrent un de ces derniers animaux dont ils mangèrent la chair qu'ils trouvèrent fort bonne, & de même goût que celle du mouton. Le 19 juin, enveloppés d'un fort épais brouillard, ils entendirent un grand bruit dans la mer produit par les vagues qui se brisaient contre les glaces. Le courant les portait alors au nord. Ils sondèrent avec une ligne de trois cents brasses & ne purent trouver de fond. Ils chargèrent une barque de ces glaces, & en ayant fait fondre, ils en obtinrent de l'eau douce & très-bonne. Le jour ſuivant, 20 de juillet, ils apperçurent une terre hériſſée de montagues en forme de pain de ſucre, toutes couvertes de neige, dont quelques-unes s'élevaient juſqu'aux nues, ils nommèrent ce triſte pays : *Terre de Déſolation.*

Cette terre était tellement environnée de glaces, qu'ils ne purent y aborder. Ils crurent y voir des forêts. Ils trouvèrent dans la mer des bois flottans, ils en tirèrent un arbre entier avec ſes racines, il avait ſoixante pieds de long & quatorze palmes de circonférence. Le 25 du même mois, ils dirigèrent au nord-oueſt dans l'eſpérance de trouver ce paſſage ſi deſiré. Le 29 juillet, ils découvrirent une autre terre par le ſoixante-quatrième degré quinze minutes latitude nord, où ils trouvèrent des havres fort commodes & des golphes, l'un deſquels ils nommèrent *l'Entrée de Gilbert.* Deſcendus à terre, ils virent quelques habitans vêtus des peaux de phoques. Ils devinrent bientôt amis avec ces hommes & en obtinrent preſque tout ce qu'ils voulurent. Ces peuples donnèrent aux Anglais leurs habits, des pirogues, des armes, en reconnaiſſance de quoi ceux-ci leur firent quelques préſens. Les Anglais parurent deſirer une plus grande quantité de fourrures; les habitans promirent de revenir le lendemain pour les

les satisfaire, ils n'osèrent pourtant pas se hasarder d'approcher des Anglais, avant que l'un & l'autre parti n'eussent regardé le soleil & frappé leur poitrine.

On trouva dans ces lieux du verre de Moscovie (*Mica menbranacea Linn.*), ainsi que l'espèce de mine que *Martin Forbisher* y avait trouvée. Le lendemain matin, Davis ayant le vent favorable, ne voulut pas attendre le retour des habitans, il partit faisant route vers le nord-ouest. Le 6 août il découvrit encore une terre au soixante-sixième degré quarante minutes latitude nord. On nomma la rade, rade de *Toineß*, & le golfe qui environne une haute montagne brillante comme l'or, golfe d'*Exeter*; la montagne, reçut le nom de *Mont-Raleigh*; le promontoire du nord, celui de cap *Dyer*; le cap du sud, celui de cap *Walsingham*, du nom du secrétaire d'état, le chevalier *François Walsingham*. Ils trouvèrent quatre ours blancs, ils en tuèrent trois; & le jour suivant, un autre dont les pattes avaient quatorze pouces de large. Le 8 du même mois Davis fit voile vers le sud-sud-ouest le long de la côte & découvrit la pointe la plus au sud de cette terre, qu'il nomma le cap de la *Miséricorde*. Il doubla ce cap & trouva un détroit qui a, en quelques endroits, vingt lieues de large. Le temps était doux, & la mer avait la couleur des eaux de l'Océan. Davis avait alors la plus grande espérance de trouver le passage aux Indes. Il avança soixante lieues dans ce détroit, & trouva dans le milieu plusieurs îles & un passage ouvert de deux côtés. Il envoya un de ses vaisseaux faire des recherches au nord, l'autre au sud. Mais les vents de sud-est, le mauvais temps & d'épais brouillards les empêchèrent d'aller plus loin. Ils descendirent à terre, & trouvèrent des traces d'habitation; ils virent des chiens avec des oreilles pointues, & la queue très-épaisse, l'un de ces chiens avait un collier. Ils trouvèrent deux traîneaux, l'un desquels était fait de sapin, & assez élégant; l'autre était de baleine; des figures gravées & le modèle d'une barque. Ils rencontrèrent dans cette mer un grand nombre d'îles séparées par de larges détroits. En s'avançant entre ces îles, ils virent quelques baleines, ils n'en avaient point apperçu à l'embouchure à l'est du détroit. Ils s'avancèrent à l'aide de la marée dont la direction, ainsi que la leur, était de l'est à l'ouest & qui s'élevait & s'abaissait de six ou sept brasses, c'est-à-dire, de trente-six ou quarante-deux pieds. Dans ce détroit à trois cents brasses, ils ne purent trouver de fond.

Mais ce qui est plus digne de remarque, c'est qu'en allant avec la marée vers le sud-ouest, ils rencontrèrent un très-fort courant dans une direction opposée, dont ils ne purent deviner la cause. La profondeur de la mer à l'embouchure du détroit fut trouvée d'environ quatre-vingt-dix brasses; mais plus ils s'avançaient, plus la mer était profonde. Ils ne trouvaient point de fond à trois cents trente brasses. Les vents étant contr'eux, ils résolurent de retourner sur leurs pas. Le 10 de septembre, ils virent la terre de Désolation, où ils seraient descendus, si une violente tempête ne les en eût empêchés. Enfin, ils se hâtèrent de retourner dans leur patrie, & le 30 septembre, ils arrivèrent heureusement à Darmouth.

Ainsi il paraît que Davis fut le premier qui vit, dans ces derniers temps, les côtes de l'ouest du Groenland, où est situé le cap de Désolation, & qu'il découvrit la terre la plus éloignée vers l'ouest sur l'île qu'il appela par la suite, île de *Cumberland*. C'est dans cette île aussi que sont situés le *Mont-Raleigh*, la rade de *Totness*, le détroit d'Exeter, les caps *Dyer* & Walsingham. La mer qui s'étend entre l'île de Cumberland & la côte à l'ouest du Groenland fut, dans la suite, nommée détroit de *Davis*; & comme toute la terre jusqu'à l'île *Button* sur la côte de Labrador, fut découverte par *Davis*, le détroit de *Davis* s'étendit aussi dans toute cette longueur. Il vit encore le cap de la *Miséricorde*, & le détroit qu'il nomma dans la suite, détroit de Cumberland. Telles ſont les découvertes de Davis dans ſon premier voyage, où il montra qu'il était très-entreprenant & de la plus grande probité. Il ordonna à ſes équipages de ne maltraiter en aucune manière les naturels de l'île de Cumberland; & il ſut par ſes manières douces & par ſes préſens, ſe concilier l'amitié de ces créatures innocentes qui ont la même origine que les Groenlandais & les Eskimaux de Labrador. Tant il eſt vrai qu'un traitement doux & humain gagne l'affection de tous les hommes & qu'il fait naître la confiance & l'amitié. Vérité confirmée par la conduite des frères Moraves envers les Groenlandais & les Eſquimaux de la côte de Labrador; ils vivent avec eux dans la plus grande intimité, tandis que les autres Européens qui habitent la baie d'Hudſon, & les pêcheurs de Terre-Neuve, à force de ſupercherie, de fourberie & même de violence, élèvent des diſputes pour le moindre ſujet entre cette miſérable poignée d'hommes; & jetant ainſi, dans ces eſprits groſſiers & incultes, des ſemences de haine, de défiance & de méchanceté, ils fomentent les querelles par leurs continuelles oppreſſions.

La marée que Davis rencontra dans le bras qui eſt au ſud-oueſt du détroit de Cumberland, entre cet amas d'îles, & qui était contraire à celle qui le portait, dut lui paraître fort extraordinaire.

Peut-être la regarda-t-il comme venant d'un autre Océan à l'oueſt. Mais ſi nous jetons ſeulement les yeux ſur la Carte du pole-nord, nous concevrons aiſément que le même flux qui était venu au travers du détroit de Davis, dans celui de Cumberland, pouvait auſſi avoir été pouſſé au travers du détroit d'Hudſon, autour de l'île de Bonne-Fortune jusqu'à l'extrémité du détroit de Cumberland, près le grouppe d'îles où les deux courans ſe seront rencontrés dans leur courſe, l'un aura retardé l'autre. Nous voyons delà combien il faut de prudence pour ne pas adopter des conſéquences de cette eſpèce, ſur-tout quand elles ſont de nature à nous faire tenter des entrepriſes diſpendieuſes. Il en eſt de même de la plus grande profondeur de la mer, de la tranſparence des eaux, de la quantité des baleines qu'on rencontre à l'extrémité du détroit de Cumberland; ces choſes ceſſent d'être des preuves de l'exiſtence d'un paſſage, depuis que la vraie ſituation des contrées voiſines qui n'ont été découvertes que par la ſuite, nous eſt bien connue. Davis vit dans ces lieux du verre de Moſcovie, & des mines ſemblables à celle que Forbisher rapporta de cette côte. Je poſſéde du *mica* & du verre de Moſcovie, de Groenland; delà il paraît probable que le ſol de preſque toutes les montagnes à l'eſt & à l'oueſt du Groenland, & dans les îles au-delà du détroit de Davis, font de la même nature, & contiennent les mêmes efpèces de pierres.

XI. Le 7 de mai 1586, le capitaine Davis partit de Darmouth avec quatre vaiffeaux, pour fon fecond voyage. Deux de ces vaiffeaux allèrent dans le détroit entre le Groenland & l'Iflande pour chercher un paffage. Près du lieu où eft actuellement *Statenhoek*, Davis vit terre; mais les glaces l'empêchèrent d'aller plus loin. Il fut donc obligé pour les éviter de prendre par le cinquante-feptième degré latitude nord.

Après avoir effuyé plufieurs tempêtes il aborda, vers le foixante-quatrième degré latitude nord, à une terre qu'il avait à l'eft, il entra dans un havre, connu alors fous le nom d'entrée de Gilbert, & qu'on nomme aujourd'hui, en langue danoife *God-Haab* (Bonne-Efpérance). Les voyageurs trouvèrent quelques habitans, avec qui ils entrèrent bientôt en commerce d'amitié & qui rendirent à Davis & à fes compagnons, pour des préfens de peu de valeur, de grands fervices. Cependant ces habitans ne purent réfifter à la tentation de dérober aux Européens, même en leur préfence, le fer & les inftrumens de ce métal qui leur tombaient fous la main. Et quoique Davis cherchât à donner, autant qu'il lui était poffible, la meilleure interprétation à cela, ils portèrent la hardiesse de leur vol si loin, que les Anglais essayèrent de les effrayer avec leurs armes à feu, ce qui eut d'abord quelque effet; mais ils revinrent bientôt & firent leur paix, qu'ils rompirent de nouveau, en jetant des pierres d'environ une demi-livre dans les vaisseaux, l'une desquelles renversa le contre-maître d'un des navires. Enfin, Davis cédant aux pressantes sollicitations de son équipage, saisit le chef des assaillants, & bientôt après, par un bon vent, mit à la voile le 11 de juillet. La grande quantité de glace qu'il trouva, & l'intensité du froid qui rendait impossible la manœuvre des vaisseaux, découragèrent l'équipage & le rendirent malade; & quoique Davis fût déja fort avancé dans le nord, le danger du voyage & les murmures des matelots le déterminèrent à gouverner à l'est-sud-est. Le premier d'août, il découvrit une terre au soixante-sixième degré trente-trois minutes latitude nord, & soixante-dixième degré à l'ouest longitude de Londres. Il prit quelques provisions du plus grand vaisseau & augmenta le lest du sien. Il acheta des habitans quelques peaux de veaux marins, laissa le grand vaisseau, & fit voile avec le petit à l'ouest; il trouva encore, sous le soixante-sixième degré dix-neuf minutes latitude nord, une terre à la distance de soixante-dix lieues de celle qu'il venait de quitter. Le 15 il partit de cette terre vers le ſud, & le 18, il vit une autre terre au nord-oueſt. Le même jour, il vit encore une terre au ſud-oueſt par ſud. Le 17 d'août, il était par ſoixante-quatre degrés vingt minutes latitude nord. Là il rencontra un fort courant dont la direction était à l'oueſt; il examina la terre & trouva que ce n'était qu'un grouppe d'îles. Juſqu'au 28 d'août, il dirigea conſtamment ſa courſe au ſud, depuis le ſoixante-ſeptième juſqu'au cinquante-ſeptième degré latitude nord, rangeant la côte pendant tout ce temps. Il vit dans ces parages une prodigieuſe quantité de mouettes & d'autres oiſeaux de mer. L'équipage prit auſſi, ſans beaucoup de peine, plus de cent grandes merluches.

Enfin, le 28 d'août, ils arrivèrent au cinquante-ſixième degré latitude nord, dans un havre qui avait deux lieues de large, & dans lequel ils firent plus de dix lieues; les deux bords étaient couverts de belles forêts. Davis reſta à l'ancre dans ce lieu juſqu'au premier de ſeptembre, qu'il eſſuya deux grandes tempêtes. Le pin, le ſapin, l'aune, l'if, l'oſier & le bouleau compoſaient les forêts de ces parages; il vit un ours noir, des faiſans (*tetrao phaſianellus*), des oiſeaux qu'ils appelèrent *pintades*, probablement (*tetrao canadenſis*), des perdrix (*tetrao togatus*), des canards & des oyes ſauvages, des merles, des geais (*cor-*

vus canadensis), des grives (*turdus migratorius*) & beaucoup d'autres petits oiseaux. Ils tuèrent un grand nombre de faisans & de perdrix, & prirent une grande quantité de morues. Davis mit à la voile le premier de septembre, il rangea la côte jusqu'au 3 de ce mois, alors un grand calme donna à l'équipage le loisir de pêcher sur cette côte, qui était au cinquante-quatrième degré trente minutes latitude nord, il prit beaucoup d'excellentes morues. Des pêcheurs très-expérimentés qui étaient à bord du vaisseau, assurèrent le capitaine qu'ils n'avaient jamais vu une si grande quantité de ces poissons. Il avança toujours jusqu'au 4, & trouva un mouillage environné d'îles bien boisées. A huit lieues ou environ de cette terre, ils virent un fort courant passant entre deux terres & qui prenait sa direction à l'ouest. Cela fit naître l'espérance de trouver un passage dans ces lieux, & sur-tout parce que vers le sud, il se trouvait un grand nombre d'îles. On avait laissé sur une île une certaine quantité de poissons, on envoya pour la prendre & l'apporter à terre, cinq jeunes matelots, mais les habitans qui s'étaient mis en embuscade dans la bois, lancèrent sur eux une grêle de flèches, en tuèrent deux & blessèrent dangereusement deux autres, un seul échappa en se jettant à la nage, quoiqu'il eût le bras percé d'une flèche. Les gens du vaisseau s'avancèrent vers le rivage, mais après l'accident. Cependant on fit deux décharges de mousqueterie contre ces perfides & cruels sauvages, qui furent forcés de s'éloigner.

Bientôt après les vaisseaux furent pris d'une violente tempête qui manqua de les jetter sur la terre, quoique toutes les voiles fussent ployées. Enfin le vent s'appaisa, l'ancre fut retrouvée & le vaisseau fut amarré de nouveau. Après avoir encore essuyé une autre tempête, ces navigateurs mirent à la voile le 11 septembre, & arrivèrent, au commencement d'octobre, heureusement en Angleterre.

Les deux vaisseaux qui étaient destinés à la recherche d'un passage entre l'est Groenland & l'Islande, quittèrent le capitaine Davis le 7 de juin, vers le soixantième degré latitude nord; ils avaient ordre de s'élever jusqu'au quatre-vingtième degré latitude nord, s'ils n'en étaient pas empêchés par la terre. Dès le 9, les gens de l'équipage apperçurent de vastes champs de glace à la vue desquelles ils furent jusqu'au 11, alors ils découvrirent une terre au soixante-sixième degré, c'était l'Islande. Les habitans de cette contrée avaient en abondance toutes sortes de poissons, tels que des morues, des lieus, des rayes (*raia batis*), ainsi que des chevaux, des bœufs, des moutons & du foin pour nourrir ces animaux.

Les maisons étaient construites de pierres, couvertes de bois & recouvertes de gazon. Les instrumens & ustensiles étaient, comme ceux d'Angleterre, de bois, de fer, de cuivre, &c.

Le 16 de juin, ils quittèrent l'Islande, & firent voile droit au nord-ouest. Ils se trouvèrent le 3 juillet, entre des glaces à travers lesquelles ils avancèrent fort avant dans la nuit, alors ils approchaient du Groenland qu'ils apperçurent enfin, le 7 du même mois. Cette terre leur parut élevée & d'une couleur bleuâtre, ils ne purent y aborder à cause des glaces ; ils continuèrent donc à ranger la côte. Le 17, ils virent la terre de *Désolation*, ainsi nommée par *Davis* l'année précédente. Mais les glaces les empêchèrent encore d'y descendre. Ils jetèrent l'ancre le 3 d'août, dans l'entrée de Gilbert, le lieu du rendez-vous ; mais Davis en était parti le 11 de juillet. On vécut en paix & l'on fit des échanges avec les Groenlandais jusqu'au 30 d'août, mais alors il s'éleva une querelle à l'occasion d'une barque qu'on avait achetée d'eux & qu'ils refusaient de livrer. Il y eut quelques hommes tués & blessés de part & d'autre. Les Anglais partirent de ces parages le 31 d'août, entrèrent dans la Tamise le 6 octobre, & vinrent jusqu'à *Ratcliff*.

Ce voyage de *Davis* est, à tous égards de la plus grande importance ; mais il est aussi fort difficile à entendre, parce que ce voyageur a négligé de nommer les contrées qu'il avait vues. Cependant nous pouvons recueillir de ce voyage les obſervations ſuivantes.

Il entra une ſeconde fois dans l'entrée de Gilbert, découverte l'année précédente, qui était ſituée ſur la côte occidentale du Groenland. Enſuite Davis alla encore par un temps de brume dans le détroit de Cumberland, & s'avança juſqu'à un grouppe d'îles; là, il fut obligé de céder aux murmures de ſon équipage, & de prendre terre dans un havre ſur la côte ſud du détroit de Cumberland, ou dans l'île de Bonne-Fortune, au ſoixante-ſixième degré trente minutes latitude nord & ſoixante-dixième degré à l'oueſt longitude de Londres. Il rencontra encore une terre ſituée au nord du détroit de Cumberland, ou l'île de Cumberland. Il fut enſuite vers le ſud, & vit une terre qu'il eut toujours à l'oueſt. Le 19 août, il alla quelque part aux environs de la baie de Bonne-Fortune, vers le ſoixante-quatrième degré vingt minutes latitude nord par le cinquante-quatrième degré. Il vit encore une terre, & conſéquemment il était déja ſur la côte de *Labrador*. Le 28 août, il vit deux détroits ſous le cinquante-ſixième degré de latitude. Le premier eſt près des îles ſituées directement devant la colonie des frères Moraves, appelée *Nain*. L'autre eſt probablement le détroit à l'oueſt de *Nantucktuht*, & le lieu ſitué au cinquante-quatrième degré trente minutes latitude nord, près le grand détroit où il vit l'Océan couler à l'oueſt, eſt le détroit de *Eywucktoke*. Delà il revint en Angleterre par l'eſt.

Les détails du voyage des autres vaiſſeaux ſont auſſi vagues ; cependant il ſemble que la partie de l'Iſlande où ils abordèrent était aux environs de *Bardeſtrandſyſſel*, dans le *Weſtfildinga-Fiordung*, peut-être le havre de *Patrickfiord*. Au nord-oueſt de cet endroit, eſt cette partie de l'eſt du Groenland, à travers laquelle paſſe probablement le bras de mer qui vient de *Chriſtian-Haab*, & qui eſt préſentement fermé par les glaces qui empêchent les vaiſſeaux d'y entrer. C'était auſſi le cas où ſe trouvait l'entreprenant Anglais, ce qui l'obligea de longer la côte au ſud-oueſt, juſqu'à ce qu'il eût doublé le cap *Farewell*, il vint à la terre de Déſolation & à l'entrée de Gilbert. Conſéquemment il atteignit à peine le ſoixante-ſeptième degré, quoiqu'il dût aller juſqu'au quatre-vingtième.

Davis traita avec la plus grande douceur les habitans des lieux où il aborda. Ceux du Groenland donnèrent malgré cela des preuves de leur perfidie & ſe rendirent coupables d'une infraction continuelle de la paix. Il paraît qu'on n'a pas toujours instruit Davis des causes qui provoquèrent ces infractions. La manière dont ces peuples attaquèrent les Anglais, semble indiquer une grande animosité, & conséquemment quelque offense qu'ils auraient reçue. Les habitans de la côte de Labrador paraissent avoir été moins humains & plus grossiers que ceux de Groenland. Il est très-probable que ces peuples avaient été avant cette époque, maltraités par les Européens qui faisaient la pêche à Terre-Neuve & au nord, & conséquemment qu'ils auront été excités à la vengeance par le souvenir de ces mauvais traitemens. Ces peuples malheureux avaient sans doute un extrême besoin de fer, ce métal indestructible, puisqu'ils ne pouvaient résister à la tentation de s'emparer de celui qu'ils voyaient. Les Européens mettaient aussi trop de négligence à garder leurs instrumens de fer, pour ne pas rendre cette faute trop aisée à commettre à ces pauvres habitans. La description de la côte de Labrador que nous venons de mettre sous les yeux du lecteur, s'accorde parfaitement avec celle que le lieutenant *Curtis* en a donnée dans les Transactions philosophiques.

XII. Nous voilà enfin arrivés au troisième & au plus important voyage de Davis qu'il fit dans l'année 1587. On équipa trois vaisseaux, l'un desquels seulement fut destiné à faire des découvertes, les deux autres à la pêche. Ces vaisseaux partirent de *Darmouth* le 19 de mai, & firent voile droit à la côte occidentale du Groenland ; ils prirent terre le 16 de juin, sur l'une des îles au soixante-quatrième degré latitude nord. Là, Davis quitta les deux autres vaisseaux & leur ordonna de suivre la pêche vers le cinquante-quatrième ou cinquante-cinquième degré latitude nord, & de l'attendre jusqu'à la fin d'août. Pour lui il dirigea sa route au nord-ouest, & quelquefois au nord, ainsi qu'au nord-ouest par nord & même nord par est ; arrivé au soixante-septième degré quarante minutes latitude nord, c'est-à-dire, vis-à-vis la rade de *Disko*, il vit un grand nombre de baleines & de ces oiseaux que les marins appellent *Cortinous*. Quelques habitans de cette contrée vinrent dans de petites barques, échanger leurs dards armés d'os pointus, contre des couteaux. Le jour suivant plus de trente barques vinrent de plus de dix lieues & apportèrent de jeunes saumons, des oiseaux aquatiques, des capelans (*gadus minutus*, *Linn.*) qu'ils échangèrent pour des aiguilles, des bracelets, des cloux, des couteaux, des sonnettes, des miroirs & d'autres bagatelles. Ils apportèrent seulement vingt peaux de phoques. Nos navigateurs s'avancèrent le 30 de juin, jusqu'au soixante-douzième degré douze minutes latitude nord, le soleil resta cinq degrés au-desſus de l'horizon ; pendant tout le temps qu'ils furent ſous cette latitude, on trouva que la variation de l'aiguille aimantée était de vingt-huit degrés à l'oueſt. Toute cette côte fut nommée côte de Londres. La mer avait été tout ce temps, libre à l'oueſt & au nord, la terre qu'ils avaient à droite fut toujours à l'eſt. Mais le vent étant tourné au nord, ils ne purent faire voile plus loin ſur ce rumb de vent. Davis appela la pointe de terre *hope Sanderſon*, de Guillaume Sanderſon, qui avait contribué, pour la plus grande partie, à l'équipement du vaiſſeau deſtiné aux découvertes. Enſuite il ſe porta vers l'oueſt, après avoir avancé quarante lieues, il trouva une grande quantité de glaces, il aurait bien voulu continuer de faire voile vers le nord le long de ces glaces, mais le vent du nord l'en empêcha. Il eſſaya encore une fois de s'ouvrir un chemin à travers ces glaces, parce qu'il avait apperçu un petit eſpace qui n'en était point obſtrué, mais il fut obligé de retourner après avoir marché pendant deux jours entre ces montagnes flottantes. Le temps devint beau & calme, & il côtoya ces glaces vers le ſud. Davis ayant remarqué que le ſoleil avait beaucoup de force, penſa qu'il lui ferait plus avantageux d'attendre quelques jours pour tenter une autre route à l'oueſt, lorſque le vent & le ſoleil auraient nettoyé la mer de ces glaces. Il

reſta

resta donc à la côte de l'est. Mais son équipage était trop plein du souvenir des mauvais traitemens qu'il avait reçus des habitans de cette côte, pour oser y mouiller ; il fut donc obligé de tenir la mer. Quoique les vagues fussent très-hautes, les pauvres habitans de cette contrée le suivirent à la mer pour y faire quelques échanges. *Davis* ayant passé quelque temps dans ces parages, près des glaces & environné de brouillards, découvrit enfin le *Mont-Raleigh* dans l'île de Cumberland. Le 20 de juillet, il arriva à l'entrée du détroit qui porte le même nom. Le 23, après avoir fait soixante lieues dans ce détroit, il jeta l'ancre au milieu d'un grand nombre d'îles formant un grouppe à l'extrémité de la baie ; il les nomma îles de *Cumberland*. Tandis que les Anglais furent à l'ancre dans ce lieu, ils virent passer près d'eux une baleine qui allait à l'ouest. La variation de l'aiguille aimantée était de trente degrés à l'ouest. Ils retournèrent à la mer par le même chemin qu'ils avaient pris, & ils furent surpris d'un calme profond pendant lequel ils sentirent une très-grande chaleur. Bruton, le maître du vaisseau, descendit à terre avec quelques matelots pour chasser, il vit plusieurs tombeaux, & de l'huile de poisson répandue sur la terre. Les chiens de cette contrée lui parurent si gras qu'ils pouvaient à peine courir.

Davis ayant quitté le détroit de Cumberland, & étant rentré en pleine mer, découvrit, entre le soixante-deuxième & le soixante-troisième degré latitude nord, un passage qu'il appela détroit de *Lumley*, du nom du lord Lumley. Il rencontra dans ce lieu des courans fort rapides dans la direction de l'ouest, qui entraînaient les vaisseaux, & dont le tournoiement faisait un bruit semblable à celui d'une cataracte qui se précipite d'un lieu fort élevé. Le 31 juillet, il vit un promontoire qu'il nomma cap de *Warwick*. Le premier d'août, il vit au soixante-unième degré dix minutes latitude nord, un cap sur la côte du sud-ouest du détroit, qu'il nomma cap de *Chidley*; après avoir été pendant plusieurs jours enveloppé de brouillards, il aborda enfin à une île qu'il nomma île *Darcy*, du nom du lord Darcy. Il y avait sur cette île quelques animaux de l'espèce du cerf; plusieurs personnes de l'équipage descendirent pour les tuer, mais après les avoir chassés deux ou trois fois autour de l'île, ces animaux se jetèrent à la mer & gagnèrent à la nage une autre île à trois lieues de distance de celle-ci. L'un de ces animaux était très-gras, ses pieds étaient aussi larges & aussi gros que ceux d'un bœuf. Tandis que les chasseurs songeaient à rejoindre les vaisseaux auxquels Davis avait ordonné de pêcher dans ces parages & de l'attendre jusqu'à la fin d'août, leur navire donna si rudement contre un rocher qu'il fit une grande voie d'eau; mais ils furent assez heureux pour la réparer même au milieu d'une tempête. Le 15 d'août, ils vinrent au cinquante-deuxième degré douze minutes latitude nord, où ils virent un grand nombre de baleines. Mais n'ayant pu retrouver les deux vaisseaux, parce que ceux-ci avaient fini leur pêche en seize jours & étaient revenus en Angleterre; Davis se résolut à retourner dans sa patrie. Il quitta cette côte le 16 août, & arriva le 15 septembre à Darmouth.

Davis paraît avoir possédé à un degré éminent la douceur, l'humanité, l'intelligence & le courage. Il pénétra plus loin dans le nord qu'aucun de ses prédécesseurs; & si les glaces ne l'en eussent empêché, il aurait certainement fait les découvertes que *Baffin* fit heureusement en 1616.

Les régions du nord paraissent jouir, malgré les brouillards qui s'y élevent fréquemment, d'un ciel plus pur que les contrées du sud situées sous la même latitude. Nous avons été trois fois par le soixante-sixième degré trente minutes latitude sud, nous nous sommes avancés même jusqu'au soixante-onzième degré douze minutes de la même latitude, & nous n'avons vu que très-rarement le soleil au-dessus de l'horizon; lorsqu'il s'élevait au-dessus de ce cercle, il était enveloppé vers le ſoir de tant de brouillards, que nous ne pouvions voir ſon image quoiqu'il reſtât plus de vingt-quatre heures ſur l'horizon.

Pendant les trois ſaiſons chaudes que nous avons paſſées dans l'hémiſphère auſtral, à une grande diſtance de l'équateur, moindre cependant que celle à laquelle Davis était dans l'hémiſphère nord, nous avons bien ſenti quelques jours doux, mais le thermomètre ne s'eſt jamais élevé que de quelques degrés au-deſſus du point de congélation. C'eſt donc une choſe digne de remarque, que *Davis* parle pluſieurs fois de la grande chaleur qu'il a reſſentie au ſoixante-ſixième, & même au ſoixante-douzième degré latitude nord. La cauſe de cette chaleur ne peut être attribuée qu'à la grande étendue de terre dont il était environné, tandis que le froid extrême qu'on reſſent dans l'hémiſphère auſtral, vient de la grande étendue des mers, & du manque de terres; comme je l'ai prouvé dans mes Obſervations (*a*).

Les animaux de l'eſpèce du cerf qu'on trouva ſur la côte de Labrador étaient, ou le cerf d'Amérique, ou le renne, ou même l'élan, ou enfin ce qu'on appelle le (*mooſe deer*). Je ſuis porté à croire que c'eſt ce dernier que Davis a vu.

(*a*) *Obſervations faites pendant un voyage autour du monde.*

XIII. Les Anglais envoyèrent enfin une escadre de quatre grands vaisseaux aux Indes orientales. L'exécution de cette grande entreprise fut confiée au capitaine *George Raymond*, &, après sa mort, au capitaine *James Lancaster*. Cette escadre mit à la voile en 1591, & Lancaster revint en 1593. Ayant été surpris par une violente tempête près du cap, & se trouvant en danger d'être submergé avec son navire, son équipage essaya de l'engager à passer à bord d'un autre vaisseau, mais il se refusa courageusement à cette prière, & il attendit avec fermeté tous les événemens. Cependant il écrivit en Angleterre par un des autres vaisseaux. Dans sa lettre, il assurait la compagnie qu'il employerait tous les moyens qui seraient en son pouvoir pour sauver son vaisseau & la cargaison, & que néanmoins il les informait que le passage aux Indes était au nord-ouest de l'Amérique au soixante-deuxième degré trente minutes latitude nord.

L'assertion d'un homme si versé dans toutes les connaissances nautiques, & qui avait eu de si fréquentes occasions de rassembler dans les Indes une multitude d'observations des Portugais, ne pouvait manquer de faire une grande sensation en Angleterre. On pouvait encore ajouter à cela les renseignemens donnés par quelques Portugais prisonniers des Anglais, & qui avaient dit qu'un vaiſſeau de leur nation avait été quelque temps avant, le long de la côte de la Chine, & avait trouvé, au cinquante-cinquième degré latitude nord, une mer libre. Les deux compagnies établies pour le commerce de la Ruſſie & de la Turquie, prirent la réſolution de chercher ce paſſage à leurs propres dépens. Ces marchands équipèrent pour cela à frais communs deux vaiſſeaux dont ils confièrent le commandement au capitaine George Weymouth ou Waymouth.

Weymouth partit d'Angleterre le 2 de mai ſur le vaiſſeau la *Découverte*. Il prit au nord, paſſa près les Orcades & la pointe de l'Ecoſſe. Le 18 de juin, il vit des glaces & la partie la plus méridionale du Groenland. Le 28, il tourna à l'oueſt & apperçut au ſoixante-deuxième degré latitude nord, le promontoire de *Warwick* qu'il reconnut pour une île; il vint enſuite au détroit de *Lumley* où il vit un courant rapide allant à l'oueſt par le ſoixante-unième degré latitude nord, à la diſtance de douze lieues de la côte du continent de l'Amérique. Le premier de juin, l'air était froid, couvert de brouillards, & il neigeait. Le 2, il apperçut une grande maſſe de glaces, il en prit ſur ſon bord & en obtint de l'eau très-potable. Il rencontra pluſieurs courans très-rapides le long des côtes de l'Amérique. Cette contrée lui parut être, non un continent, mais une multitude d'îles.

Le 3 & le 8, il vit le continent de l'Amérique qui était tout couvert de neige, il était alors par le soixantième degré trente-trois minutes latitude nord. Le 17, le temps fut très-obscur, couvert de brouillards, & si froid que les agrêts de son vaisseau étaient entièrement couverts de glaçons; le lendemain le froid fut encore très-vif, & les cordages continuant à être gelés, Weymouth ne put faire avancer son vaisseau. Son équipage commençait à se mutiner & à vouloir le forcer à retourner en Angleterre. Mais informé à temps de ce dessein, sa fermeté en empêcha l'exécution. Le 22, étant déjà au soixante-huitième degré cinquante-cinq minutes latitude nord (ou plutôt soixante-troisième degré cinquante-trois minutes), il fit punir sévèrement les plus mutins de l'équipage. Il fit prendre de la glace dont il fit de l'eau bonne à boire. Une de ces masses énormes de glaces s'éclata avec un bruit semblable à celui du tonnerre, les éclats de cette glace endommagèrent une des barques où l'on en chargeait. Le 25, il vit l'entrée d'un détroit au soixante-unième degré quarante minutes latitude nord; le 30, les vents d'ouest & nord-ouest soufflèrent violemment, & plusieurs personnes de l'équipage étant tombées malades parce que la saison était fort avancée, le capitaine se détermina à revenir, quoiqu'il eût déjà fait plus de cent lieues dans ce détroit dont la largeur était de quarante lieues. La variation de l'aiguille aimantée fut de trente - cinq degrés douze minutes à l'oüest. Le 5 de juillet, il était sorti du détroit. Alors il navigua le long de la côte de l'Amérique, enveloppée dans d'épais brouillards, & au milieu des glaces flottantes; il vit une île par le cinquante - cinquième degré trente minutes latitude nord. Il continua de ranger cette côte jusqu'au 14, au milieu d'un gros temps & d'un grand nombre d'îles au cinquante-sixième degré, & entra dans un détroit. Plusieurs raisons probables lui firent naître l'espérance de trouver un passage au cinquante-cinquième degré trente minutes, & au cinquante-cinquième degré cinquante minutes latitude nord; il trouva que l'aiguille aimantée avoit décliné de dix-sept degrés quinze minutes & de dix-huit degrés douze minutes à l'ouest. La côte était alors débarrassée de glaces. Lorsqu'il en vient sur cette côte, elles sortent du nord. Il observa qu'un tourbillon de vent éleva les eaux de la mer à une très-grande hauteur. Il avait fait trente lieues dans le détroit au cinquante-sixième degré latitude nord, ce qui certainement aurait causé sa perte si le vent eût soufflé seulement un jour du nord, du sud ou de l'est. Le 4 d'août, il découvrit les îles Scilly, & le lendemain il arriva à *Darmouth*.

Le récit que fit *Lancaster* à son retour en

Angleterre, ses réponses aux objections qu'on lui faisait, & les détails qu'il donna de son expédition, étaient bien faits pour inspirer de la confiance aux compagnies du commerce de Russie & de Turquie; aussi ces raisons leur parurent-elles d'un si grand poids, qu'elles donnèrent des ordres pour une nouvelle expédition dont l'objet serait de faire des découvertes. Les grandes Indes, le commerce si utile de ces contrées, & les immenses richesses qu'il procurait à ceux qui en étaient en possession, faisaient toujours l'objet des desirs de toutes les puissances maritimes de l'Europe. Les Portugais & les Espagnols soumis alors à un même Prince, étaient en possession de toutes les places où l'on pouvait trouver des rafraîchissemens dans ce voyage. Cependant sans de pareilles stations, il était alors, & il est encore presque impossible d'entreprendre aux Indes orientales un voyage qui demande six mois pour aller & autant pour revenir. Toutes les nations étaient donc occupées de la recherche d'une nouvelle route aux Indes, sur laquelle ils pussent établir des places où il fût permis à leurs vaisseaux de relâcher & de prendre des rafraîchissemens. Les Anglais & les Hollandais cherchèrent cette route par le nord-est & le nord-ouest. *Lancaster* dit que les Portugais avancèrent avec leurs vaisseaux jusqu'au cinquante-cinquième degré latitude nord, au nord de la

Chine & qu'ils trouvèrent une mer parfaitement libre & ſans aucune terre ; & que, d'après quelques raiſonnemens probables, le paſſage des Indes doit être cherché quelque part au ſoixante-deuxième degré trente minutes latitude nord au nord-oueſt de l'Amérique. Il paraîtrait delà, que les Portugais auraient été dans le voiſinage de l'île de *Sagalin-Angahata*, de la rivière d'*Amour*, & qu'ils ſe feraient avancés juſqu'à la rivière de *Uda* où eſt actuellement l'établiſſement ruſſe *Udskoi*, (en ſuppoſant qu'ils ayent navigué le long des côtes du continent au nord de la Chine), même dans le cas où ils auraient paſſé près des îles de *Lekiu*, Japon où Nipon (découvertes par les Portugais en 1542), Matſmai & les Kuriles, ils devaient néceſſairement rencontrer le *Kamtſchatka* au cinquante-cinquième degré latitude nord ; & le paſſage de *Lancaſter* au ſoixante-deuxième degré trente minutes latitude nord, n'aura été qu'une conjecture priſe d'après les voyages de *Davis*.

Le flot qui coule dans la vaſte baie d'Hudſon y cauſe un courant très-rapide, ſelon le témoignage unanime des différens navigateurs qui ont été dans cette baie, au ſoixante-ſixième degré dans le détroit de *Cumberland*, du ſoixantième au ſoixante-deuxième degré dans le détroit d'*Hudſon*, & au cinquante-neuvième degré où probablement un autre détroit divise la terre de *Labrador*. Peut-être y a-t-il plusieurs entrées dans le même détroit au cinquante-sixième degré quinze minutes latitude nord, au cinquante-cinquième degré & au cinquante-quatrième degré quarante minutes, qui n'ont pas encore été bien examinés & qui cependant ont un courant très-rapide. Il est probable que le flot qui entre par tant de différentes routes dans la baie d'Hudson & dans celle de Baffin, ressort ensuite par le détroit de *Davis* (*a*).

Ce voyage nous offre deux preuves de l'usage de la glace convertie en eau douce & potable. Il faut donc bien se garder de citer cet usage comme une grande & nouvelle invention appartenant aux modernes ; ce serait montrer une bien grande ignorance dans l'histoire des découvertes nautiques. Lorsque l'air s'adoucit & qu'il commence à agir sur ces masses énormes qu'on nomme montagnes de glace, il arrive souvent qu'elles s'éclatent en morceaux avec un fracas semblable à celui du tonnerre. Comme le centre de gravité de ces quartiers de glace est fort différent de

---

(*a*) Ceci est en partie prouvé par ce que *Weymouth* a remarqué, en parlant de la côte de Labrador. Cette côte, dit-il, est libre de glaces, mais s'il en vient, elles arrivent du nord. Conséquemment elles doivent être apportées à travers le détroit de *Davis*.

celui de la masse entière, ils tournent pendant quelques temps sur la surface des eaux jusqu'à ce qu'ils ayent trouvé leur équilibre. Nous nous sommes trouvés deux ou trois fois, dans notre voyage autour du monde, très-près de ces glaces qui se brisaient; un des morceaux qui se détacha une fois vint en roulant si près de notre vaisseau qu'il ne s'en fallut que de dix ou douze pieds qu'il ne l'atteignit, ce qui l'aurait infailliblement fracassé, ou du moins très-endommagé. J'avoue que cette scène effrayante est encore présente à mon imagination dans toute son horreur, & je crois qu'elle ne s'effacera jamais de ma mémoire. Car peut-on concevoir une plus terrible situation que de se voir enfermé, dans un vaisseau isolé, au milieu de masses énormes de glace dans un océan immense, à une si grande distance de la terre, éloigné de tout secours humain : & dans cet état, constamment enveloppé de brouillards épais, dans la crainte continuelle de voir ces glaces menaçantes s'éclater en pièces & venir en roulant pesamment, fracasser le vaisseau & l'engloutir avec l'équipage infortuné, dans le profond abîme de ces vastes mers.

Avec un bon vent, un temps clair & une mer libre, on peut naviguer dans ces mers du Nord; mais lorsque les brouillards, les vapeurs froides & glaciales s'attachent par-tout aux voiles & aux agrêts, & qu'elles forment quelquefois des masses de glaces du poids de dix ou douze onces qui se détachent au moindre vent & tombent sur la tête des matelots, & qu'enfin les cordes & les voiles deviennent si dures & si fragiles qu'elles se rompent au moindre effort; alors la navigation devient très-pénible & très-dangereuse. Ce furent ces difficultés qui arrachèrent des plaintes, même à l'intrépide Weymouth, & qui l'empêchèrent d'avancer dans ces mers inconnues & couvertes de glaces.

Dans ces froids climats, Weymouth vit une trombe, phénomène que *Davis* avait aussi remarqué. Cette observation semble confirmer celle que j'ai faite dans mon voyage autour du monde, que les trombes se voyent principalement dans les mers étroites où la terre n'est pas à une grande distance de chaque côté.

XIV. Les découvertes faites dans le Nord par les différentes puissances de l'Europe, engagèrent le roi de Danemarck à donner des ordres pour qu'on fît un voyage qui aurait pour objet de faire des découvertes pour lui-même. Les Anglais passaient déjà pour les plus expérimentés & les plus habiles marins de l'Europe. Le roi de Danemarck avait choisi parmi eux en 1605, les capitaines *John Knight* & *James Hall* pour commander les vaisseaux équipés pour cette expédition. Mais en 1606,

Knight fut désigné dans son pays par les compagnies des grandes Indes & du commerce de la Russie. Il partit de *Gravesend* & arriva le 22 du même mois aux Orcades, où il fut obligé de rester quinze jours à cause des vents contraires. Le 12 de mai, il remit en mer. Le 16, il était au cinquante-huitième degré dix-neuf minutes latitude nord, la déclinaison de l'aiguille aimantée était de huit degrés. Le 21, il se trouva au cinquante-septième degré cinquante minutes latitude nord, il faisait une brume fort épaisse, & il y avait sous cette latitude, un grand courant dont la direction était au nord. Le 22, il vit beaucoup de mouettes & d'algue marine. Le 23, il observa une chouette. Le 28, il était au cinquante-septième degré cinquante-sept minutes latitude nord, & la déclinaison de l'aiguille aimantée était de quatorze degrés trente minutes; il vit des rayes noires dans la mer, il vit aussi des courans, quelques-uns desquels allaient à l'ouest, d'autres au nord. Le 29, il se trouva à la latitude de cinquante-huit degrés, & le courant allait vers le sud; il vit un grand nombre d'oiseaux blancs qui avaient un gazouillement pareil à celui des moineaux; il apperçut aussi plusieurs vaches ou plutôt corbeaux (*a*) morts flottans sur les eaux. Le

(*a*) En anglais *cow* signifie vache & *crov* corbeau.

13 de juin, il vit une terre qui lui parut un amas d'îles par le cinquante-ſeptième degré vingt-cinq minutes ; mais il trouva auſſi une grande quantité de glaces qui étaient pouſſées au ſud ; il avança autant qu'il lui fut poſſible au travers de ces glaces, mais une tempête qui s'éleva pouſſa ſur le vaiſſeau celles dont il était entouré & le fit beaucoup ſouffrir. Le 19, il vit encore la terre à quinze lieues de diſtance au cinquante-ſixième degré quarante-huit minutes latitude nord, l'aiguille aimantée déclinait de vingt-cinq degrés à l'oueſt, la marée venait du nord. Le 24, un grand vent du nord rompit le cable qui attachait le vaiſſeau à la terre, & le gouvernail fut emporté par les glaces. Le capitaine *Knight* fut obligé de conduire ſon vaiſſeau dans une entrée & d'échouer ſon navire dans l'eſpoir de ſauver au moins ſes proviſions ; mais avant qu'il pût toucher à terre, le bâtiment était déja à moitié plein d'eau. Il fit jouer toutes les pompes avec aſſez de vigueur pour être en état d'étancher la voie d'eau. Enſuite il mit dehors la chaloupe, afin de chercher un lieu plus convenable pour réparer le vaiſſeau, mais tout était couvert de glace ; cependant on découvrit un bois naiſſant ſur cette terre. Le 26, le capitaine Knight avec ſon contre-maître & trois matelots, tous bien armés, deſcendirent ſur une île fort grande, pour chercher un lieu propre à y radouber le navire.

Il laiſſa deux hommes dans la barque, & alla avec trois autres, l'un deſquels était ſon frère, dans la partie la plus élevée de l'île; les deux hommes qu'il avait laiſſés dans la barque, l'attendirent, mais inutilement, depuis dix heures du matin juſqu'à onze heures du ſoir. L'un d'eux ſonna deux ou trois fois de la trompette, l'autre tira deux ou trois coups de fuſil; mais ne voyant point revenir le capitaine, ni ſes compagnons, ils retournèrent au vaiſſeau. Cet événement jeta tout l'équipage dans la plus grande conſternation, & on paſſa la nuit dans le chagrin & la douleur.

Le lendemain ſept hommes bien armés allèrent dans l'intention de chercher le capitaine & ſes compagnons, mais ils ne purent avec leur chaloupe aborder à cauſe des glaces. Ils débaraſsèrent le vaiſſeau, comme ils avaient fait le 28, & firent jouer vivement les pompes pour trouver la voie d'eau & l'étancher. Les naturels parurent pendant ce temps ſur les rochers, & voulurent ſe jeter ſur la chaloupe & la barque qu'ils conſtruiſaient, mais la ſentinelle ayant donné l'alarme, les ſauvages, quoique nombreux, furent heureuſement repouſſés. L'équipage reporta ſes proviſions à bord, ſe hâta d'achever ſa barque, & quitta enfin cette terre ſi funeſte, avec le vaiſſeau & la barque qui n'était ni calfatée, ni goudronnée, conduiſant à la rame le vaiſſeau qui n'avait n'avait point de gouvernail, ils prirent leur grande bonnette qu'ils cousirent avec des cordes défilées & ils appliquèrent cela sous la quille de leur vaisseau où était la plus grande ouverture, par ce moyen ils empêchèrent en effet, l'eau d'entrer en aussi grande quantité qu'auparavant. Ils furent cependant toujours obligés de faire aller les pompes; de cette manière ils dirigèrent vers Terre-Neuve, où ils arrivèrent enfin & entrèrent dans une baie près *Fogo*, le 23 de juillet; ils y réparèrent leur vaisseau & leur santé. Ils partirent delà le 22 d'août, & arrivèrent le 24 septembre à *Dartmouth*.

Ce voyage fut d'autant plus malheureux, que l'espoir qu'on avait fondé sur l'habileté de *Knight* à faire des observations, fut entièrement trompé par la perte de cet habile homme. Il est probable que le souvenir des cruautés que les Européens avaient exercées autrefois sur les *Esquimaux*, & l'avidité que ces derniers ont pour le fer, occasionnèrent la mort du capitaine *Knight*, & excitèrent les sauvages à attaquer le reste de l'équipage. Il n'y a rien autre chose dans ce voyage, digne de remarque, si ce n'est que *Knight* a observé aussi le même courant que plusieurs autres navigateurs avaient reconnu, dont la direction est au nord. La chouette qu'il a vue, venait probablement des îles *Feroe*, puisqu'il passa assez près de ces îles, mais les brouillards l'empêchèrent de les bien voir.

XV. *James Hall* avait déjà passé trois ans au service de Danemarck, de 1605 à 1607, & avait fait des voyages dans les contrées du Nord. Dans le dernier qu'il fit, l'équipage s'étant mutiné, il fut obligé de relâcher en Islande, sans avoir vu autre chose que les côtes du Groenland. On ne trouve presque rien sur ce voyage. On sait seulement que *James Hall* partit de *Hull* ou *Kingston-Uponhull* avec deux vaisseaux, l'un nommé *la Patience*, l'autre *le Heart s-Ease*. La première chose dont il fasse mention dans ce voyage, est l'observation de la longitude d'un lieu qu'il nomma *Cocking*, détroit qui est au soixante-cinquième degré vingt minutes latitude nord, & qu'on nomme autrement *Baals-Revier*, & selon son estime, au soixantième degré trente minutes à l'ouest longitude de Londres. On trouve aussi dans la relation de ce voyage, que *Hall* fut tué d'un coup de lance par un Groenlandais le 22 de juillet, & qu'avant cet événement, il n'avait jamais eu de disputes avec les naturels de ce pays; seulement on avait remarqué que ces derniers désignaient *Hall* par le nom de capitaine, ce qui fit conjecturer que le meurtrier était ou un frère, ou quelque parent des cinq Groenlandais, qui avaient été emmenés par les Danois en

1606. *Hall* avait fait des recherches pour découvrir des minéraux, & avait par-là, eu occasion d'observer quelques rivières & quelques hâvres ; il avait aussi apperçu les traces d'un grand cerf ou élan. Après la mort du capitaine, l'équipage reprit les recherches dans l'intérieur des terres, ils trouvèrent plusieurs endroits où les Danois avaient creusé avant eux. Ils trouvèrent aussi des pierres brillantes, qui ne furent quand on les examina, que des scories. Elles ne contenaient point de métal, mais ressemblaient au verre de Moscovie, *Glacies-Mariæ*.

N'ayant pu trouver de métaux, ni engager les habitans à commercer avec eux, ils laissèrent *Rommels Fiord* au soixante-septième degré latitude nord (là, l'aiguille aimantée déclinait de vingt-quatre degrés seize minutes), & arrivèrent le même jour à *Kongs-Fiord.* Alors ils dirigèrent leur route au sud, parce qu'un matelot avait été tué par un Groenlandais à cause que le premier voulait chasser celui-ci hors de son canot. Le 18 d'août, ils étaient au cinquante-huitième degré cinquante minutes latitude nord ; depuis ce moment jusqu'au 6 septembre, ils furent continuellement tourmentés du gros temps, ils étaient alors au soixante-unième degré dix-huit minutes latitude nord, la déclinaison de l'aiguille était de six degrés à l'est, & ils avaient le fond à soixante-huit braſſes. Ils arrivèrent le 8 de ſeptembre aux Orcades, où ils mouillèrent. Ils achetèrent des habitans, des oyes & des moutons, & leur donnèrent en échange de vieux habits & des ſouliers. Le 11 du même mois, ils rentrèrent à *Hull* ou *Kingſton* ſur l'*Hull*.

Guillaume Baffin qui était très-jeune alors & qui écrivit la relation de ce voyage, ajoute que probablement les pierres brillantes & de différentes couleurs dont il fait mention, ne contenaient pas de métal. Il paraîtrait d'après cette aſſertion que ces pierres étaient le ſpath étincelant ou pierre de Labrador. Peut-être en trouve-t-on dans cette contrée, & perſonne ne peut mieux donner de connaiſſance ſur cet objet, que les frères Moraves qui y habitent. Baffin nous aſſure qu'on y trouve des montagnes d'albâtre blanc, à quarante milles de diſtance dans le pays. On avait obſervé, près de la rivière de Baals un petit bois de ſept à huit pieds de haut, il était compoſé de ſaules, de genèvriers, & d'autres arbres de cette eſpèce. On vit auſſi une grande quantité d'*angélique*, c'eſt peut-être l'*heracleum ſphondylium*. Il eſt aſſez probable que ce peuple avait coutume de manger les racines de cette plante, puiſqu'on en trouva dans leurs barques.

Il y a dans le Groenland une grande quantité de renards dont quelques-uns ſont tout blancs.

On y voit aussi de grands animaux du genre des cerfs (des rennes) qui ont les sabots très-larges. Les Groenlandais pêchent pendant tout l'été, & font sécher leur poisson & la chair des phoques sur les rochers, pour leur provision d'hiver. Ils ont de petites barques de deux pieds de large, &, quelquefois, de vingt pieds de long. Elles sont totalement recouvertes de peaux de phoques avec un trou au milieu où se place le maître du canot qui s'enveloppe si bien avec des peaux que l'eau ne peut entrer dans la barque. Leurs rames sont plattes à chaque extrémité, ils les prennent par le milieu, & rament alternativement avec les deux extrémités, de cette manière ils vont si vîte qu'un vaisseau ne peut les suivre. Ils chassent dans ces barques, les phoques, les morses, les saumons & d'autres poissons qu'ils percent avec un dard ou un harpon, dont la pointe est faite d'un os, & le reste de baleine.

L'été ils vivent sous des tentes, l'hiver dans des maisons à moitié enfoncées en terre; ils n'habitent pas toujours le même lieu, mais ils s'établissent là où la pêche est la plus abondante. Ils ont coutume d'adorer le soleil. Lorsqu'ils voyent arriver parmi eux quelqu'étranger, ils se tournent vers le soleil, le montrent, & le nomment à haute voix, *Ilyout* ; & si l'étranger étend la main comme eux vers cet astre & prononce le même mot, alors ils s'approchent de lui; ce qu'ils n'auraient pas osé faire avant cette cérémonie. Ils enterrent leurs morts dans des trous environnés de pierres pour empêcher que les renards ne les mangent, ils enterrent dans un autre trou près de celui-là, l'arc, les flèches & les dards du mort. Ils mangent la viande toute crue & boivent de l'eau de mer; ils ne sont cependant pas cannibales. Ils aiment beaucoup le fer & cherchent à l'obtenir par toutes sortes de moyens.

Cette narration nous fait connaître combien de tems ces peuples se rappelent des injures, puisqu'ils se vengèrent sur le capitaine Hall de l'enlèvement de leurs cinq compatriotes que les Danois avaient emmenés l'année précédente. Malgré cet exemple, un matelot fut tenté d'emmener un autre Groenlandais qui eut cependant assez de courage & d'adresse pour punir de mort cet homme qui voulait le priver de sa liberté.

Les observations de Baffin sont excellentes. Il en est une cependant, sur laquelle nous nous trouvons obligés de faire avec Crantz (*a*) quelques remarques. Elle a pour objet l'adoration du soleil par ce peuple.

(*a*) David Crantz, Hist. du Groenland, part. I, Liv. IV, chap. 4.

Les marins voyaient les Groenlandais sortir, en se levant de leurs cabanes, & regarder fixement au ciel le lever du soleil, pour connaître, à cette vue, le temps qu'il ferait tout le jour. Cette action fut considérée par nos voyageurs comme une adoration du soleil, chose à laquelle le Groenlandais n'avait jamais pensé.

XVI. Malgré les tentatives fréquentes & infructueuses qu'on avait faites pour trouver un passage aux Indes par le nord, l'idée qu'on avait eue de sa possibilité n'était pas effacée, on pensait au contraire, qu'on le découvrirait aisément sous la direction d'un homme habile & résolu. Les premières entreprises avaient été en partie, soutenues par le gouvernement, par des gens les plus opulens & par des marchands. Mais, après de tels essais, leur zèle s'était ralenti. D'ailleurs le capitaine *James Lancaster* dans son voyage aux Indes dans les années 1591, 1592 & 1593, par le cap de Bonne-Espérance, avait reçu des renseignemens sur la possibilité de s'y rendre par le passage supposé; mais il avait montré aussi les difficultés qui devaient accompagner cette recherche. Il mit à la voile une seconde fois pour les grandes Indes en 1601, & commanda une flotte appartenant à la Compagnie des Indes, & revint en Angleterre deux ans après, avec de grandes richesses. Le chevalier *Henri Middleton* & le chevalier *Edward Michelbourn*, revinrent aussi heureusement des grandes Indes en Angleterre l'année 1606, chacun avec une flotte richement chargée. Il semble que ces expéditions heureuses aux Indes auraient dû étouffer le desir de faire de nouveaux efforts pour découvrir un passage dans ces contrées par le nord. Cependant il se trouva une société d'hommes riches & hardis, qui non-seulement crurent à la possibilité de ce passage, mais qui prévirent encore les avantages qu'on en pourrait retirer. Ils fournirent l'argent nécessaire pour trois expéditions avec une libéralité & une persévérance presque sans exemple ailleurs. Ils donnèrent le commandement de ces expéditions à *Henri Hudson*, marin consommé & très-expérimenté, dont à peine, on a égalé les connaissances, la capacité & l'intrépidité, & dont l'assiduité & le travail infatigable n'ont certainement été surpassés par aucun homme de son siècle. Le journal de *Hudson* & les noms de ceux qui l'ont employé ne nous ont pas été transmis. Il ne nous est parvenu que des fragmens concernant cette navigation. On résolut de chercher le passage par trois différentes routes, ou par le nord directement, ou par le nord-est, ou enfin par le nord-ouest. Ces trois voyages furent faits par Hudson.

Hudson commença son premier voyage en 1607, & partit de *Gravesend* le premier de mai. Le

13 de juin, il vit par le soixante-treizième degré latitude nord, une terre à laquelle il donna le nom de *Hold-With-Hope*. Cette terre est située à six & sept degrés au nord de l'Islande, à l'est du Groenland. Il trouva le temps beaucoup plus froid au soixante-troisième degré, qu'il ne l'était ici. Le 27, ils étaient au soixante-dix-huitième degré latitude nord, ils eurent encore un temps doux & même chaud. Le 2 de juillet, il faisait très-froid quoiqu'ils n'eussent pas changé de latitude. Le 8 de juillet, ils étaient encore sous la même latitude de soixante-dix-huit degrés. Ils eurent alors un grand calme, & une mer libre où ils virent une grande quantité de bois flottant. Toutes les fois que la mer paraissait verte, elle était toujours libre; mais lorsqu'elle semblait bleue, elle était généralement couverte de glace. Hudson envoya le 14 de juillet, le maître & le contre-maître du son vaisseau à terre sous le quatre-vingtième degré vingt-trois minutes latitude nord, ils trouvèrent des traces de rennes, & virent quelques oiseaux aquatiques, & deux ruisseaux d'eau douce, dont ils burent avec une grande satisfaction; le temps étant chaud, le soleil resta même à minuit, dix degrés quarante minutes au-dessus de l'horizon. Hudson navigua jusqu'au quatre-vingt-deuxième degré latitude nord, & se serait avancé plus loin s'il n'en eût

été empêché par la multitude de glaces qui l'environnaient. Cela ne le détourna cependant pas de faire une nouvelle tentative pour chercher un passage autour du Groenland qu'il regardait comme une île, & delà revenir dans sa patrie par le détroit de Davis. Mais ce passage était aussi obstrué par les glaces; il fut donc obligé de revenir en Angleterre, où il arriva le 15 septembre à Gravesend.

On découvrit dans ce voyage plus de côte orientale du Groenland vers le nord, qu'on n'en avait apperçu dans les voyages précédens. Le grand degré de chaleur qu'on ressent dans les hautes latitudes du nord, me paraît être dû aux terres très-élevées situées vers ce pôle; car dans l'hémisphère austral où l'on ne trouve que des mers au trentième, quarantième & cinquante-quatrième degré latitude sud, la mer absorbe tous les rayons du soleil qui conséquemment ne peuvent pas produire de chaleur dans l'air. Car, c'est à la réflexion de ces rayons sur la surface inégale des terres & à leur croisement en différentes directions, qu'est due la chaleur de l'air. Ce fut un phénomène singulier pour Hudson, de sentir, sous une latitude si élevée, un plus grand degré de chaleur que celui qu'il avait éprouvé au soixante-troisième degré. Mais il ne savait pas que ce n'est pas seulement par le voisinage des terres qu'on peut rendre raiſon de la température de l'air; car les vents ſoufflant ſur les glaces & traverſant des contrées très-froides, contractent un degré de froid dont il eſt difficile de ſe former une idée ſans l'avoir éprouvé. Au-delà du ſoixante-treizième degré latitude nord, entre le *Groenland* & le *Spitzberg*, il rencontra des bois flottans qui avaient ſans doute été portés dans ces mers par quelques rivières de la Sibérie ou de l'Amérique. Nous n'avons rien obſervé de ſemblable dans les mers ſituées dans l'hémiſphère auſtral près du pôle, parce qu'il n'y a point de terre dans ces régions. L'honneur de la découverte du Spitzberg appartient conſéquemment à *Hudſon.* Les premiers qui naviguèrent enſuite dans ces parages pour la pêche de la baleine, furent les Anglais. C'était long-temps avant que les Hollandais ſe fuſſent déterminés à y envoyer. Cependant ils trouvèrent cette branche de commerce ſi lucrative, qu'au commencement de ce ſiècle, les Hollandais & les Hambourgeois étaient preſque les ſeuls qui pêchaient la baleine dans les mers du Spitzberg. Les Anglais avaient tellement négligé cette pêche, qu'ils n'y envoyaient plus annuellement qu'un vaiſſeau, juſqu'à ce qu'enfin l'attention du gouvernement ſe tourna de ce côté; alors le Parlement trouva néceſſaire, pour encourager les Anglais à s'occuper de cet objet, d'accorder des récompenſes aux pêcheurs de la baleine au Spitzberg (ou comme on l'appelle improprement le Groenland). On continue encore d'accorder ces primes chaque année. Les Anglais avaient ſi peu d'expérience pour cette pêche, dans les premières années, qu'ils étaient obligés, quoiqu'ils équipaſſent leurs vaiſſeaux en Angleterre, de prendre des Hollandais pour former la moitié de leurs équipages. Quoique le Spitzberg ſoit très-froid, cependant il fournit de la nourriture pour quelques rennes qui viennent ſans doute du Groenland, où l'on trouve ces animaux à des latitudes très-élevées, par-deſſus les mers glacées, puiſque le Spitzberg eſt tout environné par la mer. Dans ces latitudes élevées le ſoleil reſte, comme on ſait, ſur l'horizon pendant vingt-quatre heures, cela depuis le cercle polaire arctique, & plus on avance près du pôle, plus on voit le ſoleil long-temps ſur l'horizon, juſqu'à ce que préciſément ſous le pôle il y reſte les vingt-quatre heures entières & preſqu'à une hauteur égale. *Hudſon* eſſaya hardiment d'approcher du pôle, il alla en effet juſqu'au quatre-vingt-deuxième degré latitude nord, & il eſt ſans doute le premier qui ait été au-delà du quatre-vingtième degré au nord. Il eſt vrai que les glaces l'empêchèrent d'aller plus avant, mais nous avons vu que, malgré cela, il ſe dirigea encore vers le Groenland, où il espérait trouver un passage & revenir par le détroit de Davis, & que les glaces obstruaient aussi ce passage. Tout cela prouve au moins l'intrépidité & le courage inébranlable de l'homme qu'on avait choisi pour cette entreprise.

XVII. Hudson ayant inutilement cherché ce passage directement au nord, les membres de la société aux dépens & sous la direction desquels le premier voyage avait été entrepris, résolurent de faire une autre tentative l'année suivante; & Hudson fut encore choisi pour commander cette expédition. Il mit à la voile le 21 avril 1608, & essaya de trouver ce passage au nord-est, entre le Spitzberg & la Nouvelle-Zemble qu'il avait découverte l'année précédente. Mais les glaces lui présentèrent des obstacles insurmontables. Nous avons à regretter qu'il n'existe point de relation qui nous apprenne à quel degré de latitude Hudson s'est élevé dans cette route. Le résultat de ses recherches ne répondit point à son attente; il navigua le long de la Nouvelle-Zemble, où il trouva un climat doux & agréable, & la côte libre de glace. Il pensa qu'il serait possible de trouver au-delà de la Nouvelle-Zemble, un passage que jusqu'alors tous les navigateurs avaient tenté de découvrir dans la mer intérieure au-delà du détroit de *Waygatz*, mais il rencontra tant de glaces qu'il fut obligé d'abandonner ce projet. Il employa donc toute la diligence possible à chercher ce passage par le détroit de *Lumley*, mais la saison étant déjà avancée, les jours devenant plus courts, le temps froid & orageux, il fut obligé de remettre cette nouvelle tentative à une autre année. Il se hâta de revenir en Angleterre, où il arriva heureusement le 22 d'août.

Il n'est parvenu à notre connaissance que quelques relations fort imparfaites de cette expédition; il serait bien à désirer qu'on retrouvât en Angleterre, le journal de ce grand navigateur; car il est hors de doute qu'il ne contienne, malgré le peu de succès de la recherche que l'entreprise eut pour cèt objet, des observations importantes & instructives sur la géographie physique.

XVIII. Avant de parler du dernier voyage d'Hudson & de ses découvertes, je crois nécessaire de faire quelques remarques sur plusieurs tentatives de cette nature, faites par d'autres navigateurs. Les Hollandais avaient déjà découvert, sous le commandement de Guillaume Barentz & de Heemskerk, une petite île au soixante-quatorzième degré trente minutes latitude nord, à laquelle ils donnèrent le nom d'*Ile de l'Ours* (*Bear-Island*), parce qu'ils en avaient tué un très-gros dans cette île. Ils portèrent ensuite au nord-nord-ouest, & environ vers le quatre-vingtième degré onze minutes latitude nord, ils découvrirent encore une fort grande terre. Ils marchèrent le long de la côte à l'ouest jusqu'au soixante-dix-neuvième degré trente minutes, & trouvèrent une baie. Cette vaste contrée fut découverte ensuite par Hudson en 1607. Elle fut appelée par les Hollandais Spitzberg, & par les Anglais Groenland, parce qu'ils la regardaient comme la continuation du Groenland. En 1603, le chevalier François *Cherry*, anglais, équipa à ses dépens un vaisseau avec lequel il découvrit, sous le soixante-quatorzième degré cinquante-cinq minutes latitude nord, une île où il trouva une mine contenant du plomb, & une dent de morse. Les matelots appelèrent cette île *Cherry*, en l'honneur du chevalier François *Cherry*, & en prirent possession en son nom. C'était la même île que celle de l'Ours, découverte en 1596, par Guillaume Barentz. On équipa en 1604, pour l'île de Cherry un vaisseau dont le propriétaire se nommait *Welden*, & le commandant Etienne *Bennet*. Ils mirent à la voile le 15 d'avril, arrivèrent au premier de mai à *Kola* en Laponie & restèrent là jusqu'au premier de juillet; ensuite ils continuèrent leur voyage, & le 8, ils arrivèrent à l'île de *Cherry*. Le courant était si fort qu'ils ne purent prendre terre, ils firent le tour de l'île & jetèrent l'ancre à la distance de deux milles de cette terre. Ensuite ils descendirent dans ce lieu & tuèrent un grand nombre d'oiseaux.

Le 9 de juillet, ils virent des renards, ou plutôt ce que les Ruffes appelent *peszi*, l'ifatis (*canis lagopus*). Cette partie de l'île était au foixante-quatorzième degré quarante-cinq minutes latitude nord. Ils levèrent l'ancre & mouillèrent le 10, dans une autre baie, où ils trouvèrent plus de mille morfes couchés les uns fur les autres & endormis; de ce grand nombre, ils n'en tuèrent cependant que quinze; ils trouvèrent auffi beaucoup de dents de ces animaux; c'était fans doute les dépouilles de ceux qui étaient morts de vieilleffe ou même de ceux qui avaient été dévorés par les ours. Avant le 13, ils avaient déjà tué plus de cent morfes dont ils ne prenaient que les dents. En 1605, le même vaiffeau & les mêmes perfonnes retournèrent à cette île, où ils arrivèrent le 2 de juillet, ils tuèrent encore beaucoup de morfes, mais cette fois ils en retirèrent de l'huile. Cinq de ces animaux fourniffaient une tonne de cette huile, & ils en remplirent onze tonnes. Ils découvrirent une veine de plomb fous une montagne qu'ils nommèrent le *Mont de Misère*, ils emportèrent plus de trente tonnes de cette mine en Angleterre. En 1606, le même équipage retourna encore avec le même vaiffeau à l'île de *Cherry*, ils y arrivèrent le 3 de juillet, par le foixante-quatorzième degré cinquante-cinq minutes latitude nord, ils y attendirent que les glaces fuffent fussent fondues, parce que les morses ne viennent pas avant ce temps sur le rivage. En moins de sept heures ils tuèrent sept ou huit cents de ces animaux & deux ours blancs. Ils tirèrent des morses vingt-deux tonnes d'huile & remplirent de leurs dents trois muids. En 1608, ils firent à cette île, dont ils tiraient tant d'avantage, un nouveau voyage, & le 21 de juin, il y faisait un temps si chaud, que la poix fondait & coulait sur les côtés du navire. Ils tuèrent dans le court espace de sept heures plus de neuf cents morses qui rendirent trente-une tonnes d'huile. Ils prirent deux jeunes morses vivans, la femelle mourut dans le voyage, mais le mâle vécut encore plus de deux mois après leur retour en Angleterre, où on lui avait appris à faire quelques tours.

En 1609, un vaisseau appelé l'*Amitié*, équipé par Thomas *Smith* & la compagnie du commerce de la Russie, sous le commandement de *Jonas Poole*, alla à l'île de *Cherry* & vers le pôle nord pour faire des découvertes. *Poole* partit de *Blackwall* près de Londres le premier de mars, &, après avoir éprouvé un froid très-rigoureux & essuyé plusieurs tempêtes, il découvrit le 16 de mai, la partie méridionale du Spitzberg. Il suivit la côte de cette contrée, jeta la sonde partout, donna un nom à chaque pointe de terre &

à chaque baie qu'il examina, & fit des obſervations très-exactes & très-utiles pour la navigation.

Le 26 de mai, il était à la vue de *Fair-Foreland* (du beau Cap), pointe de terre ſituée ſur la côte oueſt du Spitzberg dans l'île appelée Foreland ou Voorland. Cette pointe eſt appelée par les Hollandais *Vogel-Hoek*. Il envoya à terre le maître de ſon vaiſſeau, qui lui apprit que les étangs & les lacs étaient dégelés, ce qui lui fit eſpérer un été très-doux, & comme le ſoleil avait alors beaucoup de force dans ces parages, il penſa qu'il pourrait trouver un paſſage dans ces lieux auſſi bien qu'ailleurs, puiſqu'il y faiſait beaucoup moins froid qu'au ſoixante-treizième degré de latitude. Cependant il eſſaya deux fois ſans ſuccès, de paſſer au-delà du ſoixante-dix-neuvième degré cinquante minutes. Les glaces l'obligèrent de retourner en arrière & de s'occuper de la pêche pour couvrir les dépenſes de ſon voyage. Il arriva heureuſement à Londres le dernier jour d'août. *Poole* & ſon équipage coururent un grand danger par la quantité de morſes qu'ils rencontrèrent. Un de ſes matelots fut entouré dans l'eau par ces animaux & bleſſé dangereuſement par l'un d'eux à la cuiſſe. Le morſe, qui a un grand rapport avec le phoque ou veau marin, eſt fort recherché pour ſes dents qu'on emploie aux mêmes usages que l'ivoire, & pour sa graisse dont on fait de l'huile, ainsi que pour sa peau très-épaisse & couverte de soies jaunâtres. Ces animaux vivent en grandes familles & se nourrissent de crustacés, de poissons, d'herbes & d'algue marine. Ils étaient autrefois très-aisés à aborder lorsqu'ils dormaient ensemble par milliers; mais aujourd'hui ils sont devenus très-sauvages & assez rares depuis qu'on les détruit avec une espèce de fureur. On les voit rarement à terre, & lorsqu'ils y viennent, ils s'éloignent peu du bord, ils ont même le soin de placer l'un d'eux en sentinelle, ou bien, pour plus de précaution, ils dorment sur un glaçon au milieu des eaux. Si le lieu où ils reposent est escarpé, ils ont coutume lorsqu'ils sont attaqués, de mettre leurs jambes de derrière entre leurs longues défenses, & de se laisser ainsi rouler avec rapidité dans la mer. Ces animaux mettent bas un, ou tout au plus, deux petits à la fois. Quand ils se trouvent en danger, ou qu'ils sont blessés, ils deviennent furieux & cherchent à déchirer les hommes & même les barques avec leurs défenses. Ils ont aussi plus de courage dans l'eau que sur la terre.

En 1610, la compagnie de Russie envoya encore deux vaisseaux à l'île de *Cherry*; on y tua quelques ours blancs, plusieurs phoques & un grand nombre d'oiseaux. Les gens de l'équipage emmenèrent aussi deux jeunes ours en Angleterre. Le 15 de juin, ils arborèrent pavillon & prirent possession de l'île au nom de la compagnie. Sur l'île de *Gull* ils découvrirent trois filons ou veines de mine de plomb, & dans la partie du nord, une mine de charbon de terre. Il vint encore dans ce lieu trois autres vaisseaux pour la pêche, & on y tua plus de huit cents morses. Enfin, *Poole* fut encore envoyé pour faire des découvertes en 1611; il s'arrêta à *Crossroad* à la hauteur du Spitzberg, jusqu'au 16 de juin, à cause des glaces & du mauvais temps. Après cela il fit quatorze lieues à l'ouest par le nord, & se trouva au milieu de plaines de glaces; delà jusqu'au quatre-vingtième degré, les glaces étaient tout près de la terre. Mais un fort courant l'empêcha d'avancer entre ces glaces. Il se tint donc au sud de ces masses; il espérait par ce moyen arriver à l'ouest de ces glaces, mais il les retrouva au sud-ouest, & au sud-ouest par sud. Il les côtoya l'espace de cent vingt lieues. Il ne put trouver le fond dans leur voisinage avec cent soixante, cent quatre-vingt & même deux cents brasses de sonde. Cela l'obligea de retourner au Spitzberg, pour suivre la pêche de la baleine, mais il eut le malheur d'y perdre son vaisseau.

Tous ces voyages à l'île de *Cherry* avaient été principalement entrepris pour faire la chasse aux morſes. Cette île a ſouvent été priſe pour celle de Jan Mayen, mais celle-ci diffère totalement de la première, en longitude & en latitude, ainſi que dans la forme; car l'île de *Cherry* eſt preſque quarrée, & celle de Jan Mayen eſt longue & étroite. Les Anglais ont trouvé dans la première pluſieurs veines de plomb, & dans des temps plus modernes, les Ruſſes y ont découvert de l'argent natif, dont j'ai vu quelques morceaux en dendrites (*a*), & d'autres ſous la forme de criſtaux octaédres. Cette île ſemble abonder en toutes ſortes de minéraux utiles. Perſonne n'a encore fait connaître au public ſa minéralogie. Les baleines & les morſes qui étaient autrefois ſi nombreux dans ces parages, ont beaucoup diminué depuis qu'on leur fait la chaſſe, ces animaux ſe ſont retirés dans des lieux moins fréquentés par les hommes leurs plus grands ennemis.

XIX. Henri Hudſon avait fait un voyage en Amérique en 1609, & avait découvert la rivière d'Hudſon. Après avoir commercé un peu plus loin, il retourna dans ſa patrie. Il avait entrepris ce voyage pour les Hollandais, il leur offrit d'en faire un autre, ce qu'on n'accepta point; conſéquemment il fut délié de ſes engagemens avec ces

(*a*) Voyez à ce ſujet la Minéralogie de Brunnich, édition de Georgi, pag. 201.

républicains, & rentra au ſervice de la compagnie Anglaiſe qui l'avait déjà employé dans deux expéditions.

Hudſon partit de Blackwall près de Londres, le 17 avril 1610. La compagnie qui avait équipé les vaiſſeaux pour ce voyage exigea qu'Hudſon prît avec lui, comme conſeil, un homme nommé Coleburne (Fox l'appelle Coolbrand), très-expérimenté dans la navigation. Fox dit que cet homme était en tout ſupérieur à Hudſon. Mais la confiance que la compagnie mettait dans le ſavoir & l'habileté de Coleburne, excita l'envie d'Hudſon. Il le renvoya de Lee, ſur la Tamiſe, à Londres, avec une lettre pour la compagnie, dans laquelle il alléguait les raiſons qu'il avait eues d'agir ainſi. Tous ceux qui ont parlé de ce voyage, aſſurent que cette conduite inconſidérée fut en partie la ſource des malheurs qu'eſſuya Hudſon, & qu'il donna à ſon équipage l'exemple de la déſobéiſſance à ſes ſupérieurs, ainſi que du manque de ſoumiſſion & de reſpect dûs à tous ceux qui commandent. Le 5 de mai, il était déjà aux Orcades & à l'extrémité ſeptentrionale de l'Ecoſſe qu'il trouva ſous la latitude de cinquante-neuf degrés vingt-trois minutes. Le 8, il vit les îles *Feroe* par ſoixante-deux degrés vingt-quatre minutes. Le 11, il arriva ſur la côte orientale de l'Iſlande, fit voile le long de celle du ſud juſqu'à ce qu'il abordât à la côte occidentale; c'eſt ſans doute dans ces parages qu'il trouva un port où il entra, & où les habitans de l'île lui firent une réception d'ami. Mais il eut en même-temps le déſagrément de voir s'élever parmi les gens de ſon équipage, une grande diſſention qu'il n'appaiſa que très-difficilement. Le premier de juin, il navigua plus loin à l'oueſt au ſoixante-ſixième degré trente-quatre minutes de latitude. Le 4, il vit très-clairement le Groenland au-deſſus des glaces dont il était environné, il ſe tint alors le long de la côte qui était toute entourée de ces glaces. Le 9, il était à la vue du détroit de Forbisher. Le 15, il apperçut la terre de *Déſolation* au cinquante-neuvième degré vingt-ſept minutes latitude nord; il navigua au nord-oueſt par le ſoixantième degré quarante-deux minutes; le courant allait au nord-oueſt. Le 23, il vint à la vue d'immenſes glaces, au ſoixante-deuxième degré dix-neuf minutes. Le 25, il vit une terre vers le nord, & porta toujours à l'oueſt au ſoixante-deuxième degré dix-neuf minutes, mais alors il dirigea au ſud dans l'eſpérance de trouver la côte; au ſoixante-deuxième degré ſeize minutes, il avait toujours une grande quantité de glace devant lui. Le 8 de juillet, il abandonna le rivage & apperçut une terre unie & couverte de neige qui s'étendait du nord-ouest par ouest au sud-ouest par ouest. Il nomma cette terre (*Desire-Provoked*). Il continua toujours de faire route à l'ouest, & le 11, craignant une tempête, il jeta l'ancre derrière trois îles couvertes de rochers sur un fond très-inégal. Il avait passé sur des rochers dont l'un était le matin deux brasses au-dessus des eaux, car le flot s'élevait en cet endroit d'environ quatre brasses, & venait du nord. La latitude était de soixante-deux degrés neuf minutes. La baie dans laquelle étaient les îles qu'il appelait *Iles de la Miséricorde de Dieu*, semble être située près de la grande île de Bonne-Fortune, au nord du détroit d'Hudson, au trois cents-huitième ou trois cents-neuvième degré longitude de l'île de *Fer*. Le 19, il se trouva au soixante-unième degré vingt-quatre minutes, & vit une baie dans une terre au sud, à laquelle il avait donné dans un premier voyage, le nom de *Hold-With-Hope*; il porta au nord jusqu'au 21, & trouva la mer plus haute qu'il ne l'avait encore vue depuis son départ d'Angleterre. Le 23, la hauteur était, du pôle, de soixante-un degrés trente-trois minutes, il vit au sud une terre (la côte de Labrador) qu'il nomma *Magna Britannia*. Le 26, il était au soixante-deuxième degré quarante-quatre minutes. Le 2 d'août, il découvrit un promontoire élevé auquel il donna le nom de cap de *Salisbury*; alors il courut quatorze lieues à l'oueſt-ſud-oueſt, & à-peu-près à moitié chemin, il trouva la mer pleine de gouffres & de courans. Après avoir fait encore ſept lieues, il ſe trouva à l'entrée d'un détroit de deux lieues de large, diſtant de deux cents cinquante lieues du côté ſeptentrional du détroit de *Davis*. Le 3, il paſſa au travers de ce détroit & nomma le cap à droite, cap *Diggs*, & celui de la gauche, cap *Wolſtenholm*. Quelques perſonnes de ſon équipage qu'il envoya à terre, obſervèrent que la marée s'élevait de cinq braſſes, & qu'elle venait du nord; il remarqua que la terre s'étendait au ſud & qu'il y avait une vaſte mer à l'oueſt.

C'eſt là tout ce qu'on trouve dans la narration d'*Hudſon*. Il faut chercher le reſte dans la narration d'un marin nommé *Habakuk Pricket*, qui était au ſervice du chevalier *Dudley Diggs*. Il dit que lorſque Hudſon fut près de la terre de *Déſolation*, il rencontra un grand nombre de baleines dont quelques-unes nagèrent le long de ſon vaiſſeau, & que d'autres paſsèrent deſſous ſans le toucher; que tandis que Hudſon était encore dans le détroit de *Davis* au milieu d'une grande quantité de glaces, il vit le bouleverſement d'une de ces énormes maſſes, ce qui ſervit à lui faire connaître le danger qu'il courait en s'en approchant trop. Près de *Deſire-Provoked*, il vit une de ces montagnes de glace échouer à cent vingt ou cent trente brasses d'eau. Pricket fit lever une couvée de perdrix, sur l'île de la *Miséricorde de Dieu*, mais il ne tua que la mère. Toute cette contrée est nue; on n'y trouve que des mares d'eau stagnante & des rochers fendus, comme si elle avait été sujette à des tremblemens de terre. Il trouva aussi quelques bois flottans sur le rivage. Ensuite il revint au milieu des glaces, il nomma un promontoire de la terre qu'il apperçut au sud de ce détroit, cap du *Prince Henri*; & un autre plus loin à l'ouest, mais sur le côté sud de ce détroit, fut appelé cap du *Roi Jacques*. Il y avait quelques îles vers le nord qu'il nomma cap de la *Reine Anne*. Toutes ces terres sont situées au nord dans une baie où il paraît y avoir une grande quantité de terres divisées, fort près de la terre-ferme. Enfin, après avoir essuyé une tempête, il vit une autre terre montagneuse au nord qu'il nomma le cap *Charles*; à l'ouest il vit une grande quantité de petites îles formant une baie dans laquelle il était possible de trouver une bonne rade pour les vaisseaux, le promontoire fut nommé cap de *Salisbury*. Entre la terre-ferme au sud & une île, était un détroit avec un courant rapide; les deux promontoires qui le formaient furent appelés, comme nous l'avons déjà vu, l'un cap *Diggs*, & l'autre *Wolstenholm*.

On trouva ſur l'île de *Diggs* un troupeau d'animaux de l'eſpèce du cerf (des rennes), mais on ne put les atteindre avec le fuſil. Après une marche d'environ vingt ou trente lieues, la mer devint moins profonde, ils ſe trouvèrent parmi des rochers & une multitude de petites îles ; la mer devenant toujours plus baſſe, ils furent obligés de mouiller par quinze braſſes. Peu-après ils levèrent l'ancre, & ſe tinrent au ſud-eſt le long de la terre ; ils ſe trouvèrent enſuite dans une grande mer qu'ils reconnurent pour une baie, ils y prirent de l'eau & du leſt. Au cinquante-troiſième degré latitude nord, ils apperçurent une île. Mais l'équipage s'étant permis quelques remarques inconſidérées ſur l'entrée & la ſortie d'Hudſon dans la baie, ce capitaine déplaça le maître de ſon vaiſſeau, *Robert Ivet*, auſſi bien que ſon contre-maître, & mit à la place du maître *Robert Bylot*, & *William Wilſon* à celle du contre-maître.

Enfin, le jour de ſaint Michel il s'arrêta au milieu d'un grouppe d'îles, & nomma ce lieu, *baie de Saint-Michel*. Il avait jeté l'ancre dans une eau fort baſſe, lorſqu'il voulut démarrer de là, il perdit ſon ancre, mais il conſerva heureuſement le cable. Il toucha, dans l'obſcurité, ſur un rocher, dont la marée le tira ſans qu'il eût reçu aucun dommage. Après avoir erré çà &

là assez long-temps, Hudson se détermina à mouiller dans la baie où il était, & d'y passer l'hiver puisqu'on était déjà à la fin d'octobre. Ayant trouvé une place convenable, il mit le vaisseau en sûreté contre les dangers de la mer, & au bout de dix jours il était environné de glaces. Hudson pensa alors à ménager les provisions, car il n'en avait pris que pour six mois, quoiqu'il eût pu en prendre pour plus long-temps. Son dessein n'était que de les faire durer jusqu'au printemps, comptant pouvoir aller alors au cap *Diggs*, où les oiseaux aquatiques se trouvent en grand nombre. En attendant, il proposa des récompenses à ceux qui tueraient quelques animaux, ou qui prendraient quelques poissons. Au milieu de novembre le canonier mourut. La relation donne à entendre que ce fut par la suite des mauvais traitemens qu'il avait reçus d'Hudson.

Ce capitaine avait reçu à Londres, dans sa maison, un jeune homme nommé *Henri Green*, d'une famille honnête, mais qui avait perdu l'affection de ses parens & de ses amis par sa mauvaise conduite & par ses extravagances. Hudson lui avait fait obtenir de sa mère quatre guinées pour acheter des habits, & il l'avait emmené avec lui sans que la compagnie en sût rien. Ce jeune homme s'était déjà rendu coupable de quelques fautes, car il avait essayé, à

Harwich, de déserter avec un matelot, & en Islande il avait battu cruellement le chirurgien du vaisseau. Malgré cette conduite repréhensible, Hudson avait toujours pris sa défense. La saison étant alors fort avancée, & la terre couverte de neige, Hudson engagea le charpentier à bâtir une cabane où ils pussent passer l'hiver. Celui-ci refusa de le faire sous prétexte qu'il n'était pas charpentier de bâtimens, mais de vaisseau, & que d'ailleurs il devait donner ses ordres avant que la neige eût couvert la terre & que la gelée l'eût si fort endurcie. Hudson se laissa emporter dans cette dispute, jusqu'à battre le charpentier. Lorsque celui-ci voulut se mettre à l'ouvrage il eut besoin d'un compagnon, le capitaine avait sévèrement défendu que personne allât nulle part seul, & Green qui voyait le charpentier malheureux, l'accompagna. Cette démarche refroidit beaucoup l'amitié d'Hudson pour le jeune homme, qui dès-lors s'empressa de saisir toutes les occasions de perdre Hudson dans l'esprit des gens de son équipage, d'aliéner de lui tous les cœurs, & de semer ces germes de divisions qui devaient lui être si funestes. Pendant tout l'hiver ils virent tant de gélinottes & de coqs de bruyère qu'ils en tuèrent plusieurs milliers. Lorsque ces oiseaux quittèrent ces lieux au printemps, ils furent remplacés par des cignes, des oyes & des canards ſauvages & des ſarcelles qui ne firent cependant que paſſer du ſud au nord, parce qu'ils n'y firent pas leur ponte comme on s'y était attendu; en très-peu de temps on n'en vit plus. C'eſt alors que commença la grande détreſſe de ces navigateurs. Ils furent réduits à manger de la mouſſe & des grenouilles.

Thomas Woodhouſe, jeune homme qui les avait accompagnés comme volontaire, & qui avait étudié les mathématiques, leur apporta les branches & les bourgeons d'un arbre qui étaient pleins d'une ſubſtance ſemblable à la térébenthine. Le chirurgien les fit bouillir & en fit une tiſane. Il appliqua les bourgeons en forme de cataplaſme ſur les bras & les jambes des malades, ce qui leur donna un prompt ſoulagement. Je penſe que ces bourgeons étaient ceux du *Tacamahaca* (*Populus Balſamifera*), qui contiennent une réſine glutineuſe comme la térébenthine & qui en ont l'odeur. La décoction de ces bourgeons était certainement un très-puiſſant antiſcorbutique, & dut réellement diſſiper les douleurs & l'enflure de leurs membres attaqués du ſcorbut & du rhumatiſme. Les jeunes pouſſes ou bourgeons du ſapin (*Pinus Mariana* & *Pinus Canadenſis*) ſont auſſi un bon remède contre le ſcorbut. Un naturel de ce pays les vint voir, ils lui donnèrent un couteau & quelques bagatelles.

Ce ſauvage leur apporta en retour quelques peaux de caſtors & d'autres animaux. Il promit de revenir, mais on ne le revit plus. Ils prirent encore quelques poiſſons, mais c'était un faible ſecours. On prépara tout pour le départ, après qu'Hudſon, les yeux remplis de larmes, eut diſtribué le reſte des proviſions en parties égales. Immédiatement après le départ, Green, avec quelques autres & particulièrement *Wilſon*, *Michel Pierce* & l'ancien maître *Ivet*, ſe mutinèrent. Ils mirent Hudſon avec ſon fils, qui n'était encore qu'un enfant, Woodhouſe, le mathématicien, Philippe Staffe, le charpentier du vaiſſeau & cinq matelots dans la chaloupe. Ils ne leur donnèrent qu'un ſeul fuſil, quelques épées & une très-petite quantité de proviſions, & les abandonnèrent ainſi à une deſtinée infailliblement malheureuſe, avec une dureté de cœur difficile à comprendre. Ceux qui reſtèrent dans le vaiſſeau firent route le long de la côte à l'eſt. Ils deſcendirent ſouvent à terre, & ne pouvant prendre aucun poiſſon, ils mangèrent une herbe qu'ils appelèrent *Cockle-Graſſ*, (on peut croire que c'était une eſpèce de varec, peut-être le *Fucus-Saccharinus*); ſans cette herbe, ils ſeraient immanquablement morts de faim. Ils arrivèrent enfin au détroit & aux caps, où ils virent un grand nombre d'oiſeaux couvans ſur leurs nids, ils en tuèrent beaucoup. Ils échouèrent dans ce lieu ſur un rocher où ils reſtèrent huit ou neuf heures. Car ils échouèrent pendant la marée qui venait de l'eſt, & le reflux venait de l'oueſt. Dès qu'ils furent remis à flot, ils pourſuivirent leur route, & tentèrent de tuer quelques oiſeaux près du cap Diggs. Ils virent dans ces parages ſept barques remplies de ſauvages dont ils ſe firent amis ; mais bientôt après ils furent attaqués par ces mêmes ſauvages, qui tuèrent *Green* & bleſsèrent les autres ſi dangereuſement, que les plus braves de l'équipage & principalement les chefs de la révolte, moururent le même jour ou le lendemain de ce combat.

Alors Bylot devint le chef de ceux qui reſtaient ; ils tuèrent plus de trois cents oiſeaux de mer. Ils avancèrent enfin plus loin ; mais ils furent réduits à une telle extrémité, qu'ils ſe trouvèrent obligés de manger les entrailles & même les peaux des oiſeaux qu'ils avaient dépouillés. D'abord ils tentèrent d'aller à Terre-Neuve, mais un vent de ſud-oueſt les en empêcha, alors ils dirigèrent leur route vers l'Irlande. Leur détreſſe augmentant, ils prirent les os des oiſeaux qu'ils avaient mangés, les firent cuire avec du ſuif, les arroſèrent d'un peu de vinaigre, & mangèrent ce ragoût avec délices. Ils avaient perdu tout eſpoir d'arriver en Irlande. Robert *Ivet* mourut alors. Ils venaient de mettre dans

dans la marmitte leur dernier oiseau, ils étaient dépourvus d'alimens, lorsqu'ils découvrirent l'Irlande. Ils eurent cependant les plus grandes difficultés pour obtenir quelques provisions; mais enfin ils arrivèrent, par Plymouth & Gravesend, à Londres.

Il se fit des découvertes importantes dans ce voyage; mais il en coûta la vie au malheureux Hudson & à ceux qui étaient avec lui. Jamais sans doute une plus noire ingratitude que celle de l'infâme Green, n'infecta le cœur humain; Hudson avait arraché ce misérable à la perte où il courait, il l'avait retiré dans sa maison & l'avait traité comme son propre fils; il avait, même avec trop de faiblesse, pris sa défense lorsqu'il s'était rendu coupable des plus grandes fautes. Tant de soins, une amitié si tendre n'amollissent point ce cœur de fer, il a la scélératesse de soulever l'équipage contre son chef, la cruauté de livrer son bienfaiteur, son second père, à la fureur d'une mer orageuse & immense, dans une frêle barque, sans provisions, sans armes & sans habits, dans un âpre climat où la terre couverte toute l'année de neige & de glace, n'est habitée que par des bêtes sauvages & par des hommes plus sauvages encore.

L'action barbare de Green & de ses complices ne demeura cependant pas long-temps impunie;

il fut, ainſi que ſes complices, comme nous l'avons dit, tué par les Eſquimaux, & le reſte de ſes compagnons fut réduit à la plus affreuſe misère.

On aura peine à le croire, il eſt cependant bien vrai que la cauſe de ces ſortes d'aventures, eſt dans les mauvaiſes lois concernant la navigation & les gens de mer. Il n'y a que quarante ans qu'on a paſſé un acte par lequel les matelots appartenans à la marine royale, qui auraient refuſé d'obéir à leurs officiers après un naufrage, ſeraient punis. Actuellement même, les officiers de la marine royale ont ſeuls le privilége de punir ceux qui ont commis quelques fautes, ou quelques infractions aux articles de guerre. A bord des vaiſſeaux marchands & même ſur ceux de la compagnie des Indes, ni maître, ni capitaine n'a le droit de punir aucun homme de ſon équipage, & s'il le faiſait, les matelots, à leur retour, pourraient rendre plainte contre lui, & demander ſatisfaction, ce qui leur eſt rarement refuſé, parce qu'il eſt bien connu que le pouvoir uſurpé par les ſupérieurs dans ces circonſtances, excède trop ſouvent les limites naturelles. L'intérêt & la crainte de perdre leur paie en tout ou en partie, en cas de refus de remplir leurs devoirs, ſont les ſeuls liens qui attachent l'équipage à l'obéiſſance due au capitaine. Delà vient qu'on entend ſi ſouvent parler sur les vaisseaux anglais, de révoltes contre les capitaines qui sont ou tués ou exposés sur quelques rivages isolés. On aurait souvent vu de nouveaux voyages entrepris, de nos jours, aux dépens de particuliers, si l'on n'eut craint les mutineries des équipages qui font perdre tout le fruit d'une entreprise de cette espèce. C'est pour cette raison qu'on ne peut, même aujourd'hui, employer que des vaisseaux de guerre dans ces expéditions. M. *Alexandre Dalrymple*, très-habile navigateur, dont le zèle pour les découvertes égale le courage & la fermeté, aurait depuis long-temps trouvé parmi ses amis tout ce qui serait nécessaire pour un voyage propre à remplir cet objet; si le gouvernement d'Angleterre lui eut accordé, comme il le demandait, d'étendre au vaisseau destiné à cette entreprise, le régime & les lois de la marine royale.

Hudson trouva la côte orientale du Groenland toute couverte de glaces, comme on la trouve aujourd'hui. Le bouleversement vraiment effrayant des montagnes de glaces a été aussi observé par *Pricket*, le continuateur d'Hudson. La grande quantité qu'il y en avait d'accumulée dans le détroit de *Davis*, obligea Hudson de tourner à l'ouest, & conséquemment de faire sans dessein, la découverte du détroit appelé de son nom. Ils trouvèrent au cap *Diggs*, des rennes, de l'oseille &

du cochléaria (*cochlearia officinalis*) : ces plantes ſont d'excellens remèdes contre le ſcorbut de mer. Je fus très-ſurpris , dans mon voyage autour du monde , de trouver les bords des contrées que nous viſitâmes, tout couverts de ces plantes qui ſont de ſi puiſſans antiſcorbutiques. Dans les îles du Tropique nous trouvâmes l'alleluya (*oxalis*), la poivrée (*lepidium oleraceum & piſcidium* , le *cardamine ſarmentoſa*) ; dans la nouvelle Zélande & la terre de Feu, une eſpèce de creſſon (*arabis heterophylla*) & le céleri (*apium-decumbens*). On ſerait tenté de croire que la providence a placé à deſſein dans ces lieux, ces plantes utiles pour ſoulager les peuples qui habitent les bords de la mer, & les gens qui reviennent de longs voyages, d'une maladie dont les effets ſont ſi terribles. Le matelot affligé du ſcorbut ne cherche pas long-temps le remède à ſes douleurs, car dès qu'il deſcend à terre, il trouve ſous ſes pas chancellans ces végétaux ſalutaires & ſi appropriés à ſes beſoins.

C'eſt une choſe vraiment inconcevable, que la quantité de différentes eſpèces de gélinottes & de coqs de bruyère qu'on prend & qu'on mange dans les comptoirs de la compagnie de la baie d'Hudſon. Quelquefois on en tue dans une ſaiſon plus de dix mille.

Lorſque la baie d'Hudſon était au pouvoir des

Français, depuis 1697 jusqu'en 1714, un gouverneur du fort de Bourbon tua & mangea avec sa garnison composée de quatre-vingts hommes, quatre-vingt-dix mille gélinottes dans un hiver, & vingt-cinq mille lièvres. Ajoutez à cela l'innombrable quantité de cignes, d'oyes & de canards qui viennent au printemps dans ces lieux. Outre cela, on y prend un grand nombre de rennes. Il est étonnant qu'Hudson qui avait coutume d'agir en toutes les occasions avec prudence, n'ait pas conservé pour le printemps & pour achever son voyage, quelques-uns des oiseaux qu'il avait pris en si grande quantité. Mais le désordre qui s'était mis dans son équipage lui aura probablement fait commettre cette négligence.

Ce qu'il y a de remarquable, c'est que les scélérats qui avaient traité Hudson si cruellement, s'étaient engagés à cette action atroce, comme à quelque chose de louable, par un serment fait sur la Bible, selon la coutume des Anglais; ils jurèrent que tout ce qu'ils entreprendraient serait à *la gloire de Dieu & pour le bien des hommes*. Peut-on imaginer un abus plus révoltant d'un acte sacré de religion, ou une plus honteuse hypocrisie?

XX. Lorsque *Habakuk Pricket* dit que le vaisseau d'Hudson avait échoué sur un rocher près de l'île *Diggs*, & qu'il avait été remis à flot par le flux venant de l'oueſt, ce récit ranima l'eſpérance de la ſociété qui avait fait les frais du premier voyage, & lui fit croire qu'il fallait bien qu'il y eût, quelque part à l'oueſt de la baie d'Hudſon, un détroit à travers lequel la marée venait de l'oueſt. Car ſi la partie de la mer découverte par Hudſon était ſimplement une baie, le flot devait néceſſairement y venir de l'eſt. En ſuppoſant que le flot vînt de l'eſt, il devait diminuer en hauteur à proportion qu'il entrait dans la baie; mais ici c'était exactement le contraire, car le flot était plus bas à l'entrée qu'il ne l'était plus loin. Il était donc très-probable que ce flux élevé & venant de l'oueſt, ſortait d'une mer qui n'avait pas de communication avec l'entrée du détroit d'Hudſon. L'humanité d'ailleurs ſemblait demander, que, dans le cas où l'infortuné Hudſon & ſes compagnons feraient encore vivans, on les arrachât de l'état de profonde miſère où ils devaient néceſſairement ſe trouver.

On équipa conſéquemment pour cette entrepriſe, deux vaiſſeaux dont l'un fut nommé la *Réſolution*, l'autre la *Découverte* (*a*), Thomas

---

(*a*) Il eſt à remarquer que dans le dernier voyag entrepris par l'illuſtre & infortuné Cook, dans la mer du Sud, & dans les parties du Nord entre l'Aſie & l'Amérique, ſes vaiſſeaux avaient le même nom que ceux employés dans cette expédition.

Button, navigateur très-expérimenté, que le roi créa chevalier dans la ſuite pour reconnaître quelques ſervices qu'il avait rendus, fut choiſi pour commander toute l'expédition, & le commandement de la *Découverte* fut donné au capitaine *Ingram*. Outre ces deux perſonnes, Button emmena avec lui quelques autres habiles gens. Le premier maître de la *Réſolution* était Nelſon, homme d'une expérience conſommée & d'un grand ſavoir; ce fut de ſon nom qu'on appela la rivière où ils paſsèrent l'hiver, *la rivière de Nelſon*. Il y avait encore deux perſonnes des connaiſſances deſquelles nous prendrons une haute idée d'après le témoignage de *Button*. L'un était ſon parent & ſon ami, il ſe nommait Gibbons; l'autre était le capitaine *Hawkridge*. Le nom du maître du vaiſſeau de Button, était *Joſiah Hubbart*, homme qui avait la meilleure idée de cette entrepriſe & de la poſſibilité d'un paſſage. Enfin, Button était accompagné par *Habakuk Pricket* qui avait fait le dernier voyage avec l'infortuné Hudſon. Ils prirent des vivres pour treize mois, & mirent à la voile au commencement de mai 1612. Ils dirigèrent à l'oueſt & arrivèrent au détroit d'Hudſon, où ils entrèrent par le ſud des îles de la Réſolution, ils y furent quelque temps bloqués par la glace. Enfin ils touchèrent à l'île de *Diggs* où ils paſsèrent huit jours pendant leſquels ils s'occupèrent à construire une pinasse qu'ils avaient apportée en pièces, d'Angleterre. Ensuite ils avancèrent davantage à l'ouest, où ils virent une terre qu'ils nommèrent *Carey's-Swans-Nest.* Delà ils marchèrent au sud-ouest, & revinrent au soixantième degré quarante minutes latitude nord, à cette terre que Button nomma, à cause de ce retour, *Hopes-Checked* (Espérance-trompée). Là, ils furent surpris par une tempête si furieuse qu'ils furent obligés d'entrer dans un port pour réparer les dommages que leur vaisseau avait soufferts. Mais bientôt l'hiver, très-rigoureux dans ces parages, se fit sentir, & Button fut obligé d'hiverner par le cinquante septième degré dix minutes latitude nord, dans une petite baie sur le côté nord de la rivière ; ils nommèrent ce lieu port *Nelson*, du nom du maître du navirequi étoit mort. Button assura le mieux qu'il put les vaisseaux contre les tempêtes, les glaces & les hautes marées, au moyen de pilotis qu'il fit enfoncer à l'embouchure de la rivière. On passa l'hiver dans les vaisseaux, on tint constamment trois feux allumés. Malgré le soin qu'il prit de son équipage il mourut plusieurs personnes. On mangea pendant cette saison vingt-une mille six cents gélinottes.

Button lui-même fut indisposé durant les trois ou quatre premiers mois de l'hiver. La rivière Nelson n'était pas encore gelée au 16 de février, quoiqu'il eût déjà fait extrêmement froid ; les vents doux qui suivirent immédiatement le temps froid, avaient amené le dégel. Button avait observé que pendant les premiers voyages l'inactivité & le défaut d'occupation avaient été trop souvent la cause de mécontentemens, de murmures & de ligues secrettes parmi l'équipage contre les supérieurs. Pour prévenir ce danger, il donna à chacun une tâche à remplir, & un emploi convenable à sa capacité. Il chargea l'un de chercher ce qu'il y aurait à faire au cas que l'eau vînt à manquer dans leur séjour ; un autre fut occupé à découvrir la manière la plus avantageuse de faire la recherche qui était l'objet de leur présent voyage. Il enjoignit à d'autres de lui donner par écrit un calcul exact de leur voyage jusqu'à ce moment, avec les distances respectives de chaque lieu, la route du vaisseau, la longitude & la latitude, les variations de l'aiguille aimantée, les sondes, & enfin, les observations sur les vents, les saisons, la marée, &c. De cette manière personne n'eut le loisir de penser à mal faire. La rivière Nelson commença à se nettoyer des glaces dès le 21 avril ; mais ce ne fut que deux mois après qu'ils remirent à la voile dans le dessein d'examiner la côte ouest de la baie que le capitaine appela de son nom, baie de Button. La terre voisine fut nommée *New-Wales*. Ils trouvèrent au soixantième degré, un fort courant qui allait quelquefois à l'eſt, d'autres fois à l'oueſt. Cette circonſtance engagea *Hubbart* à déſigner cette partie, dans ſa carte, ſous le titre de *Hubbarts-Hope.* La plus haute latitude à laquelle Button ait étendu ſes recherches eſt environ le ſoixante-cinquième degré. Les obſervations qu'il eut occaſion de faire dans ces parages, ſur la marée, étaient telles, qu'elles ne lui laiſsèrent pas le moindre doute ſur la poſſibilité d'un paſſage au nord. Il nomma quelques îles ſituées au ſud-eſt de la terre de *Carey's-Swans-Neſt*, îles de Manſel (Mansfield); à l'oueſt de cette même terre, il vit une eſpèce de baie qu'il nomma *Non-plus-ultra*. Le point le plus méridional de cette terre fut appellé cap *Southampton*; ſur le côté de l'eſt était un promontoire auquel il donna le nom de cap *Pembroke*. Il eſtima de dix lieues la diſtance de ce cap aux îles Mansfield. Entre le cap *Chidley* & la côte de Labrador, les voyageurs trouvèrent un autre détroit à travers lequel ils paſsèrent, & delà en ſeize jours, ils arrivèrent dans l'automne de 1613, en Angleterre.

C'eſt une grande perte que *Button* n'ait point publié ſon journal, car nous n'apprenons, de ces relations diſperſées qui nous reſtent, rien autre choſe, ſi ce n'eſt que ſon journal contenait des obſervations importantes ſur les marées & d'autres objets de géographie physique. Il est très-évident que les gélinottes sont en très-grande quantité dans ces régions, puisque Button & son équipage en mangèrent dix-huit cents douzaines.

XXI. La même société qui avait entrepris le premier voyage de Button & plusieurs autres, envoya en 1614, pour le même objet, le capitaine Gibbons, parent & ami de Button. Il monta le vaisseau la *Découverte*, le même sur lequel Button avait fait son voyage. Mais à peine fut-il arrivé à l'entrée du détroit d'Hudson, qu'il fut enveloppé par les glaces, & porté par les vents & les courans dans une baie de la côte de Labrador au cinquante-huitième degré & demi latitude nord; son équipage nomma cette baie *Gibbons-Hole*. Il fut forcé de rester dans ce lieu pendant l'espace de dix semaines & fut durant tout ce temps en danger de perdre son vaisseau & la vie. Délivré enfin de ce péril, il reprit le chemin de l'Angleterre, parce que le bâtiment avait été très-maltraité par les glaces, & parce que la saison était trop avancée pour tenter de nouvelles entreprises dans ces froides régions.

Fox appelle cette terre où la baie est située, *Stinenia*, dénomination dont je ne puis donner aucune raison (*a*). C'était sans doute la côte de

(*a*) Dans l'errata du livre de Fox le mot de *Stinenia*

Labrador ; & *Gibbon's-Hole* eſt près la colonie des frères Moraves, à laquelle ces frères ont donné le nom de *Nain*.

XXII. La même année 1614, *Fotherby* & *Baffin* furent envoyés avec un ſeul vaiſſeau pour un voyage dont l'objet était de faire des découvertes dans le Nord. Il eſt probable que ce fut la compagnie de Ruſſie qui fit les frais de ce voyage. Après de grandes difficultés & quelques tentatives infructueuſes, ils avancèrent cependant avec leur barque juſqu'aux glaces qui environnèrent *Red-Beach*. Cette terre forme la pointe du nord-eſt du *Spitſbergen* & eſt ſituée ſur ce qu'on appelle le *Deer-Field*, *Rennen Felde* ; l'île de *Moffen* eſt ſituée au nord-eſt de *Red-Beach*. Ils arrivèrent à ce dernier lieu, à pied ſur les glaces, eſpérant qu'ils ſeraient aſſez heureux pour y trouver quelques portions de baleine. Mais leur attente fut trompée. *Fotherby* ajoute : « Si nous n'avons pas trouvé ce que nous déſi» rions, nous avons vu au moins ce que nous ne » comptions pas voir ; une grande quantité de glace

---

eſt changé pour *America*. Mais cette erreur & quelques autres qui ſont corrigées ici, ont trompé les écrivains qui ſont venus après & le docteur Forſter lui-même, parce que cet errata eſt mal adroitement placé au milieu du livre de *Fox*.

» qui, du rivage où elle était amoncelée, s'étendait » dans la mer à une distance où la vue pouvait à » peine atteindre ». Au premier août, ils partirent de *Fair-Haven* (situé entre le cap Hakluyt, nommé encore île d'*Amsterdam* & l'île de *Vogelsang* à la pointe nord-ouest du Spitzberg), dans le dessein d'essayer s'ils pourraient passer au travers des glaces pour gagner le nord ou le nord-est. Du cap *Barren* ou *Vogelsang*, ils avaient fait huit lieues nord-est par est, lorsqu'ils rencontrèrent des glaces à l'est par sud, & ouest par nord. Le 15 d'août, ils se trouvèrent dans la mer qui était gelée de l'épaisseur d'un écu.

Cette courte relation d'une autre tentative pour chercher un passage au nord par le *Spitzberg*, est une nouvelle preuve de l'importance qu'on mettait à découvrir ce passage qui devait rendre en effet le commerce aux Indes beaucoup plus facile. Ceux qui ont cru jusqu'ici avec M. de Buffon & M. Daines Barrington, que l'eau de la mer ne pouvait geler, trouveront aussi une nouvelle preuve du contraire ; car si, même dans l'été, six semaines après le solstice, la mer était gelée dans une nuit de l'épaisseur d'un écu, combien, à plus forte raison, ne le sera-t-elle pas pendant les longs & rigoureux hivers de ces parages ?

XXIII. En 1615, *Fotherby* fut encore envoyé au Nord, dans la pinnasse le *Richard*, frétée par la compagnie de Russie; mais il ne put avancer plus loin que l'année précédente à cause des glaces. Il renvoie à une carte sur laquelle il marqua ce qui avait déjà été découvert dans l'espace compris entre le quatre-vingtième & le soixante-onzième degré latitude nord, & le vingt-sixième degré de longitude à l'ouest, depuis *Hakluyt's Hedland*. Il aurait bien desiré avancer plus loin qu'il ne le fit, mais les glaces lui offrirent constamment des obstacles insurmontables. Il y avait cependant un grand espace de mer entre le Groenland & *King Jame's-Newland* (on nomme aussi cette terre, Spitzberg) & l'on aurait pu peut-être y trouver un passage, quoique cette mer soit aussi obstruée par les glaces. Depuis cette tentative, la compagnie Anglaise pour le commerce de la Russie, sembla ne plus s'occuper de découvertes dans le nord.

XXIV. Les mêmes marchands qui avaient entrepris les premiers voyages avec tant d'ardeur & qui avaient fourni avec tant de libéralité, aux frais qu'ils avaient coûté, avaient conservé l'espérance de découvrir ce passage. Dans cette idée ils envoyèrent en 1615, la *Decouverte*, vaisseau qui avait déjà fait trois voyages pour ce même objet, sous le commandement des capitaines

Hudſon, Button & Gibbons, & cette fois qui était la quatrième, Robert *Bÿlot* ou (comme Purchas l'appelle *Byleth*) fut à la tête de l'expédition; *Bylot* avait accompagné dans ce même vaiſſeau confié alors à ſes ſoins, les capitaines que je viens de nommer. Il avait avec lui pour maître de ſon vaiſſeau, *William Baffin* qui avait fait un voyage en 1608 avec Hall, & qui avait auſſi accompagné *Hudſon*, *Button* & *Fotherby*. Il avait acquis ſous ces capitaines, une grande expérience & une connaiſſance ſuffiſante de la nature des régions qu'il devait viſiter, & de ce qu'on pouvait faire pour le ſuccès de cette entrepriſe. *Bylot* mit à la voile le 13 avril; le 6 de mai, il vit le Groenland à l'eſt du cap *Farewell*. Bientôt après il ſe trouva au milieu d'une grande quantité de glace. Baffin vit une de ces maſſes de glace qui s'élevait de cent quarante braſſes (*a*)

(*a*) Ce calcul, fondé ſur l'aſſertion de *Fox*, eſt mal fait. Cet auteur, *dans ſes Voyages du Nord-Oueſt*, pag. 137, dit: que Baffin a vu la glace s'élever de cent quarante braſſes au-deſſus de l'eau. Mais ceci eſt évidemment une erreur de Fox, qui a mal entendu la relation de Baffin publiée par Purchas.

Baffin dit expreſſément que la glace s'élevait de deux cents quarante pieds au-deſſus de l'eau, & il conclut de là que la maſſe entière était de l'épaiſſeur de cent ou huit cents quarante pieds au-dessus du niveau de la mer. Quelques personnes assurent qu'il n'y a jamais plus d'un septième de la glace au-dessus de l'eau. Mais il paraît selon M. de Mairan dans son ouvrage sur la glace, *pag.* 264, que la glace ne s'élève sur la surface de l'eau douce que d'une quatorzième partie de sa hauteur, ou, selon le docteur Irving dans ses remarques sur le voyage du capitaine Phipps au pôle nord, seulement d'un quinzième sur l'eau de neige; c'est pourquoi sur l'eau de mer il est très-probable qu'elle ne s'élève que d'un dixième; ainsi multipliant huit cents quarante, hauteur au-dessus de la surface, non par sept, mais par dix, mesure de toute la hauteur, cette masse de glace avait huit mille quatre cents pieds, hauteur qui est certainement étonnante! Au soixante-unième degré seize minutes, ils cherchèrent à passer au travers de ces glaces, dans l'espérance que chaque marée les chasserait de plus en plus & débarrasserait la mer. Après avoir passé quelques jours au milieu des glaces, ils découvrirent le 27 de mai, les îles de la Résolution; sur la côte occidentale de l'une de ces îles, ils trouvèrent le premier de juin, un bon

quarante brasses ou de seize cents quatre-vingts pieds. Voy. *Voyages de Purchas*, *Part.* III, *pag.* 837.

port.

port. Au changement de phase de la lune, l'eau s'éleva & retomba de cinq brasses; la déclinaison de l'aiguille aimantée était de vingt-quatre degrés six minutes. Le canal du nord ou le détroit de *Lumley* était de la largeur de huit milles dans les endroits les plus resserrés. Ils arrivèrent le 8 de juillet aux îles *Salvages* qui forment un grouppe considérable, ils y trouvèrent un grand nombre de naturels avec qui ils firent quelques échanges; les chiens de ces insulaires étaient, pour la plupart, muselés, ils portaient des coliers & des harnois pour traîner le bagage de leurs maîtres lorsqu'ils vont d'un lieu à un autre. Ces animaux sont d'une couleur brun-foncé & ressemblent assez à des loups. Les traîneaux de ces peuples sont revêtus de grands os de poissons. Ces îles sont situées au soixante-deuxième degré trente-deux minutes latitude nord, à soixante lieues environ de l'embouchure du détroit, la déclinaison de l'aiguille aimantée est de vingt-sept degrés trente minutes au sud-est, il y a une marée qui s'élève presque aussi haut que les îles de la Résolution, & qui vient de l'est. Le 29 de juin, le temps s'étant éclairci, ils apperçurent les îles de *Salisbury*. Le premier de juillet, ils découvrirent un grouppe d'îles qu'ils nommèrent *Mill-Isles*, à cause du bruit que font les glaces en se froissant & se brisant entre ces îles. Leur latitude eſt de ſoixante-quatre degrés. Tandis qu'ils étaient en ſtation le long de ces rivages, le flot venant de l'eſt pouſſa le vaiſſeau de *Bylot* avec une très-grande force contre la barre de ces îles. Le 11, ils découvrirent une pointe de terre à l'oueſt, qu'ils nommèrent cap *Comfort*, & dont la latitude eſt de ſoixante-cinq degrés. Plus ils s'avançaient dans le détroit, plus l'eau devenait baſſe. Ce cap était ſur la terre de *Carey-Swans-Neſt*. Bylot ne s'éleva que juſqu'au ſoixante-cinquième degré vingt-cinq minutes latitude nord, & fut environ au quatre-vingt-ſixième degré dix minutes longitude oueſt de Londres. Il ſe décida à revenir parce que la terre s'étendait au nord-eſt. Dans ſon retour il découvrit le 16 de juillet, près d'une pointe de terre, un grand nombre de morſes couchés ſur la glace. Delà il nomma ce cap (Point-Sea Horſe); il obſerva que le flot venait du ſud-eſt & le reflux du nord-oueſt. Le 26, il paſſa entre les îles de Saliſbury & de Nottingham. Il mouilla à l'île de *Diggs* où ſon équipage tua une grande quantité d'oiſeaux aquatiques, & arriva enfin à *Plymouth*.

XXV. Les hommes courageux qui avaient déjà fait les frais des premiers voyages pour les découvertes, étaient très-diſpoſés à en faire de nouveaux pour une autre entrepriſe. C'étaient les chevaliers *Thomas Smith* & *Dudley-Diggs*, *Jean*

Wolstenholme & l'Alderman Jones, avec quelques autres. Ils choisirent Robert Bylot pour capitaine, & William Baffin pour pilote. Le vaisseau la *Découverte* fut équipé pour la cinquième fois. Ils partirent de Gravesend le 26 de mars 1616. La première terre qu'ils virent, fut dans le détroit de Davis au soixante-cinquième degré vingt minutes latitude nord, c'était le 14 de mai. Quelques Groenlandais vinrent à leur vaisseau & reçurent quelques petits morceaux de fer que le capitaine leur fit distribuer. Ils parurent très-fâchés de ce que Bylot ne s'arrêtait pas. Le capitaine ne jeta l'ancre que lorsqu'il fut au soixante-dixième degré vingt minutes nord, près de la côte de Londres de Davis (*Davis's London Coast*). Les habitans prirent la fuite devant lui & se retirèrent dans leurs barques. Dans ce détroit qui est sûr, la marée ne s'élève pas plus de huit ou neuf pieds. Deux jours après ils avancèrent plus au nord. Le 30, ils virent le *Hope-Sanderson*, la terre la plus éloignée où Davis ait été, au soixante-douzième degré vingt minutes. En continuant leur route ils abordèrent à quelques îles par le soixante-douzième degré quarante-cinq minutes nord, où ils ne trouvèrent que des femmes qu'ils traitèrent avec douceur & à qui ils firent présent de quelques morceaux de fer. Le capitaine donna à ces îles le nom *Women's Islands* (îles des Femmes).

La marée ne s'élevait dans ces parages guère plus de six ou sept pieds. Ces femmes avaient des rayes noires sur le visage, qui dépassaient la surface de la peau. Alors Bylot ne pouvant plus avancer vers le nord, à cause de la grande quantité de glaces, chercha un port où il pût attendre que les glaces fussent chassées. Il le trouva par le soixante-treizième degré quarante-cinq minutes. Les habitans vinrent bientôt le voir & lui apportèrent des peaux de phoques, & des dents de narval (*a*) en échange pour du fer. D'après cela il nomma ce golfe (*Horn-Sound*). Il resta dans ce lieu encore quelques jours, & ensuite il remit à la voile. Le vent était toujours contraire, mais la glace était presqu'entièrement dissipée; de manière qu'il put retourner aux îles des Femmes, d'où il fit vingt lieues à l'ouest sans trouver de glaces. A la saint Jean les cordages du vaisseau étaient tout couverts de glace, cependant le froid

(*a*) C'est très-improprement qu'on nomme ces défenses, des cornes. Il est bien connu que le narval ou unicorne de mer, espèce de baleine trouvée dans le Groenland, a deux dents de cette sorte qui sont longues & torses, mais que rarement on les trouve ensemble dans l'animal. Probablement qu'ils en perdent dans les combats qu'ils se livrent entr'eux ou avec d'autres poissons. On a vu de ces licornes enfoncer & rompre dans le corps d'un vaisseau cette longue défense.

était ſupportable. Comme la mer était libre, il s'éloigna du rivage ; mais le vent contraire le força bientôt de s'en rapprocher. Il laiſſa tomber une ancre pour meſurer la hauteur du flot, ce qui ne lui donna que peu d'eſpérance. Le temps alors ſe chargea de brouillards, ce qui lui fit ranger la côte. Le jour ſuivant il vit un beau promontoire, qu'il nomma du nom du chevalier Dudley-Diggs. C'était ſous le ſoixante-ſeizième degré trente-cinq minutes latitude nord. Fort près de ce cap était une petite île. A la diſtance de douze lieues delà, il vit un paſſage fort grand dans le milieu duquel était une petite île qui donnait lieu à un double courant. Ils mouillèrent là, mais le vaiſſeau, quoique ſur deux ancres, dérivant avec le courant, il fut obligé de lever l'ancre & de tenir la mer. Il nomma ce paſſage *Wolſtenholme's-Sound* ; il ſe diviſe en pluſieurs petits golfes, &, eſt très-commode pour la pêche de la baleine. Il s'éleva alors une tempête qui l'obligea de mettre toutes les voiles dedans. Le temps s'étant éclairci, il ſe trouva dans une large baie. Il remit à la voile, & alla jeter l'ancre dans un petit détroit au ſud-oueſt. Mais le vent ſouffla avec tant de violence du ſommet des montagnes, que *Bylot* perdit ſon ancre & ſon cable. Il fut obligé de s'éloigner parce que le fond de cette baie était entièrement couvert de glace. Il s'y trouvait une grande quantité de baleines, c'eſt pourquoi il la nomma golfe de la Baleine (*Whale - Sound*). La latitude de cette baie eſt de ſoixante-dix-ſept degrés trente minutes. Le temps étant devenu très-beau, il tint ſa route à la vue de la terre juſqu'à ce qu'il arriva à un grand banc de glace derrière lequel était ſituée la terre. Il ſe tint à environ huit lieues au-deſſous, auprès d'une île à laquelle il donna le nom d'*Hakluyt*. Cette île eſt ſituée entre deux golfes, celui de la *Baleine* & celui du chevalier *Thomas Smith*; celui-ci court au nord du ſoixante-dix-huitième degré. On y obſerve une plus grande variation de l'aiguille aimantée qu'en aucun lieu du monde connu, car diverſes obſervations exactes firent connaître à Bylot qu'elle était de cinquante-ſix degrés à l'oueſt. Cette baie ſemble être très-convenablement ſituée pour la pêche de la baleine, c'eſt en effet la plus large de tout le golfe. Ce qui l'engagea à ſe porter ſur cette île, fut le deſſein d'y chercher des fanons de baleine. Mais le temps fut ſi mauvais, qu'il ne put aborder avec ſa chaloupe. Le lendemain le vent devint plus doux; mais la mer était devenue ſi groſſe qu'il fut deux jours ſans pouvoir trouver un bon mouillage. Le temps s'étant éclairci, il découvrit un grouppe d'îles à la diſtance de dix ou douze lieues de la terre. Il aurait bien deſiré y aborder, mais le vent l'en empêcha. Il nomma ces îles *Cary's*. Un vent frais qui avait ſuccédé à un grand calme accompagné de brouillards qu'il avait éprouvés, le porta à l'oueſt, & il ſe trouva à l'entrée d'un grand golfe, qu'il appela *Alderman Jones's-Sound*. L'après-midi le temps étant redevenu beau & clair, *Bylot* envoya une barque à terre, tandis que le vaiſſeau continua ſa courſe; mais le vent ſouffla grand frais, & la chaloupe retourna à bord. Ceux qui la montaient rapportèrent qu'ils avaient vu un grand nombre de morſes couchés ſur la glace le long de la côte. Ils marchèrent avec un vent frais d'eſt-nord-eſt, le long de la côte qui commençait à s'étendre davantage vers le ſud & prenait l'apparence d'une baie. Le douzième jour il entra dans un autre grand golfe, qu'il nomma James Lancaſter's-Sound. L'eſpérance qu'ils avaient eue de découvrir un paſſage s'affaibliſſait cependant de jour en jour. De cette baie, une bordée de glace courait le long du rivage, vers le ſud; il raſa les glaces juſqu'à ce qu'il arriva au ſoixante-onzième degré ſeize minutes, où il put voir la terre juſqu'au ſoixante-dixième degré trente minutes. Etant alors preſque par-tout environné par les glaces, il fut obligé de ſe tenir plus à l'eſt, dans l'eſpérance qu'il en ſerait bientôt débarraſſé, ſon deſſein était de ſe tenir ſur la droite de ces maſſes juſqu'à qu'il eût atteint le ſoixante-dixième degré, & de se porter ensuite au sud. Mais ses projets n'eurent pas le succès qu'il espérait, car il fut forcé de courir à travers ces glaces entre lesquelles il fut souvent enfermé quoiqu'il se tînt le plus qu'il put à l'est. Il en serra quelques-unes de si près qu'il eut plus d'une fois beaucoup de peine à s'en retirer. Il ne put approcher de la terre que lorsqu'il fut au soixante-huitième degré quarante-une minutes, alors il vit le rivage. Mais la grande quantité de glaces l'en tint éloigné de sept ou huit lieues. On était alors au 24 de juillet. Il chercha pendant trois jours dans ces parages, un lieu pour jeter l'ancre & pour observer la marée; mais les glaces l'emportèrent, après avoir long-temps lutté contre elles, sous le soixante-cinquième degré quarante minutes. Il abandonna entièrement la côte de l'ouest, étant alors directement vis-à-vis le détroit de Cumberland, où il n'espérait pas trouver un passage. Il se trouva, par toutes ces contrariétés, dans la nécessité de terminer là son voyage, & parce que la saison convenable pour faire des découvertes dans ces contrées était déjà passée, & que son équipage était très-affaibli. Plusieurs de ses gens étaient très-malades & même le cuisinier était mort. Il fut alors à la côte de *Groenland* & relâcha dans le port de *Cocking-Sound*, au soixante-cinquième degré quarante-cinq minutes. En descendant à terre dans une île, ils trouvèrent d'abord le cochléaria (*cochlearia officinalis varietas Groenlandica*), l'oseille (*rumex acetosa*) & l'orpin (*sedum acre*) en grande quantité; ils firent bouillir le cochléaria dans de la bière, & dans l'espace d'une semaine tous les malades furent parfaitement rétablis & continuèrent de se bien porter jusqu'à leur retour en Angleterre. Dès qu'ils eurent débarqué dans ce port du Groenland, les habitans vinrent leur apporter des saumons & d'autres poissons qu'ils échangèrent pour des grains de verre, des jetons & des morceaux de fer. Ces alimens frais contribuèrent beaucoup au rétablissement de l'équipage. C'était une chose étonnante que la grande quantité de saumons qui fourmillaient dans ce port. La marée s'y élève d'environ dix-huit pieds. Lorsque l'équipage fut bien reposé, ils mirent à la voile, en dix-neuf jours ils virent les côtes de l'Irlande, & le 30 d'août, ils mouillèrent dans la rade de Douvres.

Ce voyage, quoique très-digne d'attention, ne nous est connu que très-imparfaitement par la relation de Baffin. Toutes les cartes de la baie que découvrit ce voyageur, ont été simplement tracées d'après les observations faites dans son journal. Car *Purchas* qui a publié de si mauvaises cartes, fut effrayé de la dépense qu'entraînerait l'impreſſion de l'importante carte de Baffin, & il eſt très-probable que c'eſt pour cela qu'elle eſt entièrement perdue.

Les Groenlandaiſes de l'île des Femmes avaient des raies noires ſur le viſage élevées ſur la ſurface de la peau; cette même eſpèce d'ornement a été obſervée parmi les Tartares *Tunguſes* de la Sibérie, ainſi que chez quelques Jakutes (*a*). La diminution graduelle de la marée vers le nord, me ſemble une preuve convaincante qu'elle vient du détroit de *Davis*, & que, conſéquemment, la baie de Baffin n'a de communication, ni au nord, ni à l'oueſt, avec le grand Océan, & qu'on ne doit pas eſpérer trouver de paſſage par cette baie. Il eſt cependant étonnant que Baffin ait été le ſeul navigateur qui ait juſqu'ici examiné cette baie. Les baleines qu'on y trouve en grande quantité ſemblent avoir choiſi à deſſein cette baie où aucun homme excepté Baffin, n'a été, pour y faire leur ſéjour, à cauſe de la tranquillité dont elles y jouiſſent. La baleine a beaucoup d'inſtinct, elle eſt très-capable de diſtinguer les lieux où on leur fait fréquemment la chaſſe.

Il eſt vraiment digne de remarque, que tous

(*a*) Voyez les Voyages de *Gmelin* en Sibérie, Partie première, pag. 79; Partie II, pag. 208. Voyages de *George*, vol. II, pag. 255.

ceux qui étaient attaqués du ſcorbut à bord du vaiſſeau de *Bylot*, aient été rétablis en huit ou neuf jours par l'uſage des végétaux frais & du poiſſon. C'eſt une preuve que rien ne contribue davantage à faire naître cette eſpèce de fièvre putride, que le défaut d'un air doux & d'alimens frais. Il eſt poſſible ſans doute de retarder en quelque manière les progrès de cette maladie avec le *malt* ou la *drêche*, mais pour la guérir radicalement, rien n'eſt à comparer à un régime conſiſtant principalement en végétaux.

XXVI. Ce dernier voyage de Bylot & de Baffin n'eut pas plus de ſuccès que les précédens. Il paraît avoir preſque entièrement refroidi l'ardeur de la ſociété dont on a parlé, & qui n'a plus entrepris de nouveaux voyages au Nord. Il s'eſt écoulé en effet un aſſez long eſpace de temps ſans qu'il en ſoit fait mention. On dit cependant quelque choſe d'un voyage fait par le capitaine William *Hawkbridge* ou *Hawkridge*, le même qui en 1612 & 1613, avait accompagné le chevalier *Thomas Button* dans ſon voyage au Nord. Mais la relation que nous avons de ce voyage eſt très-imparfaite. Premièrement on ne ſait dans quelle année il eut lieu, ni aux dépens, ni à la ſollicitation de qui il fut entrepris; on ne ſait pas mieux ſur quel vaiſſeau *Hawkbridge* était, de quel lieu il mit à la voile, ni en quel endroit il débarqua à ſon retour en Angleterre. Il ſemble cependant, que cette expédition doit ſe placer après celle de *Bylot* en 1616, parce que *Fox* l'a décrite après cette dernière, & qu'elle ſe fit avant celle de *Fox*, & de *James* qui ſe place en 1631 ; le même écrivain l'ayant décrite immédiatement avant la ſienne.

Hawkbridge dirigea à l'oueſt, & ſe trouva le 29 de juin, dans le grand détroit de *Lumley* ; il était le premier qui y fût véritablement entré, car tous ceux qui l'avaient précédé, s'étaient ſeulement imaginé y avoir été. Il ne quitta ce détroit que le 8 de juillet, le 9 il retrouva la pinaſſe avec laquelle il était parti. Il fut retardé long-temps par les courans & par les vents contraires. Près le Cap-Charles il trouva une petite île, dont les environs ſemblaient lui promettre beaucoup de poiſſon, cependant il n'en put prendre aucun. La latitude de cette île était de ſoixante-deux degrés dix-neuf minutes, la déclinaiſon de l'aiguille aimantée, était de trois degrés neuf minutes, le flot s'élevait de vingt-un pieds, & venait du ſud-eſt. Le 27, il alla plus loin, & le 7 d'août, il vit une terre qui lui parut être l'île de *Saliſbury*. Vers le fond de la baie, la latitude était de ſoixante-quatre degrés trente minutes ; la déclinaiſon de l'aiguille de vingt-trois degrés dix minutes. Enfin le 10, il vint à *Sea-*

Horse-Point. Le 11, il s'avança plus profondément dans la baie jusqu'à la latitude de soixante-cinq degrés, il chercha l'île de *Diggs*, dans l'intention d'y sonder la hauteur du flot. Il resta quelques jours à la hauteur de *Kings-Foreland* & de l'île de *Mansfield*. Un peu plus loin il vit des glaces fixes, & s'en retourna le 7 septembre, il était revenu près des îles de la *Résolution*. Le 10, la pinasse perdit sa chaloupe, & probablement qu'il revint aussi-tôt en Angleterre, car le récit se termine ici.

Cette tentative de Hawkbridge ne renferme rien de nouveau. Il est seulement remarquable qu'il ait été jusqu'à soixante-cinq degrés entre *Careys-Swans-Nest* & les îles Orientales, où cependant Bylot avait été avant lui en 1615.

XXVII. Après un assez long intervalle, l'esprit de recherches se réveilla comme d'un profond assoupissement. *Lucas Fox* qui dès sa jeunesse était à la mer, & qui était parti avec *John Knight* en qualité de pilote en 1606, avait depuis ce temps, rassemblé toutes les connaissances que les voyages qu'on avait faits jusqu'alors vers le pôle arctique, avaient données sur cette partie de la géographie. Il se lia intimément avec quelques savans mathématiciens de ce temps, entre lesquels il cite particulièrement Thomas Sterne, qui avait soigneusement recueilli tous les journaux & toutes les cartes des premiers voyages pour se perfectionner dans l'art qu'il professait, de faire des globes. Ensuite il renoua son ancienne amitié avec le fameux mathématicien *Henri Brigges*, qui lui fit faire connaissance avec le chevalier *Jean Brooke*. C'est alors que quelques gens estimables s'associèrent pour faire au Nord, un nouveau voyage, que retarda cependant la mort de *Henri Brigges*. Pendant ce temps le capitaine *Thomas James* avait persuadé à plusieurs marchands de Bristol, de faire les frais d'une pareille entreprise Ceux-ci sollicitèrent *Brigges* & le chevalier *Brooke* de donner deux vaisseaux pour faire ensemble cette expédition, demande que *Brigges* & *Brooke* accordèrent avec plaisir; le chevalier *Thomas Roe*, qui avait été ambassadeur à la cour de Suède, & le vieux chevalier *John Wolstenholme*, furent chargés par le roi de pourvoir à tout ce qui serait nécessaire pour le succès de cette expédition. Les Frères de la maison de la Trinité firent aussi tout ce qui fut en leur pouvoir pour les seconder. Le jeune Wolstenholme, depuis le chevalier Jean Wolstenholme, fut le trésorier des fonds destinés à cette entreprise. Le roi Charles premier donna aussi un vaisseau pour ce voyage, & ordonna de l'équiper de tout ce qui serait nécessaire & de le fournir de vivres pour dix-huit mois. Le capitaine *Fox* ayant été présenté au Roi, Sa Majesté lui donna une carte de toutes les découvertes faites par ceux qui l'avaient précédé dans les régions qu'il allait visiter, avec des instructions & une lettre pour l'empereur du Japon, dans le cas où il irait dans la mer du sud par le passage qu'on espérait qu'il découvrirait.

Le capitaine Lucas *Fox* pa[illegible] *Deptford*, le 5 de mai 1631, sur le [illegible] du roi le Charles, de quatre-vingts tonneaux. Le 15, il rompit en deux sa grande vergue. Il alla aux Orcades où il ne put se procurer une autre vergue, & partit. Après avoir passé le cap *Farewell* par un brouillard, il dirigea vers la baie d'Hudson. Alors il se trouva au vent d'une très-grande île de glace, & tout près des glaces qui flottaient en petits morceaux formés par le choc continuel de la mer contre ces îles qui les mine de manière qu'elles tombent en pièces par leur propre poids. Enfin, *Fox* vit le 20 de juin, une terre sur le côté nord du détroit de *Lumley*. Il était alors au soixante-deuxième degré vingt-cinq minutes latitude nord. Trouvant de la glace dans ce passage, il voulut entrer dans le détroit d'Hudson, mais les glaces flottantes l'en empêchèrent également. Il tint la mer depuis le cap *Warwick* sur l'île de la *Résolution* jusqu'au cap *Childey*, sur les îles de Button, quatre desquelles il vit distinctement. Le 23, le matin fut brumeux, mais au milieu du jour le soleil fut si chaud, que la glace

& la poix qui enduisait le vaisseau commencèrent à fondre. Il y avait dans ce détroit deux sortes de glaces, d'abord des montagnes de la hauteur de dix à trente toises ; & de la glace brisée dont les morceaux égalaient un quart d'acre & quelques-uns d[illegible]res en quarré. La plupart s'élevaient au-[illegible]e l'eau d'un ou deux pieds & y descendaient huit ou dix pieds au-dessous. Le 30, ils passèrent auprès d'un morceau de ces glaces plus haut que les autres, sur lequel était une large pierre du poids au moins de cinq ou six tonnes, quelques autres pierres & de la boue. Ces montagnes de glaces sont formées sur les rivages par les neiges, & lorsque le vent souffle sur le sommet des hautes montagnes auquel elles adhèrent, il les durcit en une glace très-compacte, & au printemps elles se ramollissent à l'approche du dégel, & roulent dans la mer, entraînant les pierres, la terre & les arbres qu'elles couvraient. Une de ces montagnes vint une nuit, en chassant droit au vaisseau ; comme elle s'enfonçait profondément dans les eaux, elle frappa dans sa course quelques-uns des morceaux plus petits qui étaient entre elle & le vaisseau, ce qui le garantit de ce choc effrayant. Car si cette masse énorme, déjà minée par l'action de l'eau, avait atteint le bâtiment, elle l'aurait aisément fracassé & submergé sous sa propre ruine, puisque cette montagne

tagne de glace avait neuf ou dix brasses, c'est-à-dire, cinquante-quatre ou soixante pieds au-dessus des eaux & peut-être neuf ou dix fois autant au-dessous; conséquemment toute sa hauteur pouvait être de cinq cents quarante ou six cents pieds. Le premier de juillet, *Fox* était vis-à-vis une seconde île, séparée des îles de la *Résolution*, & qui est appelée dans quelques cartes *Terra-Nivea.* Le temps était chaud & couvert, mais calme de sorte qu'ils ne pouvaient avancer. Le 4, ils envoyèrent une barque à terre, où l'on vit quelques huttes que les naturels avaient abandonnées; on trouva aussi quelques morceaux de bois flotté & les traces d'un animal du genre des cerfs. Le 7, ils virent un narval long d'environ neuf pieds; le dos de cet animal était noir, avec une petite nageoire dessus, la queue était plate située transversalement & comme dentelée sur son bord, les deux angles de l'extrémité étaient pointus, les côtés du corps étaient marqués de blanc & de noir, le ventre était d'un blanc de lait; le corps, depuis les ouies jusqu'à la queue, était conformé comme celui d'un maquereau; mais la tête ressemblait à celle d'une écrevisse de mer; & sur le devant était une corne torse de six pieds de long & noire par-tout excepté à la pointe. Le même soir ils virent plus de vingt de ces animaux. Le 15, à la vue & à sept lieues des îles de *Salisbury* & de *Rottingham*, ils tournèrent vers le ſud pour s'éloigner des glaces, ils avaient alors cent ſoixante braſſes de fond; les pierres que la ſonde apporta, étaient de la même nature que celles qu'on trouvait ſur les glaces & qui ſont entraînées par elles de la terre-ferme. Ces pierres ſe détachant par degrés de la glace, tombent dans le fond, qui en eſt très-probablement tout couvert. *Fox* obſerva dans ce lieu que l'aiguille aimantée avait perdu ſa vertu, il donne ſes conjectures ſur la cauſe de ce phénomène, qu'il attribue au peu de mouvement du vaiſſeau, ou à l'action de quelques montagnes voiſines qui contiennent peut-être quelques minéraux qui influent ſur la puiſſance magnétique de l'aiguille; même au froid qui agit ſur cette aiguille comme il agit ſur nous en engourdiſſant, ou plutôt cette cauſe eſt due à la ténuité de l'air interpoſé entre l'aiguille & ſon point attractif, ténuité qui diminue la force de ſa direction (*a*). Il était

---

(*a*) Le célèbre M. Henri Ellis qui fit un voyage en 1746 & 1747, à la baie d'Hudſon dans le vaiſſeau le *Dobb-Galey*, obſerva entre les îles & les plus hautes latitudes, que l'aiguille aimantée avait perdu ſa vertu magnétique. Il aſſigna pour cauſe de ce phénomène, 1°. les minéraux par leſquels il était poſſible que l'aiguille fût fortement attirée (comme cela arrive en effet dans l'île d'Elbe); 2°. la proximité du pôle magnétique, &, enfin

alors près de l'île de Nottingham, où il avait intention d'envoyer sa chaloupe. Il avait un fond de pierres & de moules à trente-cinq brasses. Le reflux venait du nord-ouest, la latitude était de soixante-trois degrés douze minutes. Le 15, *Fox* fit une observation très-importante : les îles de la *Résolution*, de *Salisbury* & de *Nottingham* étaient toutes les trois élevées à la côte de l'est, & basses à celle de l'ouest (*a*). Il vit aussi une grande quantité de morses ; il vit le même jour, mais dans l'éloignement, le cap *Pembroke* sur le continent de *Cary's-Swans-Nest*, où il se trouvait aussi beaucoup de morses. Le 18, il approcha d'assez près cette terre, & le 19, il vit sur un grand glaçon un ours blanc, qu'il tua après

---

le froid du climat qu'il considère comme la vraie cause de ces effets, parce qu'il trouva que l'aiguille reprit son pouvoir & sa direction, lorsqu'il passa dans un lieu plus chaud. Nous voyons cependant que *Fox* avait observé ce fait avant lui, & en avait assigné presque les mêmes causes.

(*a*) Cette observation de géographie physique est de la plus grande importance, & me semble une preuve, que dans le temps que la mer se jeta avec impétuosité dans la baie d'Hudson & arracha ces îles du continent, elle doit être venue de l'est & du sud-est, & avoir inondé la terre vers l'ouest, circonstance qui a occasionné leur position actuelle.

quelque temps. Cet animal rendit quarante-huit gallons, ou cent quatre-vingt-douze pintes d'huile; l'équipage en mangea la chair bouillie, & la trouva fort bonne; rôtie, elle sentait le poisson & avait une mauvaise odeur. La même nuit il parut une bande noire dans l'horizon, & le météore connu sous le nom de *henbanes*, ou aurores boréales; Fox considérait cela comme les avant-coureurs d'une tempête qui devait s'élever dans vingt-quatre heures, ce qui cependant n'arriva pas. Le 21, ils n'étaient pas beaucoup plus avancés. Ils abordèrent à *Careey's-Swans-Nest*, où ils chassèrent des cignes, mais ils n'en tuèrent point à cause des marais, des ruisseaux & des flaques d'eaux stagnantes très-nombreux sur ces terres. Le 24, ils virent quelques phoques au soixante-deuxième degré vingt minutes latitude nord. Pour ce qui est des oiseaux, il n'y en a que peu de chaque espèce. Le 27, il faisait chaud, même dans la nuit. Ils trouvèrent une grande quantité d'algue & de *varec*. Près la terre-ferme à l'ouest de la baie d'Hudson, il découvrit au soixante-quatrième degré dix minutes latitude nord, une île qu'il nomma *sir Thomas-Roe's-Welcome*; ils y virent quelques sépultures des naturels, mais ils n'y virent personne. Les lances laissées dans ces sépulcres avaient des pointes de fer, quelques-unes de cuivre. Le 28, Fox observa une grande quantité de poissons sautans hors de l'eau, des phoques & même des baleines. Il vint enfin à une île blanche, à laquelle il donna le nom de *Brook - Cobham*; elle est aussi appellée île de Marbre. Ils trouvèrent des cignes, des canards & un jeune oiseau qui avait le cou & la tête fort longs. *Fox* dit qu'il ne savait pas si c'était une autruche ou non (c'était probablement une espèce de grue). Le chien du vaisseau poursuivit long-temps une renne, mais le quartier-maître n'ayant ni fusil, ni lance, fut obligé de la laisser échapper, quoique le chien l'eût arrêtée; la renne & le chien s'étaient blessé les pieds contre les rochers & saignaient abondamment. Ils virent aussi près de l'île environ quarante baleines qui étaient probablement endormies. Ensuite *Fox* s'éloigna à l'ouest du continent, à la vue duquel il resta toujours, il était bordé d'une multitude de petits rochers. Le maître descendit le 20, dans une petite île sur laquelle il trouva une foule innombrable d'oiseaux de mer comme des plongeons (*colymbus - grylle Linn.*). Il apporta aussi delà un renard brun vivant (*canis - lagopus* ou isatis); il avait vu deux morses l'un desquels il frappa d'une lance, cependant il lui échappa parce qu'il n'avait personne pour l'aider. Il apporta aussi à bord une grande quantité de cochléaria. *Fox* ordonna d'en exprimer le suc &

de le mêler avec un muid de forte bière, & commanda d'en donner une demi-pinte à ceux qui en voudraient pour la boisson du matin ; mais personne n'en voulut seulement goûter, de sorte que la bière se perdit & tout l'équipage fut infecté du scorbut (*a*). L'île fut appelée *Dun-Fox*. Le 31, ils arrivèrent à une quantité d'îles que *Fox* nomma *Briggs's Mathématics*. Le 3 d'août,

---

(*a*) C'est une plainte que font constamment les commandants des vaisseaux à la mer. Les matelots ont une peine infinie à se soumettre à aucune innovation dans leur manière de vivre, & dussent-ils tomber malades, ils ne veulent pas absolument faire usage des remèdes préservatifs. L'infusion de drêche du chou-crout, les biscuits faits au Cap avec la farine de seigle & préparés avec le levain aigre, tout cela était rejeté par notre équipage. Ce ne fut qu'avec les plus grandes difficultés, & après qu'ils eurent vu que les officiers faisaient usage de tous ces moyens pour se préserver du scorbut & qu'ils s'en trouvaient très-bien, qu'ils consentirent à en faire de même. Ce fut précisément la même opiniâtreté, lorsqu'à la Nouvelle-Zélande, le capitaine Cook ordonna de faire bouillir dans la purée de pois une espèce de celeri & du cresson, la plupart des matelots refusèrent d'en manger, jusqu'à ce qu'ils eussent vu le capitaine & les officiers en faire usage. Il en fut de même lorsque nous commençâmes à manger les plongeons noirs & les pingoins à la terre de Feu, ainsi que la chair des phoques, mais à notre exemple l'équipage apprit à manger de tout.

ils côtoyèrent une terre basse couverte çà & là de petites dunes de sable, comme les côtes de Hollande & de Flandre. Plus Fox s'éloignait de *Welcome*, moins la hauteur de la marée était grande. Le 9, il se détermina à entrer dans la rivière Nelson à l'embouchure de laquelle il vit quelques baleines blanches. Il mit dehors sa pinasse & trouva les restes du quartier d'hiver de *Bulton*. Il vit des baleines innombrables, de la grandeur d'un marsouin. Le 15 d'août, le temps était très-chaud. Le 17, en remontant la rivière, il vit le long de ses bords, des mûres, des fraises, des groseilles & quelques plantes légumineuses. Il apperçut aussi des traces de rennes. Près de ce lieu, il vit une cabane construite en bois qui paraissait faite depuis peu; la place d'un feu, des poils de renne, des os d'oiseaux & d'autres signes semblaient lui indiquer que les hommes qui l'avaient habitée en étaient partis depuis peu. Le 18, il apperçut du bord du vaisseau une renne trottant sur le rivage, mais il ne put l'atteindre; il trouva renversée la croix que *Bulton* avait élevée, il la rétablit, y mit une inscription gravée sur une plaque de plomb, & nomma cette terre *New-Wales*. Comme le vent fut contraire le 19, ils ne purent point avancer, *Fox* envoya encore le charpentier à terre pour abattre le meilleur de cinq arbres choisis par le maître, pour faire une grande vergue; mais aucun de ces arbres n'était d'une grandeur suffisante. Le bois est généralement petit dans ces parages, car l'épaisseur de la mousse dans laquelle les arbres sont enveloppés, les empêche de prendre profondément racine en terre; delà vient que pendant qu'ils croissent dans la mousse ils sont assez vigoureux, mais ils ne deviennent pas grands, ils sont facilement renversés par les tempêtes & périssent. De ces cinq arbres désignés aucun ne put servir, ils étaient pourris au dedans. La plus haute marée du printemps s'éleva de quatorze pieds. Mais les vents d'est, de sud-est & d'est-nord-est avaient poussé le flot dans cette rivière, car sans cela la marée ne s'y serait pas élevée de plus de douze pieds. De ce lieu *Fox* alla à l'est le long de la côte. Le 29 d'août, il rencontra le vaisseau du capitaine *James* & conversa avec ce navigateur. Le 2 de septembre, il vint au cap Henriette-Marie, où le rivage de la baie prend sa direction au sud; & ainsi il examina la baie d'Hudson. On reconnut pareillement toute la côte entre le port Nelson & le cap Henriette-Marie. Conséquemment il ne restait plus d'espérance de trouver de passage dans cette partie du monde, depuis le soixante-quatrième degré trente minutes jusqu'au cinquante-cinquième degré dix minutes latitude nord. Ce qui engagea *Fox* à faire quelques nouveaux efforts au-delà de l'île de *Nottingham*, où il avait trouvé précédemment tous les paſſages obſtrués par les glaces; il donna au cap *Henriette-Marie* le nom de *Wolſtenholme's, ultimum vale.* Dès le 6, le maître & le contre-maître étaient malades. Le 7, Fox approcha du Carey's-Swans-Neſt ſur lequel il aurait échoué s'il ne s'était trouvé alors ſur le tillac. Le 8, il ſe trouva au ſoixante-deuxième degré vingt-une minutes, au nord il avait le cap *Pembrocke.* Enfin, il arriva à Sea-Horſe-Point, & le 15, il vit Mill-Ile; les voiles étaient devenues par la gelée auſſi roides que du parchemin. Le 18, il vit un cap, qu'il nomma *King-Charles-Promontory*, & la pointe ſituée au nord de celui-ci, fut appelée le cap *Marie*, du nom de la reine d'Angleterre. Le premier de ces caps eſt au ſoixante-quatrième degré quarante ſix minutes; le ſecond huit lieues plus au nord. Au nord-oueſt du promontoire du roi Charles ſont ſituées trois îles qui forment par leur poſition un triangle équilatéral, il les nomma îles de la Trinité, en l'honneur des Frères de la maiſon de la Trinité. Une autre île un peu plus éloignée de la terre reçut le nom de l'ami de *Fox*, *Walter-Cook*, & fut nommée île de *Cook.* Le cap de la reine était par ſoixante-cinq degrés treize minutes. Le 20, il vit un autre promontoire ſitué quelques lieues au-delà du cercle polaire, il le nomma *Lord-Weston's-Portland*, parce qu'il a en effet quelque reſſemblance avec la pointe de *Portland* en Angleterre. Au nord de ce promontoire la terre s'étend au ſud-eſt, & il l'appela *Fox's-Fartheſt*; mais l'île ſur la côte de laquelle Fox fit ces découvertes, eſt nommée dans quelques cartes *James-Iſland*, quoique la grande contrée dans la partie du ſud de la baie de Baffin, vis-à-vis l'île de *Diſco*, ſoit auſſi appelée île de *James*. Ce qui a introduit une grande confuſion dans la géographie (*a*). Alors *Fox* penſa à ſon retour, il donna des noms à toutes les pointes de terre de cette côte, à tous les détroits & aux îles adjacentes; il paſſa le 5 d'octobre, près du cap *Chidley*. Pluſieurs perſonnes de ſon équipage étaient malades; le courant près de ce cap l'emporta avec beaucoup d'impétuoſité vers le nord. Ayant enfin traverſé l'Atlantique, il entra dans la Manche le 31 d'octobre, ſans avoir perdu un ſeul homme, ni la moindre partie des agrêts de ſon vaiſſeau.

La relation de ce voyage & les remarques de *Fox*, montrent que c'était un homme fort inſtruit & un très-habile marin. En effet, il a fait

---

(*a*) Il vaudrait mieux appeler cette terre *Fox-Iſland*, l'île de *Fox*, puiſqu'il en a découvert la pointe la plus ſeptentrionale.

des obſervations qui ſemblent appartenir plus à la phyſique qu'à la navigation ; comme celles qu'il a faites ſur la glace, les marées, la bouſſole, les aurores boréales qu'il nomme *henbanes*. *Fox* penſait auſſi que s'il exiſtait un paſſage au nord, on le trouverait néceſſairement dans le *ſir Thomas-Roe's-Welcom*, la marée étant plus haute là que dans aucune autre partie de la baie d'Hudſon ; en outre il y a un grand nombre de baleines dans ce lieu.

XXVIII. Nous avons déjà dit que le capitaine James avait été envoyé auſſi pour faire des découvertes dans le Nord par quelques marchands de Briſtol, avec un vaiſſeau de ſoixante-dix tonneaux, nommé le *Maria*. *James* vint à Londres & fut préſenté par le chevalier *Thomas Roe*, au roi Charles premier. Ce prince lui donna, comme à *Fox*, des lettres pour l'empereur du Japon. Il partit de Briſtol le 3 de mai 1631, & le 4 de juin, il était à la vue du Groenland, & environné de montagnes de glaces. Le 9, il avait déjà le cap Farewell à l'eſt. Le 10, il était à la hauteur du cap de la Déſolation ; delà aux îles de la Réſolution, il peut y avoir environ cent quarante lieues. Il vit un grand nombre de hautes montagnes de glaces, & pluſieurs marſouins (*delphinus orca*). La mer paraiſſait noire, le brouillard était continuel, épais & d'une mauvaiſe odeur.

Le 17, il apperçut les îles de la Résolution. Lorsqu'il en approcha, le mouvement de l'aiguille aimantée était suspendu, ce que James attribua à l'action du brouillard épais, grossier & froid. Un courant rapide se jetait dans le détroit d'Hudson. Les voiles & les cordages du vaisseau étaient gelés. Le détroit était rempli de glace, & lorsqu'ils essayèrent d'avancer, ils furent emprisonnés dans ces glaces qui les portèrent de tous côtés. *James* n'avait nulle connaissance des voyages qu'on avait faits avant lui dans le Nord; il avait évité, à dessein, d'engager sur son vaisseau aucun de ceux qui avaient été faire des voyages au nord-ouest ou au Spitzberg; il ignorait conséquemment ce qu'il fallait faire pour se tirer d'une pareille situation. Ce défaut d'expérience à cet égard l'exposa à beaucoup d'incommodités, & le mit dans un danger imminent. Après avoir navigué avec les plus grandes difficultés à travers le détroit d'Hudson, il porta droit au rivage occidental de la baie d'Hudson, où son vaisseau toucha plus d'une fois sur les rochers. Rarement il eut la vue de la terre à cause des glaces qui la lui cachaient. Enfin, il rencontra *Lucas Fox* avec qui il eut quelques entretiens, entre le port Nelson & le cap Henriette-Marie, comme il l'appelle; mais, c'est celui de *Wolstenholme's, ultimum vale*. Après avoir quitté *Fox*, il aborda au promontoire qu'il nomma le premier *Henriette-Marie*, du nom de la reine d'Angleterre. La ſaiſon propre aux découvertes était près de finir. Il chercha donc pour hiverner un lieu à l'extrémité de la baie. Après avoir eſſuyé pluſieurs tempêtes, & couru mille dangers entre les glaces & les rochers qui ſont en grand nombre dans cette partie de la mer, & ſon vaiſſeau ayant deux ou trois fois touché les bas-fonds, il ſe fit échouer ſur une île qu'il nomma enſuite île *Charleton*. On porta à terre avec les plus grandes difficultés, les voiles, les cordages, les cables, les uſtenſiles, les proviſions & tout ce qu'on put tirer du vaiſſeau. Ces naufragés ſe firent quelques miſérables huttes de pièces de bois qu'ils placèrent en les inclinant autour d'un arbre, ils les couvrirent de branches d'arbres, & de leurs voiles qui furent bientôt recouvertes d'une épaiſſe couche de neige. Ils bâtirent auſſi un magaſin. Ils eurent preſque tous les mains, les pieds, les oreilles ou le nez gelés. Ils furent obligés d'arracher de deſſous les glaces les habits qu'ils avaient laiſſés dans le vaiſſeau, de les faire dégeler & ſecher au feu. Comme leur vaiſſeau était totalement perdu, ils ſe mirent à conſtruire une petite pinaſſe avec laquelle ils eſpéraient, après avoir paſſé l'hiver, ſe tirer de ce triſte lieu. Le froid était ſi grand ſous cette latitude de cinquante-deux degrés trois minutes, que le vin d'Eſpagne, l'huile, la bière, le vinaigre & l'eau-de-vie même, étaient gelés; de sorte qu'ils furent obligés de couper la première de ces liqueurs avec la hache. Un puits qu'ils avaient creusé se gela aussi, mais une fontaine qui couloit à deux ou trois cents pas de leur habitation, & dont la surface était couverte de glace & de neige, n'était pas gelée au-dessous. Le soleil & la lune paraissaient sur l'horizon deux fois aussi longs que larges, à cause de la grande quantité de vapeurs dont l'atmosphère était remplie. L'île était toute couverte de forêts qui ne contenaient que quelques rennes & quelques isatis. Le 31 de janvier, l'atmosphère était si claire que le capitaine *James* vit deux fois plus d'étoiles, qu'il n'en avait encore vu de sa vie. La mer est gelée toutes les nuits de deux ou trois pouces d'épaisseur. La lame rompt cette glace, & en pousse les morceaux les uns sur les autres, ils se gèlent sur le champ. De cette manière la glace devient, en peu d'heures, épaisse de cinq ou six pieds, & le nombre des morceaux & des plaines de glace augmente au point que la mer en est entièrement remplie, & l'eau devient si froide de jour en jour, qu'enfin elle est insupportable. Lorsque l'équipage du capitaine James entra dans la mer au mois de décembre, quoique l'eau gelât sur leurs jambes, le froid ne leur parut pas si rigoureux qu'au mois de juin, car alors, il leur sembla si piquant & si pénétrant qu'ils ne pouvaient supporter d'entrer dans l'eau de la mer.

Dans le mois de février, le scorbut commença à se manifester. La bouche leur saignait, leurs gencives étaient gonflées, quelquefois fort noires & putrides, toutes leurs dents vacillaient ; ils avaient la bouche si douloureuse, qu'ils ne pouvaient prendre leur nourriture ordinaire. Quelques-uns se plaignaient de douleurs lancinantes à la tête, d'autres dans la poitrine, plusieurs sentaient une grande foiblesse dans les reins, d'autres avaient des douleurs dans les cuisses & dans les genoux; quelques-uns avaient les jambes enflées. Les deux tiers de l'équipage étaient entre les mains du chirurgien, ils furent cependant obligés de travailler beaucoup, quoiqu'ils n'eussent point de souliers, mais des linges entortillés autour de leurs pieds au lieu de chaussure. A l'air extérieur le froid était entièrement insupportable, les habits n'en pouvaient garantir, & nul mouvement ne pouvait entretenir la chaleur naturelle. Leurs cils se gelaient de sorte qu'ils ne pouvaient pas voir. Ce n'était qu'avec les plus grandes difficultés qu'ils respiraient. Le froid était un peu moins rigoureux dans les bois, cependant ils y furent affligés d'engelures au visage, aux mains & aux pieds.

Leur maiſon était couverte de neige épaiſſe des deux tiers de ſa hauteur; c'était le lieu où il faiſait le moins froid. Cependant tout l'intérieur était tapiſſé de glaçons & tout y geloit. Leurs couvertures étaient très-durcies & couvertes de gelée blanche, quoique leurs lits fuſſent très-près du feu. L'eau dans laquelle le cuiſinier faiſait tremper la viande geloit dans la maiſon quoiqu'elle ne fût qu'à trois pieds du feu. Mais dans la nuit, lorſque le cuiſinier dormait ſeulement quatre heures & que le feu était moins bien entretenu, toute l'eau de la cuve devenait une maſſe de glace. Lorſqu'enſuite le cuiſinier fit tremper la viande dans une chaudière de cuivre, tout près du feu, pour l'empêcher de geler, le côté près du feu était chaud, tandis que le côté oppoſé était gelé de l'épaiſſeur d'un pouce. Leurs haches & leurs autres outils tranchants étaient émouſſés & incapables de reſervir lorſqu'ils en avaient coupé du bois gelé, de ſorte que le capitaine *James* jugea néceſſaire d'enfermer la hache du charpentier pour qu'elle ne fût pas gâtée auſſi. Le bois verd qu'ils brûlaient dans leur cabane les ſuffoquait par ſa fumée; le bois ſec, au contraire, était plein de térebenthine & répandait tant de ſuie que leurs lits, leurs habits, leurs uſtenſiles & eux-mêmes en étaient tout couverts, de ſorte qu'ils raſſemblaient à des charboniers. Ils eurent les plus

plus grandes difficultés à ſe procurer le bois, les poutres & les autres pièces de bois courbes néceſſaires pour la conſtruction de leur pinaſſe, car avant d'abattre les arbres ils étaient obligés de les faire dégeler par le moyen du feu. Après que les pièces de bois avaient été ébauchées, on les ſéchait encore ; enfin on leur donnait la dernière forme qu'elles devaient avoir, & on les aſſemblait. On était obligé de tenir conſtamment un grand feu près de ces pièces de bois, car ſans cela on n'aurait pu parvenir à les travailler. Pluſieurs perſonnes de l'équipage étaient très-affaiblies par le ſcorbut, ou avaient les membres gelés & ulcérés; d'autres avaient les membres ſi contractés par le rhumatiſme, qu'il fallait, pour leur rendre leur ſoupleſſe & leur uſage, les fomenter tous les matins avec de l'eau chaude & de la décoction de branches de ſapin. Dans le mois de mars, le froid était auſſi rigoureux qu'au milieu de l'hiver; en avril, il tomba une plus grande quantité de neige qu'il n'en était tombé pendant tout l'hiver; mais les flocons étaient larges & plus humides, tandis que dans l'hiver la neige était sèche comme de la pouſſière. Au 5 d'avril même, la fontaine qu'ils avaient découverte comme nous l'avons dit, était gelée. Il y avait une île ſituée à quatre lieues de diſtance de leur habitation, qu'ils ne pouvaient appercevoir de deſſus une petite colline dans le beau temps & lorſque l'air était pur ; au contraire, cette île était viſible pour eux, même de la plaine, lorſque l'air était groſſier & chargé de vapeurs.

Ils commencèrent alors à débarraſſer encore la glace du fond du vaiſſeau, à chercher leur gouvernail que la glace avait emporté l'année précédente. Ils deſiraient auſſi voir ſi le vaiſſeau était aſſez bon pour les porter, ſans danger, en Angleterre. Ils travaillèrent tous avec ardeur pour le rendre tel. Ils furent aſſez heureux pour débarraſſer les glaces par degrés, ils remirent les ancres à bord, retrouvèrent leur gouvernail, le reportèrent ſur le pont, & trouvèrent leur vaiſſeau en meilleur état qu'ils ne s'y étaient attendus. Après avoir ôté quelques glaces ils trouvèrent de l'eau dans le fond de cale. Quand l'eau fut baſſe, ils bouchèrent les trous qu'ils avaient faits eux-mêmes dans le fond de leur vaiſſeau l'automne précédent, dans le deſſein de le remplir & de le rendre ainſi plus peſant afin qu'il tînt ferme, & que la mer ne pût l'enlever de deſſus le fond, & en le renverſant encore le mettre en pièces. Ils retrouvèrent les deux pompes, firent fondre la glace dont elles étaient remplies, & ſe mirent à pomper l'eau de la cale.

Le dernier jour d'avril, il commença à pleuvoir, ce qu'ils regardèrent comme un ſigne de l'approche du printemps. Le 2 de mai, il neigea encore & fit très-froid. Ce temps découragea les malades, & leurs maux augmentèrent au point qu'ils se trouvaient mal dès qu'on voulait les enlever du lit. Les oyes & les grues vinrent alors en grand nombre, mais elles étaient extrêmement sauvages. Le 8 de mai, il fit encore si froid que la glace pouvait porter un homme. Le 24, elle se rompit dans la baie avec un grand bruit. Le même jour le soleil fut très-chaud, mais la nuit il gelait. Le dernier jour de mai, ils trouvèrent ça & là quelques plantes (des vesces) sortant de terre, ils les cueillirent avec soin & les préparèrent pour les malades. Pendant tout le mois de mai, les vents du nord dominèrent dans ces parages. Le 4 de juin, ils eurent beaucoup de neige, de pluie & de grêle, il faisait si froid que les étangs étaient couverts de glace & que l'eau gelait même dans leurs huttes. Leur linge nouvellement lavé resta gelé toute la journée. Ils levèrent leur ancre & trouvèrent le cable en bon état. Le 9, les malades avaient déjà ressenti beaucoup de soulagement des feuilles vertes de la vesce, & ils pouvaient se traîner dans la maison, ils étaient même capables de supporter l'action de l'air, & ceux qui avaient été le moins affectés, étaient redevenus assez forts. Les feuilles vertes de la vesce étaient préparées deux fois par jour, & ils les mangeaient avec de l'huile & du vinaigre. Ils pilaient aussi ces feuilles & en mêlaient le suc exprimé, avec leur boisson. Ils les mangeaient encore crues avec leur pain. Le 11, ils attachèrent leur gouvernail, ce qu'ils n'auraient pu faire quelques jours avant à cause de leur extrême faiblesse. Ils délestèrent aussi leur vaisseau. Le 15, tous les malades étaient si bien rétablis qu'ils pouvaient se promener aux environs de leur maison. Leurs gencives étaient bien guéries, & leurs dents si bien consolidées qu'ils purent alors manger du bœuf avec les feuilles vertes de la plante salutaire dont nous venons de parler. La mer était toujours gelée & pleine de glace. Le temps fut très-chaud le 16, il éclaira & tonna. La chaleur fut si forte qu'ils furent obligés de se baigner. Mais alors il parut une multitude incroyable de mosquites (*culex pipiens*) qui les tourmentèrent extrêmement. Ils virent aussi une grande quantité de fourmis & de grenouilles, mais les ours, les renards & les oiseaux s'étaient totalement retirés. Le 20, ils mirent le vaisseau en pleine mer, quoiqu'il y eût encore beaucoup de glace autour, ils le garnirent de ses cordages, & reportèrent à bord leurs provisions, leurs voiles, leurs habits & tout ce qui leur était nécessaire. Enfin, ils mirent à la voile le 2 de juillet; ils rencontrèrent, au cap *Henriette-Marie*, quelques cerfs, mais leurs chiens ne purent les atteindre. *James* mit à cause de cela, sur le rivage ces animaux, c'étaient un chien & une chienne, & les laissa là. On attrapa cependant six oisons. Après avoir traversé avec beaucoup de peine & de grandes difficultés une multitude de glaces jusqu'au 22 d'août, ils arrivèrent à *Carey's-Swans-Nest*, & enfin à l'île de Nottingham. Mais *James* considérant que la saison propre à faire des découvertes était écoulée, qu'il n'avait plus qu'une petite quantité de provisions & que son vaisseau était en très-mauvais état, hâta son retour en Angleterre.

Il était dans l'opinion qu'on ne pouvait trouver aucun passage dans ces contrées, par les raisons suivantes : 1°. parce que la marée, dans toutes les parties de cette mer, vient de l'est à travers les détroits d'Hudson, & qu'elle arrive d'autant plus tard dans tous les lieux de la baie & du détroit, qu'elle avance plus loin ; 2°. parce que ces mers ne contiennent pas de petits poissons, comme des morues, des merluches, &c. & qu'on n'y en voit que rarement de grands ; qu'on n'y trouve ni baleines, ni morses, ni autres grands poissons qui se rencontrent vers les rivages, & qu'on n'y rencontre point de bois flottans ; 3°. parce que la glace, au soixante-cinquième degré trente minutes latitude nord, est en grands morceaux plats sur la mer, à cause qu'elle se forme dans des baies peu profondes; mais s'il y avait un grand Océan au-delà, on ne trouverait que de grandes montagnes de glaces, comme on en voit à l'entrée du détroit d'Hudſon, & plus loin à l'eſt; 4°. enfin, parce que la glace eſt pouſſée à l'eſt à travers le détroit dans le grand Océan, par la raiſon qu'elle vient du nord & qu'elle n'a point d'autre voie pour en ſortir. Après que *James* fut ſorti du détroit, il traverſa l'Atlantique & vint mouiller dans la rade de Briſtol, le 22 d'octobre 1632.

On ne peut nier que le voyage de *James* ne contienne des obſervations de phyſique fort intéreſſantes ſur l'intenſité du froid & ſur la grande quantité de glaces qu'on voit dans ces climats; mais on n'y trouve abſolument rien de relatif aux découvertes des nouvelles régions & des mers. Ses raiſons pour prouver la non-exiſtence d'un paſſage dans ces mers, ne ſont point du tout ſatisfaiſantes. D'abord la première n'eſt vraie qu'en partie, car dans l'enfoncement au ſud de la baie, la marée décroît beaucoup, & y arrive auſſi plus tard qu'à l'embouchure des détroits; mais il ne s'enſuit pas qu'il en ſoit de même par-tout, cela n'eſt pas ainſi, en particulier, dans le *ſir Thomas-Roe's-Welcome*, où le flux eſt même plus haut qu'à l'embouchure du détroit d'Hudſon, & cependant il ne vient pas, dans ce lieu, de l'oueſt. De plus, *Fox* trouva pluſieurs baleines près l'île

Brook-Cobham (île de Marbre), ainsi que plusieurs narvals; conséquemment ce que dit James à cet égard, ne prouve que pour les autres parties de la baie. La troisième & quatrième raison n'en font évidemment qu'une; & puisqu'il y a toujours en cet endroit beaucoup d'eau qui vient du nord, qui brise la glace & la pousse hors du détroit d'Hudson à l'est, on doit plutôt en conclure qu'une autre mer se jete dans ces parages.

XXIX. Après les voyages de *Fox* & de *James*, il semblait qu'on ne devait plus trouver le public disposé à soutenir de pareilles entreprises. Cependant un bourgeois du Canada, nommé *de Groselie* ou *de Grosseliers*, homme entreprenant & qui avait beaucoup voyagé dans ces parties de l'Amérique, était allé avec les sauvages du Canada, dans la terre de *Outauoas*, située sur la rivière du même nom, & avait pénétré si loin dans la contrée, qu'il avait pris connaissance de la baie d'Hudson & de sa situation. Lorsqu'il fut de retour à Quebec, il se joignit avec quelques-uns de ses compatriotes, pour équiper une barque dans l'intention d'achever sa découverte par mer. Il mit à la voile bientôt après & prit terre à l'entrée d'une rivière que les sauvages appellent *Pinassiwet-Schiewan*, qui n'est qu'à une lieue de la rivière *Pawiriniwagau* ou rivière du Port-

Nelſon. Il fixa ſa réſidence ſur le côté du midi, dans une île à trois lieues de l'embouchure de cette rivière. Les Canadiens qui ſont de bons chaſſeurs, arrivèrent enfin au milieu de l'hiver à la rivière du *Port-Nelſon* (que les Français appelèrent rivière de Bourbon), & y découvrirent un établiſſement d'Européens. De Groſſeliers y vint avec ſon monde pour les attaquer, mais il ne trouva qu'une miſérable cabane couverte de gazon, dans laquelle il y avait ſix hommes à demi-morts de faim. Un vaiſſeau de *Boſton* dans la nouvelle Angleterre, les avait mis à terre afin qu'ils cherchaſſent un lieu où ils puſſent, eux & l'équipage, paſſer l'hiver. Pendant ce temps la glace avait pouſſé le vaiſſeau avec le reſte de l'équipage en pleine mer, & ces malheureux ne le revirent jamais plus. De Groſſeliers apprit dans le même hiver, qu'il y avait à ſept lieues de ſa réſidence, un autre établiſſement d'Anglais, ſur les bords de la rivière du Port-Nelſon. Il réſolut de les attaquer. Mais ayant appris qu'ils étaient dans une place fortifiée, il choiſit pour ſon entrepriſe un jour que les Anglais avaient coutume de paſſer en divertiſſemens; ce fut le jour des Rois qu'il prit, il les trouva tous tellement ivres, que quoiqu'ils fuſſent quatre-vingts hommes, ils ne purent ſe défendre, & il les fit tous priſonniers, quoiqu'il n'eût avec lui que quatorze Français. De cette manière il demeura le maître de toute la contrée. Après que de Grosseliers eut examiné tout le district, il retourna, avec son beau-frère *Ratisson*, à *Quebec*, chargé d'une grande quantité de riches fourrures & de marchandises anglaises. Il laissa cependant son neveu *Chouarz*, avec cinq hommes, en possession du poste dont il s'était emparé. Au lieu d'être bien reçu à Quebec, pour sa bonne conduite, il eut dispute avec sa compagnie à cause de quelque butin dont il n'avait pas rendu compte. *De Grosseliers* envoya son beau-frère *Ratisson* en France pour se plaindre de l'injustice qu'il avait soufferte; mais *Ratisson* ne fut pas écouté. Il vint donc lui-même en France, & présenta aux ministres, sous le jour le plus favorable qu'il lui fut possible, toute l'importance de sa découverte; mais on ne fit attention, ni à lui, ni à ses représentations. L'ambassadeur d'Angleterre à Paris, M. Montague (*a*), ayant appris les offres que faisait de Grosseliers au ministre & l'indifférence avec laquelle elles étaient reçues, eut un entretien avec lui, & lui donna, ainsi qu'à son beau-frère, des lettres pour le comte palatin *Rupert*, à Londres.

(*a*) Cet ambassadeur fut créé duc dans la suite. C'est à lui qu'appartenoit d'abord le museum Britannicum, que la nation Anglaise a acheté de ses héritiers.

Ce prince aimait à protéger & à encourager les entreprises utiles ; il pressentit les avantages que l'Angleterre pourrait tirer de l'établissement dont parlait de Grosseillers. On équipa, pour cela, un vaisseau du roi en 1668, dont le commandement fut confié à *Zacharie Gillam*, & les deux Français partirent avec lui. Ce capitaine s'avança jusqu'au soixante-quinzième degré latitude nord dans la baie de Baffin, & relâcha alors à l'extrémité la plus méridionale de la baie d'Hudson, & entra le 29 de septembre, dans la rivière de Rupert, où il passa l'hiver. Cette rivière sort du grand lac *Mistassie*, & se jète dans l'angle sud-est de la baie d'Hudson. Le 29 de décembre, leur navire était pris dans les glaces de cette rivière, & ils allèrent à pied sur la glace à une petite île couverte de peupliers & de sapins d'Amérique. En avril le froid avait presque entièrement cessé. Les naturels errans dans ces contrées qui sont plus simples, plus doux & meilleurs que les sauvages du Canada, les vinrent voir ; mais les *Nodways* ou Eskimaux qui prennent probablement leur nom de la rivière *Nodway*, ou qui peuvent bien même avoir donné le leur à cette rivière, sont beaucoup plus grossiers & plus cruels. Ce fut là que les Anglais bâtirent le premier fort en pierres, ils le nommèrent le *Fort Charles*, & donnèrent à la contrée des environs, le nom de *Terre de Rupert.* Enfin, après s'être acquitté parfaitement de sa commission, le capitaine Gillam revint & laissa la place fortifiée & gardée par un nombre d'hommes suffisant.

Mais le roi Charles II avait déjà accordé, même avant le retour du capitaine Gillam, au prince Rupert & à différens seigneurs, chevaliers & marchands associés avec lui, une charte datée du 2 de mai 1669, par laquelle ce prince leur donnait le titre de gouverneurs, & à leur compagnie celui de compagnie de commerçans pour l'Angleterre, à la baie d'Hudson; & en considération de ce qu'ils avaient entrepris, à leurs propres dépens, une expédition à cette même baie, dans le nord-ouest de l'Amérique, pour découvrir un nouveau passage dans la mer du sud; de ce qu'ils avaient découvert une nouvelle source de commerce en fourrures, en minéraux & autres choses utiles; & de ce qu'ils avaient déjà fait des découvertes qui devaient les encourager à poursuivre une entreprise qui promettait de si grands avantages au roi & à son royaume, il cédait entièrement & donnait aux associés à cette entreprise, le commerce de toutes ces mers, baies, rivières, lacs, criques & détroits dans quelque latitude qu'elles fussent & qui sont situées dans l'intérieur de la baie d'Hudson; ainsi que toutes les contrées & les terres ſituées ſur les côtes de ces mers, baies, lacs, rivières, criques & détroits. De ſorte qu'eux ſeuls, à l'excluſion de toutes autres perſonnes, avaient le droit de commercer dans ces contrées, & que quiconque ſerait trouvé navigant ou commerçant dans ces limites, ſerait arrêté & ſes marchandiſes confiſquées; que la moitié des objets confiſqués appartiendrait au roi, l'autre à la compagnie de la baie d'Hudſon.

Tel fut le commencement d'une compagnie de commerce qui a ſubſiſté ſans interruption depuis l'année 1669, & ſubſiſte toujours la même, excepté pendant que les Français ont été en poſſeſſion, depuis l'année 1697 juſqu'en 1714, du *Fort-Bourbon* ou *York*, ſur la rivière *Nelſon*. Aujourd'hui la compagnie n'a que quatre établiſſemens dans toute l'étendue de cette vaſte baie. Le premier de ces établiſſemens, eſt le *Fort du prince de Galles*, ſur la rivière *Churchill*; on le nomme auſſi Fort *Churchill*, parce qu'il eſt ſitué ſur la rivière de ce nom; c'eſt le plus éloigné de ces comptoirs vers le nord. Il eſt au cinquante-huitième degré cinquante-cinq minutes latitude nord, & au quatre-vingt-quinzième degré dix-huit minutes à l'oueſt de *Greenwich*. Le ſecond eſt le *Fort-Yorck*, ſur la rivière *Nelſon*, où les Français eurent d'abord leur *Fort-Bourbon*. Le troiſième eſt plus loin au ſud-eſt, & porte le nom de *New-Severn.* Le dernier, le plus méridional, eſt ſitué entièrement dans la baie de *James*, & eſt appelé *Fort-Albany*, ſur la rivière de ce nom. Il y a encore eu autrefois quelques comptoirs, comme le fort *Mooſe*, le fort *Rupert*, & ſur la côte-eſt de la baie de James dans la rivière de *Slude*, mais il paraît qu'à préſent ils ne ſont plus ni occupés, ni fréquentés par la compagnie de la baie d'Hudſon. La ſomme qui conſtituait le premier fonds de cette compagnie était de 10,500 liv. ſterling. Chaque poſſeſſeur d'une action de 100 liv. a le droit de voter dans les délibérations de la compagnie, & ceux qui poſſédent plus de 100 liv. de ce fonds, ont autant de voix qu'ils ont de fois 100 liv. Mais ſi une action de 100 liv. eſt diviſée en pluſieurs perſonnes, toutes ces perſonnes n'ont jamais qu'une voix.

Cette ſociété hauſſa par degrés le prix de ſes marchandiſes & rabaiſſa celui des denrées des naturels de l'Amérique & des Eſquimaux à un tel point, que les marchandiſes exportées d'Angleterre à la baie d'Hudſon chargent ſeulement quatre petits navires, dont cent trente hommes peuvent former l'équipage, & dont le prix de la cargaiſon eſt de 4,000 liv. ſterling pour la première dépenſe. Ces exportations conſiſtent en fuſils, piſtolets, poudre & plomb, en marmittes de cuivre & de fer, en haches, coignées, couteaux, habits, couvertures, étoffes grossières, flanelles, acier, pierres à fusil & tire-bourres, chapeaux, miroirs, hameçons, anneaux, sonnettes, aiguilles, dés à coudre, grains de verre, vermillon, fil, eau-de-vie, &c. Avec ces marchandises ils achètent des peaux, des fourrures de castor, de la baleine, de l'huile de poisson & de l'édredon pour plus de 120,000 livres sterling; ce serait dans la proportion de 25,000 livres pour chaque 1,000 livres de leurs mises, ou 5,250 livres pour cent. Mais il faut déduire de ce profit, les dépenses d'équipement du vaisseau, la paye des officiers & des matelots, l'entretien des fortifications, des comptoirs & des hommes qui y sont attachés; malgré cela il reste à la compagnie un grand profit. L'opinion générale est que les propriétaires de ces actions, qui ne sont aujourd'hui qu'au nombre de quatre-vingt, gagnent environ 2,000 pour 100. Il est vrai qu'on ne peut avoir de connaissances certaines à cet égard, car la compagnie fait ses affaires dans le plus grand secret.

Il est toujours très-certain que nul commerce au monde n'est si avantageux que celui de la baie d'Hudson. Mais il est bien certain aussi que la nation Anglaise n'est grevée dans aucune branche de commerce autant que dans celle-ci, & qu'il n'y a qu'une charte accordée par le gouvernement qui puiſſe protéger cette compagnie de commerce ſi nuiſible à ſa patrie. Si ce commerce était entièrement libre, plus de cinquante ou ſoixante vaiſſeaux iraient tous les ans à la baie d'Hudſon, & au lieu de cent trente matelots, il en ſerait employé annuellement deux mille cinq cents au moins qui ſeraient entretenus & formés pour le ſervice de l'état. Ces ſoixante vaiſſeaux exporteraient auſſi toutes les années pour la valeur de 100 ou 120,000 liv. ſterling de marchandiſes anglaiſes; ce qui revivifierait les manufactures & fournirait de l'emploi & de l'occupation à un grand nombre d'hommes. Ajoutons à cela, que ces provinces du nord de l'Amérique pourraient être auſſi mieux peuplées & mieux cultivées par les colonies Anglaiſes. Car ſi elles s'éloignaient ſeulement de quelques milles des bords de la mer couverte d'une immenſe quantité de glaces, ce qui en rend le voiſinage extrêmement froid, ils trouveraient un climat beaucoup plus doux & plus tempéré; ils y pourraient cultiver en abondance toutes les choſes néceſſaires à la vie, ce qu'il eſt impoſſible de faire croître ſur les bords de la baie d'Hudſon.

Par ce moyen ils pourraient s'avancer de plus en plus dans les terres & y former des établiſſemens européens. S'ils allaient plus avant à la rencontre des Indiens, leur porter des marchandises, ils acheteraient de ces peuples plus de peaux de castors & de rennes & d'autres pelleteries, qu'ils ne le font : ils les porteraient ensuite dans de grandes barques européennes aux comptoirs près de la mer. Un bon chasseur chez les Indiens peut tuer six cents castors, mais il ne peut porter, dans sa petite barque faite d'écorce de bouleau, plus de cent peaux de ces animaux aux comptoirs près de la mer. Il fait usage des cinq cents qui restent, pour son lit, ses couvertures, ou il les pend à des arbres comme un souvenir, lorsqu'il lui arrive de perdre quelqu'un de ses enfans; ou bien il brûle le poil & fait griller la peau de ces animaux, & la mange comme quelque chose de délicieux, dans les festins qu'il donne à ses amis; ou enfin, il jete ces peaux & les laisse moisir & se corrompre. Si les Indiens portent peu de ces peaux aux comptoirs près de la mer, ils portent bien moins encore de peaux de rennes. Car dans l'année 1740, la compagnie vendit dans sa première vente publique, environ vingt-six mille neuf cents soixante-dix peaux de castors de différentes espèces, & seulement deux cents cinquante peaux de rennes & trente peaux d'élans; ils retinrent alors les trois cinquièmes de leurs marchandises pour la vente prochaine. Les Indiens sont dans l'opinion que plus ils tuent de rennes, plus leur nombre s'accroît. En conséquence de cette

cette idée, lorſqu'ils arrivent dans une contrée où ces animaux ſont nombreux, ils ſe plaiſent à en tuer le plus qu'ils peuvent, quoiqu'ils ne faſſent uſage ni de toutes ces peaux, ni de leur chair à cauſe de la grande quantité qu'il y en a. Il réſulte delà que ces animaux ſe corrompent & deviennent totalement inutiles. Mais s'il y avait une place habitée par des Européens qui ne fût pas trop éloignée, & où les Indiens puſſent ſe rendre pour y vendre leurs peaux & leurs cornes de cerfs (ou de rennes), ils aimeraient mieux certainement les conſerver que les détruire ainſi ſans néceſſité. Conſéquemment en faiſant de nouveaux établiſſemens d'Européens dans ces contrées, la quantité de marchandiſes qu'on en tire ſerait quintuplée & peut-être décuplée. D'ailleurs la concurrence des acheteurs engagerait les Indiens à faire de plus grands efforts pour ſe procurer une plus grande quantité de marchandiſes, ce qui étendrait & augmenterait conſidérablement le commerce. Nous pouvons ajouter à tous ces avantages, qu'il ſe trouve, dans les parties du nord de la baie d'Hudſon, une grande quantité de baleines, de morſes & de phoques dont le produit ſerait très-avantageux, & pourrait ſervir à charger une partie des vaiſſeaux dans la baie. Plus avant dans les terres, on trouve auſſi d'excellent bois propre à faire des mâts & des vergues pour la marine royale, ainſi que de beaux chênes dont on ferait des quilles, des madriers, des pièces courbes, des planches, ainſi que des douves pour les tonneaux; objets qui commencent à devenir rares preſque par-tout, & qui ſont vendus à un prix ſi exhorbitant, qu'il eſt preſqu'impoſſible d'en approcher. S'il y avait dans ces contrées quelques habitations d'une certaine étendue, on y couperait les bois propres à la conſtruction des vaiſſeaux, ainſi qu'à d'autres uſages, ce qui retiendrait dans le royaume l'argent qu'on en tire pour l'achat de ces matériaux; & les chantiers royaux feraient fournis de bon bois de conſtruction & de mâts à beaucoup meilleur marché qu'ils ne le ſont à préſent. Mais quelque préjudiciable que ſoit à la nation Britannique le commerce excluſif de la baie d'Hudſon, on le continue toujours; & quoique la compagnie ſoit menacée de temps en temps par un ou deux membres du parlement, d'être examinée, les propriétaires ont l'art d'apporter des raiſonnemens ſi ſolides & *d'un ſi grand poids*, contre cet examen, qu'on laiſſe tout cela dans l'ancien état, & que les actionnaires reſtent paiſibles poſſeſſeurs de leur commerce lucratif.

XXX. Le mauvais ſuccès des tentatives faites dans la baie d'Hudſon, & l'établiſſement d'une compagnie pour le commerce excluſif de cette baie, étaient de puiſſans obſtacles à de nouvelles entreprises pour faire des découvertes dans ces parties. Cependant *Jean Wood*, homme de mer expérimenté & qui avait donné une attention particulière aux voyages qui avaient été faits au Nord, proposa encore une fois de chercher, entre la *Nouvelle-Zemble* & le *Spitzberg*, un passage pour aller au Japon, à la Chine & aux grandes Indes. Le roi donna pour cette expédition le vaisseau *Speedwell*, & le duc d'*Yorck*; le lord *Berkley*, le chevalier Joseph *Williamson*, le chevalier *John Banks*, M. *Samuel Peeps*, le capitaine *Herbert*, M. *Dupcy* & M. *Hoopgood* achetèrent une flûte appelée la *Prosperous* & en donnèrent le commandement au capitaine *William Flawes*, afin que ces deux navigateurs pussent partir ensemble pour ce voyage.

Ils sortirent le 28 de mai 1676, de la *Nore*; les 17 & 18 de juin, ils se trouvèrent au soixante-dixième dègré trente minutes latitude nord, l'aiguille aimantée variait de sept degrés, ils virent sous cette latitude, un grand nombre de baleines. Le 19 au matin, après un temps pluvieux & chargé de brouillards, ils apperçurent une grande quantité d'oiseaux de mer & de baleines (*balæna physalus*). Bientôt après ils découvrirent la terre, c'est-à-dire, des îles à environ vingt lieues à l'ouest du *Cap-Nord* Delà ils gouvernèrent au nord-est, & dès le 22 de juin, au soixante-quinzième degré cinquante-neuf minutes, ils virent des glaces qui s'étendaient de l'ouest-nord-ouest, à l'est-sud-ouest & dont les morceaux rompus formaient différentes figures bizarres. Ces plaines de glace, quoique peu élevées, étaient cependant très-raboteuses, les morceaux étaient placés à côté ou au-dessus les uns des autres. Ils observèrent de hautes montagnes d'une glace tout-à-fait bleue en quelques endroits, tandis que tout le reste était blanc comme neige. Ils trouvèrent aussi çà & là du bois flottant entre les glaces. Ils prirent un peu de cette glace qu'ils firent fondre pour avoir de l'eau potable. Ils avaient, près de ces glaces, le fond à cent cinquante-huit brasses; le plomb apporta une mine verte & molle. Le courant portait au sud-sud-est le long de la glace; sur laquelle le 26 de juin, ils virent deux morses couchés; mais ces animaux s'échappèrent quoiqu'ils fussent blessés, en se jetant dans la mer. A minuit nos navigateurs avaient soixante-dix brasses de fond & la mine verte. Ils virent le soir du même jour, la terre de l'est au sud-est, elle était à la distance de quinze lieues & toute couverte de neige. Le 27, ils trouvèrent que la glace serrait de si près la côte de la Nouvelle-Zemble qu'ils ne purent passer entr'elle & la terre. Le 29, le vaisseau toucha sur quelques rochers cachés sous les eaux; ils sauvèrent seulement quelques provisions & quelques outils, l'équipage gagna le rivage avec les plus grandes difficultés. Une des chaloupes qui chavira leur fit perdre une grande quantité de provisions, les papiers du capitaine & beaucoup d'autres choses. Lorsqu'ils furent à terre, leur embarras était de savoir comment ils sortiraient delà. Mais le 8 de juillet, ils apperçurent heureusement le vaisseau du capitaine *Flawes*; ils firent un grand feu pour lui faire connaître où ils étaient, il apperçut ce signal, envoya sa chaloupe à leur secours & les prit tous sur son bord.

La Nouvelle-Zemble était presque toute couverte de neige; dans les lieux où il n'y en avait pas, la terre était marécageuse, & il y croissait abondamment une espèce de mousse portant une fleur bleue & jaune. Ils creusèrent la terre & la trouvèrent gelée à deux pieds de profondeur. Quoiqu'on ne trouve point de neige sur les collines, il est très-probable que les hautes montagnes en sont perpétuellement couvertes. Ils trouvèrent dans cette contrée beaucoup de rennes, quelques isatis, un petit animal semblable à un lapin, mais plus petit qu'un rat, & quelques oiseaux semblables à des alouettes. Ils trouvèrent presque à chaque quart de mille, un ruisseau, mais qui n'était formé que par la fonte des neiges. La plupart des montagnes qu'ils rencontrèrent étaient d'ardoiſe; cependant ils virent près de la mer de beau marbre noir avec des veines blanches. *Wood* trouva que la variation de l'aiguille aimantée était de treize degrés à l'oueſt. Le flot s'élevait de huit pieds, & coulait, non le long du rivage, mais directement contre, ce qu'il regarda comme une preuve qu'on ne pouvait trouver un paſſage par le nord. Mais puiſque le flux, dans ces mers, doit néceſſairement venir de l'oueſt & du ſud-eſt, c'eſt une raiſon pour qu'à une telle diſtance de l'influence ou de l'attraction de la lune, il ſoit très-faible, &, conſéquemment qu'il ne s'élève pas à une grande hauteur, & comme il vient du ſud-oueſt, il ne peut couler dans une autre direction qu'en ligne droite contre le rivage d'une pointe de terre qui s'avance au nord-oueſt. *Wood* trouva l'eau de cette mer très-ſalée & très-peſante, même plus ſalée, à ce qu'il penſait, qu'aucune qu'il eût jamais goûtée, quoique, en même temps, elle fût ſi claire & ſi limpide, qu'il pouvait voir le fond de la mer à la profondeur de quatre-vingts braſſes & même diſtinguer les différentes eſpèces de moules qui le couvraient. *Wood* nomma *Speedwell*, du nom de ſon vaiſſeau, la pointe de terre ſur laquelle il le perdit, & ſuppoſa qu'elle était au ſoixante-quatorzième degré trente minutes latitude nord; & au ſoixante-troiſième degré longitude à l'eſt de Londres. Mais puiſque ſelon ſa carte, ce lieu doit être le même que celui qui eſt nommé, dans les cartes hollandaiſes & la nouvelle carte ruſſe, *Trooſt-Hoek*; il ſemblerait plutôt que ſa latitude doit être de ſoixante-dix-ſept degrés quarante minutes, & ſa longitude de quatre-vingt-cinq degrés à l'eſt de l'île de Fer; tandis que, ſelon ſon eſtime, ce lieu ſerait ſeulement à quatre-vingts degrés trente-quatre minutes de l'île de Fer. Quoique le journal de *Wood* ne contienne autre choſe que le calcul de la route de ſon vaiſſeau, ce voyageur ne paraît pas avoir été ſuffiſamment exact dans ſon calcul & dans ſes obſervations. Après avoir ſauvé tout le reſte de l'équipage, il fit voile directement pour l'Angleterre. Dans leur route ils virent les îles Feroé, & paſsèrent à la vue des Orcades & *Caithneſſ* en Ecoſſe, & arrivèrent enfin, le 23 d'août, au mouillage du *Nore* d'où ils étaient partis.

XXXI. La chartre royale avait été accordée à la compagnie de la baie d'Hudſon en partie parce qu'elle avait, à ſes propres dépens, fait un voyage dans le deſſein de trouver un paſſage dans la mer du ſud, & qu'elle avait fait aſſez de progrès pour donner l'eſpérance de le découvrir; il ſemble que ces motifs allégués par le roi pour accorder à une compagnie de ſi grands avantages & des priviléges ſi étendus, auraient dû l'exciter à poursuivre avec ardeur ses découvertes; mais ces grands avantages produisirent un effet tout-à-fait opposé. Le grand profit qu'elle tirait de ce commerce lui fit craindre que, si l'on découvrait ce passage, le gouvernement ne révoquât son privilége & ne l'accordât à la compagnie des grandes Indes, ou peut-être ne laissât le commerce libre dans ces contrées. Elle cacha donc autant qu'il lui fut possible la véritable situation & la nature des côtes & des mers de cette contrée; ainsi que les nations voisines & sur-tout le commerce lucratif qu'elle y faisait. Comme la propriété de toutes les terres qui bordent la baie d'Hudson appartient à la compagnie, & que les sauvages se rendent aujourd'hui dans cette baie, des contrées fort éloignées au sud-ouest & à l'ouest, pour y échanger leurs marchandises; on peut vraiment dire que quatre-vingts personnes ou environ, en Angleterre, sont propriétaires d'un pays plus étendu que l'Angleterre, l'Ecosse & l'Irlande prises ensemble. On accuse même les membres de cette compagnie d'avoir cherché à corrompre ceux qui avaient quelques connaissances de ces mers & de ces côtes & qui étaient persuadés de l'existence d'un passage dans la mer du Sud. Cependant pour qu'on ne leur reprochât point de n'avoir rien fait à cet égard, ils envoyèrent les capitaines *Knight* & *Barlow* avec un vaisseau & un sloop, pour faire des découvertes. Selon *Ellis* ce fut en 1719. *Drage*, le ſecrétaire de la *Californie* aſſure au contraire que ce fut en 1720. Mais on ne ſait de ce voyage autre choſe, ſi ce n'eſt qu'ils partirent, car on n'a jamais entendu parler de l'un ni de l'autre de ces deux vaiſſeaux.

XXXII. Comme ces vaiſſeaux ne revinrent point, on ſuppoſa qu'ils avaient été détruits par les glaces, & peut-être même engloutis dans la mer; mais on conjectura que leurs équipages s'étaient ſauvés & pouvaient exiſter encore dans quelque partie de ces terres, ſous le ſoixante-troiſième degré latitude nord. Ce bruit était probablement fondé ſur les relations vagues des Eſkimaux, & il y avait peu de foi à y ajouter. Cependant dès que la compagnie eut reçu cette nouvelle, elle donna des ordres pour faire partir un autre ſloop à la recherche des gens qui avaient été ſur les vaiſſeaux de *Knight* & de *Barlow*, & en même-temps pour faire les découvertes & les obſervations qu'il ſerait en leur pouvoir de faire. Le ſloop partit de la rivière de *Churchill* le 20 de juin 1722, ſous le commandement du capitaine *Scroggs*. Sous la latitude du ſoixante-deuxième degré, ce capitaine acheta des habitans quelques fanons de baleine & des dents de morſes. Au ſoixante-deuxième degré quarante-huit minutes, il envoya ſa chaloupe après un morceau de bois flottant, il trouva que c'était un mât de misaine qui avait été cassé à cinq pieds au-dessus du pont. *Scroggs* avança jusques dans *Welcome*, il nomma une pointe de ce détroit, *Whalebone-Point*, & l'île la plus au sud du cap, *Fullerton*. Il vit dans ce lieu un grand nombre de baleines noires, & quelques-unes blanches. Ayant envoyé sa chaloupe à terre, ses gens y virent beaucoup de rennes, des oyes, des canards & d'autres oiseaux sauvages. Il calcula que la marée s'élevait de cinq brasses, car il l'avait mesurée avec le plomb & la ligne de dessus son bord tandis qu'il était à l'ancre. Il trouva alors douze brasses de fond dans la marée haute, & seulement sept dans la marée basse, ce qui ferait une différence de cinq brasses. Mais cette observation était défectueuse. Car puisqu'un vaisseau qui est à l'ancre change toujours de place avec le flot, *Scroggs* devait nécessairement avoir présupposé que le fond de la mer où un vaisseau est à l'ancre est par-tout à la même distance de la surface de l'eau, ce qui était une très-fausse supposition; l'expérience sur laquelle cela était fondé étant faite, non par un signe fixé sur le rivage, mais par une ligne du vaisseau. Deux Indiens du nord que *Scroggs* avait avec lui, & qui avaient passé l'hiver à Churchill, lui parlèrent d'une riche mine de cuivre natif qu'on trouvait sur la côte à la surface de la terre.

Ils ajoutèrent qu'il suffirait d'y aller avec une barque, & qu'on en aurait bientôt une charge. Ils avaient même apporté avec eux à Churchill, comme une preuve de leur assertion, des morceaux de ce cuivre. Ils avaient aussi dessiné étant à Churchill, sur un parchemin avec du charbon, la situation des côtes de là à cette terre; & pendant toute la route du vaisseau, l'esquisse qu'ils avaient faite correspondit parfaitement avec la vraie situation de cette contrée. Un de ces Indiens avait marqué le desir de s'en retourner chez lui parce qu'il n'était qu'à trois ou quatre journées de marche du lieu où il faisait sa demeure ordinaire. *Scroggs* lui refusa cependant cette demande.

Ce navigateur dit dans son journal, qu'il a été dans le *Welcome*, & qu'il ne put avancer plus loin, à cause d'une chaîne de rochers située dans ce passage. Mais il paraît évidemment qu'il n'a jamais été dans le *Welcome*, & seulement dans une baie qui est en effet connue sous trois différens noms, elle est appelée *Pistol's-Bay*, *Rankin's-Inlet* & *James-Douglas's-Bay*. L'île très-connue appelée île de Marbre, & qu'on nommait aussi avant, île de *Brook-Cobham*, est située à l'embouchure de cette baie, & conséquemment on ne peut s'y méprendre. Le banc de rochers fut la raison pour laquelle *Scroggs* n'avança pas plus loin. Les Indiens qui desiraient vivement retourner chez eux avaient fait, à dessein, une histoire sur quelques obstacles à la navigation, pour l'engager à s'en retourner & à les laisser aller. La plupart des gens de son équipage étaient charmés aussi de retourner à Londres cette même année. Ils craignaient que les vaisseaux de la compagnie non-seulement ne fussent arrivés à Churchill, mais encore qu'ils ne fussent retournés en Angleterre. La barque envoyée par *Scroggs* s'étant avancée à quelque distance dans la baie, les gens qui désiraient retourner en Angleterre, revinrent immédiatement, disant qu'ils avaient été jusqu'aux rochers dont les sauvages avaient parlé, & qu'ils n'avaient pu aller plus loin. Ce rapport suffit pour persuader *Scroggs* de retourner en Angleterre, & de donner pour raison de son retour, qu'il avait été jusqu'au banc de rochers, quoiqu'il en fût tout autrement.

Ce voyage qui échoua comme tous les autres, avait plusieurs défauts particuliers. *Scroggs* dépourvu de connaissances & de ce courage actif & entreprenant, si nécessaire en de pareilles occasions, n'était nullement fait pour conduire une entreprise de cette nature. Son équipage n'avait pas non plus la constance, ni l'ardeur propres à poursuivre ces recherches.

Leur retour en Angleterre était leur objet principal, ce qui les rendait insensibles à toute autre chofe ; enfin, ils n'ont pas fçu profiter des renfeignemens que leur donnaient les fauvages, ou ils les ont dégoûtés d'aller plus loin avec eux. Je ne puis m'empêcher de faire ici quelques obfervations fur la multitude de noms donnés à une feule & même terre, & fur la confufion que cela introduit dans la géographie. Mais cette confufion devient encore plus graude, lorfque le même nom eft donné à deux contrées, ou à deux endroits différens. Dans le détroit de *Wager*, dont nous aurons occafion de parler dans la fuite, eft un port nommé port de *Douglas* ; & le lieu appelé quelquefois *Rankin's - Inles*, eft nommé par d'autres *Piftol - Bay*, ainfi que *James-Douglas - Bay*. On avouera certainement que celui qui introduifit le premier des dénominations fi propres à faire naître la plus grande confufion, s'embarraffait fort peu de la clarté & de l'exactitude qui doit regner dans la géographie : nous fommes ainfi fâchés de trouver qu'outre le détroit de *Cook* entre les deux îles qui compofent la nouvelle Zélande, il en eft encore un autre de ce nom dans le nord entre l'Afie & l'Amérique.

XXXIII. Les relations données par *Button* & *Fox*, avec le rapport du dernier navigateur, le capitaine *Scroggs*, excitèrent en 1733, l'attention de M. *Arthur Dobbs* & la portèrent principalement fur la hauteur du flux dans le *Welcome*.

Il apprit aussi quelque chose concernant cet objet du capitaine *Christophe Middleton*, qui avait navigué dans ces mers au service de la compagnie de la baie d'Hudson. Il s'attacha donc à la compagnie, & obtint à force d'importunités en 1737, un sloop avec une chaloupe. Ces navires n'allèrent que jusqu'au soixante-deuxième degré trente minutes latitude nord, où ils trouvèrent un grand nombre d'îles & quelques baleines blanches, & dans le lieu où ils étaient à l'ancre, le flot s'élevait à dix ou douze pieds & venait du nord. Ce récit imparfait est tout ce qui nous est connu de ce voyage.

XXXIV. M. *Dobbs* trouvant que ce voyage entrepris par l'ordre de la compagnie de la baie d'Hudson, avait été fait avec une lenteur & une négligence qui marquaient une indifférence affectée pour le succès, s'attacha au gouvernement qui ordonna d'équiper un brûlot ou *sloop*, appelé le *Furnace* (la Fournaise), dont le commandement fut confié à Christophe *Middleton*, qui jusqu'alors avait été au service da le compagnie de la baie d'Hudson.

On y joignit la flûte la *Découverte*, commandée par le capitaine *William Moor*. Ces deux vaisseaux partirent en 1741, & arrivèrent à la rivière de *Churchill*, où ils passèrent l'hiver, & après avoir tout préparé, ils repartirent le premier de juillet 1742. *Middleton*, ſelon les inſtructions qu'on lui avait données, devait gouverner au nord-oueſt, après avoir paſſé au travers du détroit d'Hudſon & par le *Carey's-Swans-Neſt*, & ſuivre la même route juſqu'à ce qu'il fût arrivé à une terre au nord-oueſt, au *Thomas-Roe's-Welcome*, par le ſoixante-cinquième degré latitude nord. Le 4, il vit *Brook-Cobham* ou l'île de Marbre, couverte de neige, & ſituée au ſoixante-troiſième degré latitude nord, & au quatre-vingt-treizième degré quarante minutes longitude oueſt de Londres, la variation de l'aiguille aimantée était de vingt-un degrés dix minutes à l'oueſt. Le 13, il découvrit un cap très-élevé ſur la côte nord-oueſt du *Welcome*, au ſoixante-cinquième degré douze minutes latitude nord, & au quatre-vingt-ſixième degré ſix minutes longitude oueſt, il le nomma cap *Dobbs*; au-delà de ce cap il découvrit un golfe au nord-oueſt, il y entra & le nomma *Wager-River*, du nom du chevalier *Charles Wager*. Le promontoire du nord ſur cette rivière fut appelé enſuite *Cap-Smith*; l'embouchure de cette rivière *Wager* eſt au ſoixante-cinquième degré vingt-quatre minutes latitude nord, & quatre-vingt-huit degrés trente-ſept minutes longitude oueſt de Londres. Dans cette immenſe étendue d'eau ils trouvèrent une grande quantité de glace, & au-delà de quelques îles ſur le côté nord de cette rivière, était un détroit qu'ils nommèrent *Savage-Sound* (Détroit des Sauvages), parce qu'ils y avaient vu quelques Eskimaux. Il y avait encore ſur ce même côté un autre détroit où les Eskimaux, qui étaient venus avec eux de Churchill, tuèrent quelques rennes; delà, ce détroit fut nommé *Deer-Sound* (Détroit des Rennes). Ces Eskimaux n'étant jamais venus dans ces contrées n'en avaient nulle connaiſſance. Après avoir paſſé quelques ſemaines dans ce détroit, ils avancèrent plus au nord-eſt le long de la côte, ſur laquelle ils découvrirent enfin, un très-beau promontoire derrière lequel la côte s'étend à l'oueſt, ils le prirent pour la pointe la plus ſeptentrionale de l'Amérique, & le nommèrent *Cap-Hope*. Après avoir vogué toute la nuit au travers d'une grande quantité de glace, le matin après que le ſoleil eut diſſipé le brouillard, ils virent autour d'eux la terre & une large baie où ils entrèrent & avancèrent juſqu'à ſon fond, la marée venait de l'eſt & coulait lentement, comme cela arrive dans un lieu où il n'a pas de paſſage. La déclinaiſon de l'aiguille aimantée était de cinquante degrés. Ils nommèrent cette baie *Repulſe-Bay*, parce qu'ils n'y trouvèrent pas ce qu'ils cherchaient. Ils montèrent ſur une très-haute montagne d'où ils virent tout le détroit qui avait environ dix-huit ou vingt lieues de long dans la direction du ſud-eſt par ſud,

ſud, à une certaine diſtance une terre élevée qu'il prit pour le cap *Comfort*, ſur une terre, qu'on ſait aujourd'hui être une île où eſt ſitué *Carey's-Swans-Neſt*, & à l'oppoſé duquel dans une direction oblique, eſt *Lord-Weſton's-Portland*, découvert par *Fox*. Middleton ayant viſité tous ces lieux, porta encore au ſud dans le deſſein d'examiner, conformément à ſes inſtructions, la côte à l'oueſt du *Welcome*, depuis le *Cap-Dobbs*, juſqu'à l'île de *Brook-Cobham*, mais il n'y trouva point de paſſage. Près de cette île, il envoya à terre les deux Eskimaux qu'il avait avec lui, après leur avoir fait de beaux préſents, & immédiatement après, il fit voile pour l'Angleterre. Le détroit, depuis *Repulſe-Bay* à l'eſt, vers le cap Comfort, eſt ſitué près du ſoixante-ſeptième degré latitude nord, & n'a pas de fond ſur lequel on puiſſe mouiller près du rivage, mais il eſt très-profond & conſéquemment très-dangereux pour les vaiſſeaux qui n'ont point de port où ils puiſſent ſe refugier en cas de tempêtes. Il s'éleva entre M. *Dobbs* & le capitaine *Middleton* une diſpute très-vive au ſujet de ce voyage. Le premier penſait que le ſecond avait caché à deſſein, ou au moins déguiſé quelques découvertes pour capter la bienveillance de la compagnie de la baie d'Hudſon, qui avait toujours regardé de mauvais œil les voyages qu'on avait faits pour chercher un paſſage à la mer du Sud dans la baie d'Hudſon, que le gouvernement lui avait cédée.

XXXV. On diſputa des deux côtés avec beaucoup d'aigreur. Les raiſons qu'apporta M. *Dobbs* étaient fondées ſur des faits rapportés par Middleton lui-même, on les examina ; & l'opinion générale fut que M. *Dobbs* avait raiſon. La ſomme de 10,000 ſterling fut levée en actions de 100 liv. chacune pour faire les frais d'un nouveau voyage de découverte. Enfin, on équipa deux vaiſſeaux, le *Dobbs* commandé par M. *William Moor*, & le *California* ſous le commandement de M. *François Smith*, qui partirent enſemble de *Graveſend* le 20 de mai 1746 ; arrivés à une petite diſtance du cap *Farewell*, ils paſsèrent pendant quelque temps à travers une grande quantité de bois flottans, que M. *Henri Ellis* décrit comme de très-beau bois.

Il penſe que puiſqu'*Egède* avait vu dans le Groenland au ſoixante - ſeptième degré latitude nord, des bouleaux, des ormes & d'autres eſpèces de bois de la hauteur de dix-huit pieds environ de la groſſeur de la jambe d'un homme, ce bois flottant devait venir de cette contrée ; & que, comme les côtes de l'oueſt du Groenland ainſi que de la Norwège, ſont plus froides que celles de l'eſt, le bois qui croît ſur celles-ci peut ſurpaſſer en groſſeur & en grandeur celui qui vient ſur les côtes de l'oueſt. Mais la quantité de bois qui croît dans le Groenland & même dans les contrées encore plus chaudes de l'Iſlande, eſt ſi petite, que ſi pendant dix ans ſeulement il s'en convertiſſait en bois flottant, autant qu'on en voit aux environs de cette contrée, il n'en reſterait pas un bâton au bout de ce temps. D'ailleurs le bois ne croît jamais aſſez près des bords de la mer pour qu'il puiſſe aiſément en être lavé, & conſéquemment entraîné. Enfin, on trouve une énorme quantité de bois flottant dans la mer entre le *Kamtschatka* & l'Amérique, & le long des côtes nord de la Sibérie. Près de l'île Béar à la hauteur du Spitzberg ainſi que de l'Iſlande, on voit beaucoup de bois flottant, de même que ſur toutes les îles qui s'étendent du Kamtschatka à l'Amérique. Dira-t-on qu'il vient du Groenland où le bois croît en ſi petite quantité, dans des vallées fort éloignées de la mer & à l'abri des vents du nord? Il faut convenir que ce n'eſt rien moins que probable. Mais il vient des grandes rivières de Sibérie qui traverſent pendant pluſieurs centaines de milles des régions toutes couvertes de bois, & dans leſquelles ſe jètent d'autres grandes rivières, qui ſortent auſſi de contrées très boiſées, ces rivières ſont la *Petzora*, l'*Oby*, le *Jeniſea*, le *Lena*, le *Chatanga*, l'*Anabara*, le *Jena*, le *Kolyma*, l'*Indigirka*, l'*Anadir* & l'*Amur*, toutes très-considérables qui, à la fonte des glaces dans le printemps, entraînent par leur débordement une immense quantité d'arbres qu'elles portent avec leurs eaux dans les mers du nord. Si nous considérons la grandeur des rivières d'Amérique, l'abondance des arbres dans les forêts, la rapidité & la grandeur des torrens qui se forment constamment au printemps, nous concevrons aisément quelle quantité de bois elles charrient à la mer & ce qui s'en trouve dans le détroit du *Roi George*, dans celui de *Sandwich*, dans la rivière *Turnagain*, dans le *Cheuweren*, qui se jète dans le détroit de *Norton* & dans le *Gygy*. La rivière Saint-Laurent & plusieurs autres rivières du nord de l'Amérique en portent aussi beaucoup, ainsi que celles de Terre-Neuve & de Labrador, comme me l'ont assuré des personnes qui ont été sur ces lieux, & qui y ont même passé l'hiver, & conséquemment ont vu la débâcle des glaces & le débordement des rivières. Il faut ajouter que les rivières de la baie d'Hudson, & principalement les rivières *Churchill*, *Hayes*, *Port-Nelson*, *Albany* & *Moose*, ainsi que plusieurs autres, portent aussi dans la mer du bois des parties intérieures des terres où il croît des arbres d'une grandeur considérable. Nous pouvons tirer de toutes ces inductions, de meilleures conjectures ſur les lieux d'où viennent ces bois flottans qu'on trouve dans les mers du nord, ſans avoir recours aux bois du Groenland qui ſont en très-petite quantité & de peu de groſſeur.

A l'occaſion des premiers morceaux de glace qu'ils trouvèrent dans le voiſinage du détroit d'Hudſon, M. *Ellis* ſuppoſe, comme l'a dit *Middleton*, qu'ils viennent des glaces & des neiges accumulées pendant une longue ſuite d'années, qui ſe détachent ſeulement tous les ſix ou ſept ans par de grandes inondations & qu'elles ſont portées à la mer par les torrens. Il eſſaye cependant de combiner cette opinion avec celle d'*Egède*, qui dit expreſſément que ce ſont de grands morceaux détachés des glaces qui ſe forment ſur les bords. Mais il peut y avoir d'autres cauſes que les précédentes. En effet, au commencement de l'hiver la glace ſe forme dans un temps calme, de quelques pouces d'épaiſſeur, & lorſque la glace ſe rompt par une tempête ou par les hautes marées, les morceaux ſont pouſſés les uns ſur les autres & ſe gèlent de manière à former des maſſes toujours plus épaiſſes, qui accumulées ainſi, finiſſent par former des montagnes de glaces. J'ai vu moi-même dans les mers polaires de ces montagnes de glaces composées de couches régulières placées les unes ſur les autres, & chacune d'elles était presque d'une égale épaisseur. Mais quelques-unes de ces masses avaient une couche de glace tout à fait transparente, & sur celle-là une autre totalement opaque, ce qui me fit conclure, que la glace, avant d'avoir été rompue par les vents & la marée, devait avoir été tout-à-fait couverte de neige; que la mer ayant baigné cette neige l'avait convertie en glace épaisse & opaque; que les vents avaient poussé ces morceaux les uns sur les autres, & qu'il s'était ainsi formé des masses composées de couches alternativement transparentes & opaques. Cependant, il est possible aussi que des masses de neige soient transportées de dessus les hauts promontoires dans la mer qui est gelée au-dessous, & qu'elles forment en ces endroits de grandes montagnes de neige qui humectée & ramollie par les pluies du printemps & les ruisseaux formés par la fonte des neiges, gèlent ainsi en masses solides & compactes. Alors ce sont des montagnes de glaces que les tempêtes & les hautes marées détachent des bords & poussent çà & là dans les mers. Mais qui entreprendra de dire toutes les différentes manières dont la glace se forme? Pour revenir à nos navigateurs, ils s'amarrèrent à un grand glaçon & remplirent leurs tonneaux de l'eau douce qu'ils trouvèrent sur la glace. Le 18 de juillet, ils essuyèrent une violente tempête accompagnée d'éclairs & de tonnerre ; tous ceux qui étaient accoutumés à naviguer dans ces contrées regardèrent cela comme quelque chose de rare & d'extraordinaire. Ellis pense que les aurores boréales dans le nord enflamment & dissipent les vapeurs propres à la formation du tonnerre & des éclairs. Cela peut bien être une des raisons pourquoi ces phénomènes sont rares dans ces régions ; mais il faut observer aussi que dans les lieux où la terre est couverte de neige aussi long-temps qu'elle l'est dans ces contrées, les vapeurs électriques ne peuvent s'en dégager ni s'élever dans l'air. Cependant si ces vapeurs sont en grande quantité comme celles, par exemple, qui sortent des volcans d'Islande & du Groenland oriental, elles occasionneront des tempêtes accompagnées du tonnerre.

Leur glaçon s'étant fendu, ils furent obligés de s'amarrer à un autre jusqu'à ce qu'ils eussent trouvé une meilleur place, & qu'enfin ils pussent reprendre leur voyage.

Le 11 d'août, ils découvrirent une terre à l'ouest du *Welcome*, & vinrent à l'île de Marbre. Là ils firent des observations sur le temps, la direction, la rapidité & la hauteur de la marée. Ils trouvèrent qu'elle venait du nord-est & qu'elle suivait conséquemment la côte ; en outre ils reconnurent qu'ils avaient, dans la pleine & la nouvelle lune, haute marée à quatre heures, & qu'elle s'élevait à la hauteur de dix pieds. Ils allèrent immédiatement prendre leurs quartiers d'hiver au port *Nelſon*, où ils ne trouvèrent que de foibles ſecours auprès des perſonnes attachées à la compagnie de la baie d'Hudſon. Le premier de juillet 1747, ils remirent à la voile pour continuer de remplir l'objet de leur voyage. Ils avaient préparé leur grande chaloupe dans cette intention, ils l'avaient élevée, alongée & y avaient ajouté un pont. Cela étant fait ils la nommèrent la *Réſolution*. Près de l'île de *Knight*, l'aiguille aimantée perdit ſa vertu magnétique; après pluſieurs eſſais, ils trouvèrent qu'il était néceſſaire de tenir la bouſſole dans un lieu chaud, ce qu'ils firent, & la puiſſance magnétique commença à reparaître. Ils virent quelques Eskimaux, l'un deſquels, homme âgé, leur montra la meilleure route pour conduire leur vaiſſeau qui avait déjà touché une fois. Cette attention eſt certainement une preuve de la bonne diſpoſition de ces peuples, lorſqu'ils ſont traités avec douceur & humanité. Les barques qu'ils avaient envoyées en avant, découvrirent un grand & large détroit dont l'extrémité n'avait jamais été examinée, il était nommé par quelques-uns *Bowden's-Inlet*, du nom du ſecond pilote maître du vaiſſeau la *California*, mais d'autres nommèrent ce détroit *Cheſterfield's-*

Inlet. Ils allèrent auſſi dans des bateaux juſqu'à l'extrémité du *Wager-Water*, qui ſe termine dans des rivières & des lacs d'eau douce, ce qui montre clairement qu'on ne doit pas s'attendre à trouver un paſſage dans ce lieu.

Les Eskimaux leur vendirent de la chair fraîche de buffle, (c'eſt probablement la chair du bœuf muſqué de ces contrées, eſpèce de bœuf inconnu à pluſieurs naturaliſtes), & leur fournirent auſſi de la viande ſalée de renne & de ſaumon; ils virent dans cette mer beaucoup de phoques & de baleines blanches. Après avoir fait quelques tentatives très-inutiles pour trouver le paſſage deſiré, ils firent voile pour l'Angleterre. Excepté dans le détroit de *Cheſterfield* & dans un autre détroit ſitué au-delà de l'île de *Knight*, il n'y a plus d'eſpérance de trouver un paſſage dans ces parages, que ces navigateurs ont ſi ſoigneuſement examinés.

XXXVI. Après ce dernier voyage pour faire des découvertes, les recherches d'un paſſage dans le nord furent ſuſpendues pendant long-temps. Les raiſons alléguées par l'amiral *Anſon*, grand navigateur, rendirent attentive la nation Britannique, & lui firent porter ſes regards ſur l'établiſſement des îles Falkland (Malouines) dans la mer du Sud. On envoya en 1764, le commodore *Byron*, depuis amiral, aux îles Falkland, d'où il revint en 1766. Dans cette même année 1766, on envoya les capitaines *Wallis* & *Carteret* faire un autre voyage autour du monde, dont ils furent de retour en 1768. A leur arrivée, le lieutenant *Cook* fut envoyé avec un seul vaisseau accompagné de M. *Banks* (maintenant le chevalier Joseph Banks) & le docteur *Solander*, pour observer à Otaheite le passage de Vénus sur le soleil; & lorsqu'il eut rempli sa commission, il partit de là pour faire des découvertes. Outre plusieurs îles qu'il découvrit dans le voisinage de l'île d'Otaheite, il reconnut aussi que la *Nouvelle-Zélande* consistait en deux îles séparées l'une de l'autre par le *détroit* de *Cook*. Après avoir découvert sur la Nouvelle-Hollande une côte de plus de six cents lieues d'étendue, & avoir fait voile à travers le détroit l'*Endeavour* aux îles Moluques & à Batavia, il revint enfin heureusement en 1771 en Angleterre. Il restait toujours cette grande question à décider, s'il existait dans l'hémisphère méridional quelque grand continent. *Cook* fut encore envoyé pour faire cette importante & très-difficile découverte. Mon fils & moi nous l'accompagnâmes dans ce voyage. Il partit en 1772, & fut le premier qui navigua à l'*est* autour du globe; tous les autres navigateurs au nombre de vingt, ayant commencé ce voyage par l'ouest. Il revint de cette expédition en 1775, couvert d'une gloire immortelle. Mais tandis que nous naviguions autour du pôle auſtral dans des mers couvertes de glaces, ſa Majeſté Britannique voulut bien remplir les deſirs de la ſociété royale, en envoyant deux vaiſſeaux en 1773, pour examiner la mer glaciale près du *Spitzberg*. L'un de ces vaiſſeaux était appelé le *Race-Horſe*, commandé par le capitaine *Conſtantin Jonh Phipps*, aujourd'hui lord *Mulgrave*; le ſecond était le *Carcaſſ*, ſous le commandement du capitaine *Skeffington Lutwidge*. Ils partirent de *Nore* le 4 de juin; le 19, ils étaient au ſoixante-ſixième degré cinquante-quatre minutes latitude nord, & au o degré cinquante-huit minutes longitude oueſt de *Greenwich*, la déclinaiſon de l'aiguille aimantée était de dix-neuf degrés onze minutes à l'oueſt. Le lendemain ils eurent un calme qui dura preſque toute la journée; ils ſondèrent, avec un plomb très-peſant à la profondeur de ſept cents quatre-vingts braſſes, ſans trouver le fond. A cette profondeur le thermomètre de Fahrenheit était à vingt-ſix degrés, & à l'air libre il était à quarante-huit degrés & demi. Le 28 de juin, vers minuit, ils virent une terre à l'eſt. Le 29, ils étaient au ſoixante-dix-ſeptième degré cinquante-neuf minutes, aſſez près de *Black-Point* ſur l'île du *Prince-Charles*, que les Hollandais appellent *Zuydhoek-Van-Het-Voorland*. Ils trouvèrent que la hauteur d'une des montagnes du Spitzberg au ſoixante-dix-huitième degré vingt-deux minutes, était de quatre mille cinq cents neuf pieds. Ils virent ſur une île vis-à-vis le *Waygat* ou *Hinlopen - Straits*, deux rennes, ils en tuèrent une qu'ils trouvèrent fort graſſe; ils y virent un renard d'un gris clair, & un animal un peu plus gros qu'une belette; il avait les oreilles courtes, la queue longue, & la peau marquée de blanc & de noir. Cette île abondait en bécaſſines, les canards y couvaient alors, & un grand nombre d'oyes ſauvages paiſſaient le long des bords. Le milieu de l'île était couvert de mouſſe, de cochléaria, d'oſeille & de quelques renoncules en fleurs.

Bientôt après ils furent aſſiégés par les glaces, cependant ils s'en dégagèrent après avoir été au ſud - oueſt des ſept îles. Ils eſſayèrent d'avancer autant qu'ils purent à l'oueſt, mais la glace était ſi ſerrée qu'elle leur parut comme une muraille impénétrable. Pendant un vent très-fort, ils obſervèrent la température de la mer dans cet état d'agitation, & la trouvèrent conſidérablement plus chaude que celle de l'air; obſervation qui avait déjà été faite par Plutarque. Enfin, conſidérant qu'il était impoſſible, à cauſe des glaces, d'aller plus loin, ils ſe réſolurent à revenir en Angleterre.

XXXVII. Le capitaine *Cook* étant revenu en 1775 de son voyage du sud, sans avoir découvert aucun grand continent, il parut toujours nécessaire de connaître la situation des terres dans la mer entre l'Asie & l'Amérique ; *Cook* fut encore choisi pour cette expédition. On lui donna aussi la *Résolution*, vaisseau à bord duquel il avait fait précédemment le voyage autour du pôle austral, avec la *Découverte*, le commandement duquel fut donné au capitaine *Charles Clerke* qui avait fait le voyage autour du monde, une fois avec *Byron* & deux fois avec *Cook*. Les deux vaisseaux quittèrent la Tamise dans l'année 1776 ; mais *Cook* partit pour son voyage au Cap le 12 de juillet.

Clerke, homme d'un cœur noble & désintéressé, s'était rendu caution pour son frère, le chevalier Jean *Clerke*, lorsqu'il partit sur un vaisseau du roi pour les Indes où il mourut. Les créanciers voulaient avoir recours à Charles *Clerke* pour leur paiement. Quelques personnes de distinction qui lui voulaient du bien lui conseillèrent de se rendre au banc, puisque la somme que Jean *Clerke* devait était très-considérable & beaucoup plus que son frère Charles ne pouvait payer. Un acte de grace qui sortit bientôt après, rendit la liberté à un grand nombre de prisonniers, ainsi qu'à Charles *Clerke* qui l'obtint vers la fin de juillet, & partit de *Plymouth* ſur la *Découverte*, le premier d'août. Il arriva à la baie de la montagne de la Table, où la *Réſolution* était déjà arrivée depuis trois ſemaines. *Cook* examina alors les îles découvertes par les capitaines *Marion* & *Kerguelen*; il alla à la terre de *Diémen*, delà à la *Nouvelle-Zélande*. Ayant perdu l'avantage du vent, il fut obligé, au lieu d'aller droit à Otaheite, de faire voile vers les *îles de l'Amitié*, & dans cette route il découvrit pluſieurs îles qui n'avaient pas encore été vues. Delà il alla à *Otaheite* & aux îles voiſines de la Société, où il laiſſa *Omaï* & paſſa dans la mer du Sud pour reconnaître l'hémiſphère du nord. Il découvrit non loin de l'Equateur une île baſſe & inhabitée, où il vit un grand nombre de tortues; il nomma cette île à cauſe de cela, île des *Tortues*. Enſuite il alla ſous le tropique du cancer dans le voiſinage duquel il découvrit un grouppe d'îles : les habitans le reçurent avec amitié & lui procurèrent de très-bons rafraîchiſſemens pour ſon équipage. Le 7 de mars 1778, au quarante-troiſième degré dix minutes latitude nord, & deux cents trente-cinq degrés cinquante minutes à l'eſt longitude de *Greenwich*, il découvrit le cap *Blanco*, ſur la côte de l'Amérique ſeptentrionale. Le 30, il entra pour réparer ſon vaiſſeau dans un havre qu'il nomma *King-George's-Sound*, détroit du Roi-George, mais qu'on nomme généralement aujourd'hui, *Nootka-Sound*, situé au quarante-neuvième degré trente-huit minutes latitude nord, & au deux cents trente-troisième degré douze minutes est longitude de *Greenwich*. Le capitaine *Cook* après avoir pris de l'eau, des rafraîchissemens & de nouveaux mâts pour son vaisseau, remit à la voile. Le 12 de mai, les deux vaisseaux entrèrent dans un détroit qu'ils nommèrent *Sandwich*, & qui est appelé présentement, détroit du *Prince-William*. Ce détroit situé vers le soixantième degré latitude nord, s'étendait fort loin dans les terres. Plus à l'ouest ils trouvèrent un autre détroit & une rivière considérable qui s'y jete, ils la nommèrent *Turnagain-River*. Comme la côte commençait à s'étendre au sud-ouest ils rencontrèrent plusieurs îles pleines de rochers le long de cette côte, & furent obligés de prendre beaucoup de précautions pour éviter d'échouer. Dans un épais brouillard la *Résolution* fut alarmée d'un grand bruit. On jeta la sonde & l'on mit à l'ancre immédiatement après, ce que fit aussi la *Découverte*. Le brouillard s'étant dissipé quelques heures après, ils se trouvèrent dans un havre profond & tout environnés de rochers entre lesquels ils avaient passé dans l'obscurité, ils le nommèrent baie de la *Providence*; ils reconnurent que ce port était dans l'île d'*Oonalashka*, découverte par les Russes, &

qu'il était ſitué au cinquante-quatrième degré dix-huit minutes latitude nord. Après un court ſéjour, *Cook* continua ſa route le long des côtes d'Amérique, & donna des noms à pluſieurs baies & à des caps, quoique pendant une grande partie de ce trajet, il ne pût s'approcher de la côte à cauſe des bas-fonds qui la bordaient. Les gens de l'équipage pêchèrent des plies (*pleuronectes-hippogloſſus*) & des morues (*gadus-morrhua*) en ſi grande quantité, que non-ſeulement ces poiſſons fournirent aux équipages une nourriture fraîche & agréable, mais encore on en ſala pluſieurs milliers, ce qui ſervit à augmenter leurs proviſions qui commençaient ſenſiblement à diminuer. Enfin, le capitaine *Cook* arriva à la côte d'Aſie, au ſoixante-ſixième degré vingt-huit minutes latitude nord, & cent quatre-vingt-huitième degré trois minutes longitude eſt de *Greenwich*, & s'arrêta ſur cette côte dans un détroit qui ſépare l'Aſie de l'Amérique. Ces détroits ſur la côte d'Aſie ſont habités par les *Tſchucktſchi*, qui vont très-fréquemment à la côte d'Amérique, quoiqu'ils ſoient ſouvent en guerre avec les habitans de ces contrées. Comme les Américains du nord, lorſqu'ils peuplèrent cette partie du monde, traversèrent probablement ces détroits avant les *Tſchuktſchi*, on devrait appeler ces détroits de leur nom. Mais puiſque nous ignorons parfaitement le nom de la tribu qui les traverſa

traversa la première, & que d'ailleurs les Tschuk-tschi sont une nation barbare & sauvage, ce détroit devrait peut-être être appelé du nom de *Semen-Deschnew*, un chef des Cosaques (ou *Kasatschia - Golowa*) qui le premier alla en 1648, de Kolyma, avec deux *kotschi* sibériens (espèce de vaisseau) à la rivière d'*Anadyr* & *Olutora*, & fut conséquemment le premier qui navigua à travers ce détroit; ou bien on pourrait leur donner le nom de *Geodæsist-Gwosdef*, qui en 1730, navigua entre le soixante-cinquième & le soixante-sixième degré, & alla de la côte des *Tschuekischi* à une côte étrangère opposée à celle-ci. Néanmoins il conviendrait encore mieux d'en faire une espèce de monument à la gloire du très-illustre & très-grand navigateur *Veit Bering* en nommant ce détroit, détroit de *Bering*.

Quoique ceci puisse fournir aux mal-intentionnés un prétexte pour les confirmer dans l'idée qu'ils ont de ma prétendue inimitié contre mon ami, l'immortel *Cook*, je ne puis m'empêcher de m'élever contre l'abus qu'il y aurait d'appeler ce détroit de son nom. Ce nom illustre ne sortira jamais de la mémoire des hommes, quand même il n'y aurait pas dans la mer du Sud un détroit qui le portât. *Cook* connaissait parfaitement bien ce qui lui était dû. Il a nommé le détroit qu'il a découvert dans la Nouvelle-Zélande, détroit de *Cook*, parce que c'était le fruit de ses recherches & de sa persévérance. Il n'avait pas coutume de moissonner là où il n'avait point semé, & certainement, s'il eût vécu, il aurait refusé un honneur qu'il savait bien ne pas lui appartenir, mais qui était dû à un homme de mérite son prédécesseur; & il est très-possible qu'il se fût déterminé lui-même à donner à ces détroits le nom de *Bering*. Je me devais à moi-même cette digression. Si quelques personnes disent que le nom de détroit de *Cook* est préférable à celui de détroit de *Bering* que je propose, j'observerai que je me devais la satisfaction d'apporter les raisons de ma conduite dans cette circonstance, & de mettre le public dans le cas de juger qui de nous a raison. Puisque mes ennemis continuent d'assurer avec tant de chaleur, que ce sont mes différens avec le capitaine *Cook* qui me déterminèrent à préférer le nom que je propose pour le détroit dont il est ici question ; je n'ai pas dû passer sous silence cette discussion, que la malignité avec laquelle ils ont tâché de répandre cette fausseté dans le public, ont sur-tout rendue nécessaire quoique je me sois formellement expliqué là-dessus, il y a déjà plusieurs années.

Mais revenons à notre sujet. Au milieu du détroit on trouve trois petites îles. *Cook* rangea la côte de l'Amérique jusqu'au soixante-dixième degré quarante - cinq minutes latitude nord, & cent quatre-vingt-dix-huit degrés longitude est de *Greenwich*; alors il se trouva entièrement environné de glaces, & il ne put ni avancer plus loin vers le nord, ni même continuer sa route le long de la côte, car la glace enfermait presque de tous côtés une pointe de terre basse & déserte, qu'il appela à cause de cela *cap de Glace* (*Ice Cap.*) Après avoir fait route pendant quelques jours le long de cette glace, il revint à la côte d'Asie, qu'il rangea & rentra bientôt après dans le détroit. La mer dans ce détroit n'est pas profonde, ni la terre fort élevée; mais plus au sud la hauteur des terres & la profondeur de la mer augmentent. *Cook* revint à *Oonalashka*, dans la baie de la Providence, que les habitans appellent *Samganaoodha.* Là il s'entretint avec quelques Russes qu'il chargea de lettres pour M. *Stephens*, secrétaire de l'amirauté d'Angleterre, & le chevalier *James Harris*, alors ambassadeur d'Angleterre à la cour de Russie. On pêcha dans ce lieu une grande quantité de saumons, de truites & de plies. Un de ces derniers poissons pesait deux cents cinquante-quatre livres. Ensuite il dirigea vers les îles de *Sandwich*, qu'il avait découvertes précisément avant son arrivée à cette côte. Il examina ces îles pendant six semaines & trouva que leur nombre était de quinze (*a*). Il s'y procura toutes sortes de rafraîchissemens & fut singulièrement bien reçu par les habitans qui lui rendirent des honneurs presque divins. Après qu'il eut pris des rafraîchissemens, il repartit au commencement de février; mais le mât d'avant de la *Résolution* s'étant cassé, il retourna à l'île d'*Owhyhee*. La réception que lui firent alors les habitans fut tout-à-fait différente de celle qu'ils lui avaient faite précédemment. Enfin, on vola le cutter de la *Découverte*, dont il était difficile de se passer dans un voyage comme celui-là. Le capitaine *Cook* alla trouver le roi *Terreeoboo* pour l'engager à venir sur son bord, se proposant de l'y retenir jusqu'à ce que le cutter fût rendu. Mais le roi avait de l'éloignement pour cette démarche. Pendant ce temps-là un des chefs de ce peuple reçut un coup de fusil de quelqu'un des gens de l'équipage qui avaient été envoyés dans les autres barques; ces sauvages commencèrent à lancer des pierres au capitaine *Cook* qui voulant venger cet outrage, tua un

(*a*) Cependant le capitaine *Cook* lui-même laisse ce nombre indéterminé. Le lecteur s'apperçoit aisément que ce récit du troisième voyage de *Cook* fut écrit avant la publication de la relation écrite par lui-même & par le capitaine *King*.

des aggresseurs. Il vit alors le danger où il se trouvait, & se hâta de revenir vers les chaloupes, mais un des chefs le frappa par derrière entre les deux épaules avec un large poignard, dont le capitaine *Cook* lui-même lui avait fait présent. *Cook* avait cependant encore assez de force pour marcher vers le rivage, mais il fut renversé à terre à coups de pierres & d'assomoirs, & fut tué. Ainsi périt cet illustre navigateur, si justement admiré.

Si nous considérons sa capacité naturelle & ce que l'étude y avait ajouté, sa fermeté & la constance de son courage, ses soins vraiment paternels pour l'équipage qu'on lui avait confié, la manière avec laquelle il sut gagner l'amitié de toutes les nations grossières & sauvages, & sa conduite même avec ses amis & ses connaissances; nous avouerons sans difficulté, qu'il doit être mis au nombre des plus grands hommes de son siècle, ce qui justifie les larmes que l'amitié répand sur sa tombe. Il n'était pas exempt de défauts; mais ils étaient bien surpassés pas ses grandes qualités. Il est bien malheureux qu'il n'ait pas eu avec lui dans son dernier voyage, un ami qui par sa sagesse & par sa prudence, aurait pu le contenir & l'empêcher de donner l'essor à ses passions qui lui devinrent si nuisibles & causèrent sa perte.

Le capitaine *Clerke* devint alors le premier capitaine, & le lieutenant *Gore* le second. Leur premier soin fut de pourvoir à la sûreté de ceux de leurs gens qui se trouvaient à l'observatoire, ainsi que de ceux qui étaient occupés à réparer le mât & à remplir d'eau les tonneaux. Une grêle de pierres & d'autres actes de violence les empêchèrent de prendre de l'eau ; mais ils vengèrent sur ces peuples la mort de leur illustre capitaine & les outrages qu'ils en avaient reçus. S'étant pourvus ensuite dans les autres îles de ce qui leur était nécessaire & sur-tout de provisions fraîches, ils firent route pendant quelque temps à l'ouest, ensuite droit au *Kamtschatka* où ils entrèrent dans le port d'*Awatska*, ou Saint-Pierre & Saint-Paul, le 30 d'avril; la Résolution y était arrivée quelques jours auparavant. Ils prirent là des provisions & des rafraîchissemens de toute espèce, & remirent à la voile le 12 de juin, mais ils ne purent sortir de la baie à cause des vents contraires. Le 15, il furent surpris par l'éruption d'un volcan, qui remplit l'atmosphère de cendres & en couvrit le pont de leur vaisseau d'un pouce d'épaisseur, quoiqu'ils fussent à huit lieues à l'ouest-sud-ouest de ce volcan, ils entendirent un bruit terrible, & reçurent une grêle de pierres-ponces de la grosseur d'une noisette. Le soir du même jour, ils eurent du tonnerre & des éclairs. Le lendemain ils continuèrent leur voyage. Il s'éloignèrent peu du rivage pendant leur route, & ils virent fréquemment du bois flottant & des baleines. Il repassèrent par le détroit de *Bering*, & se trouvèrent dans les glaces sur la côte de l'Amérique, au-delà du soixante-dixième degré ; cette glace était très-solide & s'étendait comme une vaste plaine sur cette mer peu profonde, & qui n'a guère que vingt-cinq à vingt-sept brasses de fond. Ils virent encore un grand nombre de morses, ils en tuèrent quelques-uns. Ils virent du côté de l'est plusieurs ours blancs courir sur les glaces. Ils observèrent aussi quelques albatrosses & la *mouette blanche* (*larus-eburneus*) que le capitaine *Phipps* avait aussi observée près du *Spitzberg*, ainsi que la bécassine grise (*tringa lobata*). Alors ils allèrent à la côte d'Asie, & en suivirent le cours jusqu'au détroit. Ils virent les îles situées dans ce détroit, & le temps s'étant éclairci, ils découvrirent les rivages des deux continens qui ne sont séparés l'un de l'autre en cet endroit que de vingt-huit lieues. Leurs vaisseaux étaient en très-mauvais état, & plusieurs personnes de l'équipage étant tombées malades, on prit la résolution de retourner dans le port de Saint-Pierre & de Saint-Paul au *Kamtschatka*. Ce fut à la vue de ce port que mourut le capitaine *Clerke*, dans la trente-huitième année de ſon âge. C'était un homme d'une grande capacité. Il avait été élevé dans l'académie de la marine à *Portsmouth*. Il avait été pilotin. Dans la guerre de 1756, dans un combat il était placé ſur le mât de miſaine, le mât fut renverſé, *Clerke* tomba dans la mer; tous les matelots qui étaient avec lui furent noyés, lui ſeul échappa de ce danger & ſe ſauva en s'attachant aux cordages du vaiſſeau. Il fit ſon premier voyage autour du monde avec le commodore *Byron*, depuis l'année 1764 juſqu'en 1766; le ſecond avec le lieutenant *Cook*, en qualité de contre-maître, dans les années 1768 à 1771. Dans ſon troiſième voyage il partit comme ſecond lieutenant avec *Cook*, le voyage dura depuis l'année 1772 juſqu'en 1775. Ce fut en qualité de capitaine qu'il fit ſon dernier voyage. Il calcula pendant ſon ſecond voyage des tables d'éphémérides pour deux ans. C'était un officier intrépide & conſommé dans la ſcience navale; il était d'un caractère plein de feu qui approchait un peu de la légèreté, mais il était mêlé de bonté & de beaucoup de grandeur d'ame. Les écarts de ſa jeuneſſe l'avaient énervé à un tel degré, qu'il ſuccomba dans ces froides régions, aux attaques réitérées des maladies & de l'intempérie du climat. M. *Gore* prit alors le commandement de la *Réſolution*, & plaça M. *King*, comme capitaine à bord de la *Découverte*. Ils prirent ſoin des malades à terre, réparèrent leurs vaiſſeaux, & après s'être bien rétablis, ils remirent à la voile le 9 d'octobre 1779, &, ſuivant le cours de la côte, ils paſsèrent par les îles *Kuriles*, & apperçurent le Japon; après cela ils paſsèrent au travers d'une grande quantité de pierres-ponces, enſuite entre le vingt-cinquième degré cinquante-ſix minutes & le vingt-troiſième degré cinquante-ſix minutes, ils virent un volcan qui, ſelon toute apparence, avait vomi ces pierres-ponces. Le premier de décembre, ils arrivèrent à Macao, où ils ſe procurèrent des rafraîchiſſemens & des proviſions, & partirent delà le 13 janvier 1780. Le 12 d'avril, ils étaient à la baie de *Simon* au cap de Bonne-Eſpérance. Le 12 de mai, ils reprirent leur voyage & arrivèrent le 22 d'août aux *Orcades*; enfin, le 4 d'octobre, ils ſe trouvèrent à *Nore*, après une abſence de quatre ans, deux mois & vingt-deux jours.

XXXVIII. Pendant ce voyage entrepris pour la découverte d'un paſſage au Nord entre l'Aſie & l'Amérique, l'amirauté envoya le lieutenant *Richard Pickerſgill*, ſur le brigantin le *Lion*, au détroit de Davis, dans le deſſein de voir s'il était poſſible d'y découvrir un paſſage. Mais l'amirauté commit plus d'une faute, en cette occaſion, dans les meſures qu'elle prit. Le lieutenant *Pickerſgill* avait fait un voyage autour du monde en qualité de pilotin, ſous le capitaine *Wallis*, depuis les années 1766 juſqu'en 1768; enſuite il avait été deux fois autour du monde avec *Cook*, depuis l'année 1769 juſqu'en 1771, & de 1771 à 1775, la première fois comme contre-maître, & la ſeconde en qualité de lieutenant. Il était fort inſtruit dans ſon état, & était capable, comme *Cook*, *Clerke* & beaucoup d'autres officiers de la marine Anglaiſe, de faire des obſervations aſtronomiques, il ſavait en outre lever les cartes avec beaucoup d'exactitude. Mais dans deux ou trois occaſions, lorſque *Cook* emporté par la colère avait traité très-durement les lieutenans & les autres officiers, il lui était arrivé de s'expliquer librement ſur un traitement auſſi peu convenable. Ceci & le penchant trop vif que Pickerſgill avait pour les liqueurs fortes, ſemblaient être des raiſons pour qu'il ne fût pas élevé, comme les deux premiers lieutenans, au grade de capitaine du troiſième rang ou de *maître* & *commandant*. Le caractère aigre de *Pickerſgill* le rendait moins zélé & moins attentif au ſervice, & l'engageait plus ſouvent que jamais à noyer ſon chagrin dans le vin.

Le vaiſſeau confié à ſes ſoins, avait déjà été employé par l'amirauté pendant quelques années pour examiner les côtes de Terre-Neuve & de Labrador; cette expédition avait été confiée à Michel

Lane, lorsque *Cook*, qui avait toujours été employé à reconnaître les côtes de Terre-Neuve & à lever la carte qui les devait représenter, fut envoyé dans la mer du Sud. Ce *Lane* avait eu conséquemment, le commandement en chef du *Lion*, pendant plusieurs années, & devenait alors simple maître du même vaisseau & subordonné au lieutenant *Pickersgill*. C'était bien fait pour blesser l'amour-propre de *Lane*. Deux hommes aussi chagrins & aussi mécontens devaient nécessairement être à charge l'un à l'autre, mais le caractère ouvert & franc de l'officier supérieur donnait plus de prise à *Lane* qui était très-mécontent, & d'ailleurs plus circonspect & plus dissimulé que le nouveau capitaine. Il était donc impossible qu'il ne s'élevât pas de fréquentes dissentions entr'eux. *Pickersgill* fit sentir à l'autre qu'il était son supérieur. *Lane* se soumit en silence, mais il recueillit une multitude de petites observations qui donnèrent, lorsqu'il fit ses plaintes, beaucoup de désagrément à *Pickersgill*, car l'année d'après le commandement lui fut ôté & donné à *Lane*. Enfin, *Pickersgill* fut entièrement négligé par l'amirauté, en conséquence de quoi il accepta le commandement d'un vaisseau d'armateur, & une fois, en allant à bord de son vaisseau, pendant la nuit, le pied lui glissa, il tomba dans la Tamise & fut noyé.

Le 10 de juin 1776, *Pickersgill* passa près des *Sorlingues*. Le 29 avec trois cents vingt & deux cents quatre-vingt-dix brasses de sonde, il trouva un fond de sable au cinquante-sixième degré trente-huit minutes latitude nord, & au dix-septième degré quarante-quatre minutes à l'ouest de *Greenwich*; ce qui l'engagea à nommer cette terre le banc du *Lion*, & sur-tout parce qu'il y trouva, ce qu'il est fort ordinaire de trouver sur tous les bancs de la mer, une grande quantité d'oiseaux de mer, comme des *goëlands*, des plongeons, &c. &c. Bientôt après, il ne trouva plus de fond & ne vit plus d'oiseaux. Le 7 de juillet, il était à la hauteur du cap *Farewell*, & le 12, à la vue du cap de la *Désolation*. Alors il rangea la côte du *Groenland*. Le 17, il entra dans une passe qu'il nomma *Muskito-Cove*, située au soixante-quatrième degré cinquante-sept minutes latitude nord, & cinquante-deuxième degré cinquante-six minutes & demie longitude ouest de *Greenwich*. Au cinquante-neuvième degré trente minutes longitude ouest, & soixante-cinquième degré trente-huit minutes latitude nord, il se trouva près d'une vaste plaine de glace, derrière laquelle il vit quelque chose qui avait l'apparence d'une terre. Le 4 d'août à minuit, il était par le soixante-huitième degré quatorze minutes latitude nord, & le cinquante-huitième degré cinquante minutes longitude oueſt, il vit une très-grande quantité de glace qui le fit tourner au ſud. Le 18, il vit une terre qui lui parut comme des îles vers le ſoixante-cinquième degré trois minutes latitude nord, & le cinquante-quatrième degré deux minutes latitude oueſt, il prit beaucoup de *plies*. Enſuite il alla ſur la côte de *Labrador*, d'où il partit le 26 ſeptembre, & arriva enfin, ſans accident, en Angleterre.

XXXIX. *Pickerſgill* ayant perdu, par ſes différens avec *Lane*, le commandement du *Lion*, lord *Sandwich* le donna à ce dernier (*a*), qui partit pour le même objet & revint ſans avoir découvert, autant que j'ai pu l'apprendre, aucun paſſage, ni rien de ſemblable (*b*). L'hiſtoire de ces voyages étant ſur le point d'être publiée, ſous l'inſpection du conſeil de l'amirauté, nous y trouverons probablement des connaiſſances particulières concernant l'expédition de *Pickerſgill* & de *Lane*. L'objet du gouvernement était que ces deux expéditions puſſent s'aider mutuellement &

(*a*) Nous ſavons, d'après une meilleure autorité, qu'il fut donné au capitaine *Young*. Voyez l'Introduction au dernier voyage de Cook.

(*b*) C'eſt encore une erreur; car nous ſavons certainement que *Pickerſgill* ne fut pas envoyé pour la découverte d'un paſſage, mais ſeulement pour examiner les côtes de la baie de Baffin. *Ibid.*

coopérer à la découverte d'un paſſage, s'il était poſſible.

Quoique les Anglais ayent dépenſé des ſommes immenſes depuis deux cents ans pour trouver le paſſage en queſtion, ils n'ont cependant pas été heureux dans leurs entrepriſes. S'ils y réuſſiſſaient, la nation Anglaiſe tirerait de cette découverte des avantages infinis; & elle pourrait étendre ſon commerce beaucoup plus que celui d'aucun autre peuple de l'Europe, pourvu qu'il lui fût poſſible de le conſerver pour elle ſeule.

CHAPITRE II.

Découvertes faites dans le Nord par les Hollandais.

LA cruelle tyrannie que Philippe II, roi d'Eſpagne, exerçait ſur la religion & la liberté civile de ſes ſujets des Pays-Bas, ne laiſſait à ces peuples opprimés que le choix de la mort ou de l'eſclavage. Cette ſituation leur inſpira la réſolution de défendre de tout leur pouvoir leurs droits & leur liberté, droits qui étaient ceux de l'humanité entière. Ils virent auſſi que le plus ſûr moyen de réſiſter à la puiſſance de l'Eſpagne, qui était alors grande & formidable, & de ſe procurer en même temps la force nécessaire pour faire une vigoureuse résistance, était de découvrir une route aux Indes, contrée où ils pourraient, non-seulement attaquer leurs ennemis, mais encore s'enrichir. La route ordinaire aux Indes par le cap de Bonne-Espérance leur paraissait d'abord trop longue, & d'un autre côté, les Espagnols & les Portugais soumis alors au même maître, étaient en possession de tous les ports où l'on pouvait trouver de l'eau & des provisions, ainsi que des ports pour relâcher en cas de besoin. Conséquemment il n'y avait pas de meilleur moyen pour aller aux Indes Orientales, selon l'opinion de ces temps-là, que de découvrir une nouvelle route qui y conduisît. Les Anglais ayant déjà fait quelques tentatives depuis l'année 1553, pour trouver un passage par le Nord, à la Chine & aux Indes, il était naturel que les Hollandais animés alors de zèle, d'activité & de courage, pensassent dès ce temps-là, à chercher aussi ce passage. De sorte que l'intérêt & le trop puissant motif de la vengeance furent les principales causes qui engagèrent des marchands des Provinces-Unies à entreprendre des voyages au Nord, & quoiqu'aucun de ces voyages n'ait eu de succès, puisque les Hollandais allèrent bientôt après aux Indes par le cap de Bonne-Espérance, & qu'ils en tirèrent des avantages qui surpassèrent de beaucoup leur attente, on ne peut nier que ce peuple n'ait contribué, après les Anglais, plus que les autres nations de l'Europe, aux connaissances que nous avons acquises sur les contrées du Nord, & sur les peuples qui les habitent.

I. *Balthazar Moucheron*, marchand de Middelbourg en Zélande, proposa de tenter d'aller à la Chine & au Japon par le Nord. Dès l'année 1593, quelques marchands s'associèrent pour équiper un vaisseau de la Zélande, quelques autres marchands d'*Enkhuysen* & d'*Amsterdam* se joignirent à ceux-là, & tous ensemble avec le secours de leurs hautes-puissances les États-généraux, & de Maurice prince d'Orange & de Nassau, grand-amiral, ils équipèrent trois vaisseaux. Le vaisseau de la Zélande était appelé le *Cigne*, celui d'Enkhuysen, le *Mercure*, & celui d'Amsterdam, le *Boot* ou le *Messager*. Le commandement du premier fut donné à *Cornelis-Cornelisson Nay*, qui fut aussi désigné amiral de cette expédition; *Brand-Ysbrands* ou *Tetgales*, fut capitaine du vaisseau d'Enkuysen, & *Wilhelm Barentz*, de *Schelling*, fut capitaine de celui d'Amsterdam. On parle de ce dernier comme d'un homme d'un très-bon jugement & fort actif, & qui avait une connaissance parfaite de la navigation. *Gerard* (Gerrit) de *Veere*, écrivit l'histoire des voyages de Barentz; & Jean *Hugh van Linschoten* donna la relation

relation des voyages des vaiſſeaux de Zélande & d'Enkhuyſen. *Barentz* avait avec lui, outre ſon propre vaiſſeau, un *yacht* de pêcheur de *Schelling*, en cas qu'il ſe ſéparât des autres vaiſſeaux. Le 5 de juin 1594, ces vaiſſeaux, excepté celui d'Amſterdam, partirent enſemble. Le 23 du même mois, ils arrivèrent à Kilduyn en Fimmark, ou Laponie Ruſſe. Le 29, Barentz avait remis à la voile, & il était convenu qu'ils ſe rencontreraient à Kilduyn, au cas qu'ils ne ſe viſſent pas près de *Waigatz*. Il y a une bonne pêcherie de morue à *Kilduyn*. Les autres vaiſſeaux mirent à la voile le 2 de juillet. Le 4, ils étaient à vingt-ſix lieues de Kolgoy, où ils virent une grande quantité de glace & de phoques. Dans toutes les parties de cette mer, ils avaient le fond à cinquante, ſoixante & ſoixante-cinq braſſes. Le 14 de juillet, ils chaſſèrent une jeune baleine juſqu'à ce qu'ils l'euſſent fait échouer ſur le rivage. Cet animal avait trente-quatre pieds de long & ſa queue huit pieds de large. Le temps était auſſi chaud qu'il l'eſt ordinairement en Hollande dans la canicule. Les gens de l'équipage étaient fort tourmentés des couſins. De *Swætoinoſs* à la *Petſchora* l'eau de la mer eſt chargée, trouble & très-peu ſalée, à cauſe de la grande quantité de neige fondue qu'elle contient. Ils rencontrèrent beaucoup de bois flottant. Ils trouvèrent ſur la côte de l'île de *Waijats* de grands monceaux de bois, & de grands arbres, quelques-uns avec leurs racines; ces arbres étaient couchés les uns ſur les autres, comme s'ils avaient été entaſſés à deſſein. Ils conclurent de ce qu'ils ne voyaient point de forêt ſur cette côte, que ces bois venaient du continent. Ils obſervèrent que cette contrée était couverte d'une belle verdure émaillée de toutes ſortes de fleurs & qu'il s'y trouvait une grande quantité de plantes & ſur-tout de porreaux. Le temps était chaud & les couſins fort incommodes. Les vaiſſeaux avaient paſſé entre l'île de Waijats & l'île du Sud, & nos navigateurs cherchaient alors un paſſage au ſud de l'île. Ils trouvèrent une terre qu'ils prirent pour une île, ils y virent plus de trois ou quatre cents idoles, quelques-unes mâles & d'autres femelles; d'autres repréſentaient des enfans; enfin, il y en avait à quatre & à huit faces, mâles & femelles. Toutes ces idoles avaient le viſage tourné vers l'orient, & il ſe trouvait à leurs pieds une grande quantité de bois de rennes. Quelques-unes de ces figures étaient vieilles & toutes briſées, d'autres étaient nouvellement ſculptées. Il me paraît probable que les Samojedes qui ont coutume d'errer dans ces contrées, avaient ſculpté ces images en mémoire de leurs parens, de leurs femmes & de leurs enfans, & point du tout dans l'intention de les adorer comme des idoles. Les nations que nous avons vues dans la mer du Sud, avaient, sur les tombeaux de leurs princes, la même espèce d'images sculptées des deux sexes, pour conserver leur mémoire; ces peuples avaient aussi coutume de leur offrir des alimens. Ils nommaient ces figures *Tihhi* ou *Ames*. Les Hollandais, croyant que ces figures étaient des idoles, nommèrent le promontoire sur lequel ils les avaient trouvées, *Afgoden-Hoek* ou le *Cap des Idoles*. Mais les Russes ne paraissent pas avoir considéré si sérieusement ces figures, car le nom de *Waijati-Noss*, Promontoire des Images ou Promontoire sculpté, montre clairement qu'ils ne les prenaient pas pour des idoles. Du reste, une période de plus de deux cents vingt-huit ans s'étant écoulée depuis que les Russes virent les premiers ces images (en 1556) & qu'ils donnèrent ce nom au promontoire, il peut s'être fait de grandes altérations dans les coutumes de ces peuples. Ils ont aujourd'hui un Dieu suprême & bon, & un Dieu subalterne & méchant. Les *Koedesnicks* ou *Tadebes*, espèce de prêtres ou favoris du mauvais esprit, leur conseillent de porter avec eux une certaine espèce de petites idoles, dont cependant ils font peu de cas. Peut-être que les Russes qui les premiers ont découvert les Samojedes, auront montré leur répugnance pour ces prétendues idoles, & qu'ils l'auront même exprimée d'une manière un peu énergique, car il arrive quelquefois que le zèle pour la religion éclate en menaces & même en violences; delà les *Koefdesniks* les auront engagés à n'avoir plus d'aussi grandes images pour éviter d'offenser les Russes, & qu'ils leur auront conseillé d'en avoir de plus petites qu'ils pourraient porter avec eux; que de cette manière les Russes ne les verraient pas & qu'ils ne séviraient pas contr'eux. Du reste il est certain que lorsque *Burrough* visita la *Nouvelle-Zemble* en 1556, il apprit le nom de *Waijat* ou *Waigatz*, de *Laschak*, qui était né en Russie; conséquemment les Hollandais ne furent pas les premiers qui (*a*) découvrirent ce détroit ni le promontoire. La glace donna beaucoup de peine aux Hollandais. Ils prirent terre sur le bord méridional du détroit où ils furent sur le point d'être détruits par quelques sauvages. Ensuite ils conversèrent encore avec d'autres Samojédes qui cepen-

(*a*) Le vrai *détroit de Waigat*, aussi nommé *Hinlopen*, est près du Spitzberg, & situé entre le vrai *Spitzberg* & la partie orientale de cette même contrée (qui est aussi appelée *New Friesland* & *Sudosterland*) & l'île appelée *Nordosterland*. Ce nom a été donné en effet au détroit près du *Spitzberg* à cause de la violence avec laquelle le vent du sud y souffle. Car *Waalen* signifie souffler avec force, & *Gat* veut dire détroit, ouverture.

dant entendaient la langue ruſſe. L'eau de la mer au-delà du détroit avait la même couleur & le même goût que celle de l'Océan. Ils naviguèrent le long de la côte de la *Nouvelle-Zemble*, & ne virent ni havres, ni paſſes. La grande quantité de glace les obligea à revenir ſur leurs pas. Mais lorſqu'elle fut un peu diſperſée, ils reprirent leur route, & lorſqu'ils furent à la diſtance de quarante lieues de Waigatz, ils trouvèrent une mer bleue & profonde & peu de glace; ils virent auſſi la côte au-delà d'un certain point qui s'étendait plus au ſud-eſt, & conſéquemment vers la Chine. Ayant fait cette découverte, ils ſe hâtèrent de retourner en Hollande pour être les premiers à porter cette bonne nouvelle. Ils traversèrent encore le détroit de *Waigatz*, auquel ils donnèrent le nom de détroit de Naſſau; & l'île qui eſt préciſément devant Waigatz, ils la nommèrent *île des Etats*. Ils appelèrent *Dolgoi-Oſtrof*, *Mauritius*, ils donnèrent le nom d'île d'Orange à une petite île près d'Olgoi-Oſtrof, & appelèrent le continent *New-Walcheren*. Ils traversèrent alors le golfe qui conduit à la mer Blanche,

---

Conſéquemment on pourrait le traduire *Windhole*, paſſage du vent, mais le mot ruſſe *Waijat* a une autre origine. Voyez la note, *pag.* 27.

paſsèrent par *Kilduyn* & entrèrent dans le *Wardhuys*, delà ils revinrent enfin en Hollande; l'amiral prit le chemin de la Zélande, les autres capitaines entrèrent dans le *Texel* & arrivèrent le 26 ſeptembre à Enkhuyſen.

Barentz qui avait pris une route toute différente arriva à la côte de la *Nouvelle-Zemble* le 4 de juillet, près d'une pointe de terre à laquelle il donna le nom de *Langeneſs*, ſituée quelque part à l'oueſt de cette maſſe d'eau qui diviſe l'île de la *Nouvelle-Zemble.* Il rangea la côte & nomma une baie qu'il y rencontra, la baie de *Loms*, parce qu'il y vit une grande quantité d'oiſeaux de ce nom. Ces oiſeaux ont le corps fort grand & les aîles très-petites, ils bâtiſſent leurs nids ſur les montagnes les plus eſcarpées pour ſe mettre en sûreté contre les animaux Ils ne pondent qu'un œuf qu'on pourrait leur enlever ſans qu'ils s'envolaſſent. Ces voyageurs vinrent enſuite à une île qu'ils nommèrent île de l'*Amirauté.* Au ſoixante-quinzième degré vingt minutes latitude nord, ils trouvèrent un promontoire qu'ils appelèrent *Zwartenhoek* (Pointe-Noire), & au ſoixante-quinzième degré cinquante-cinq minutes, ils virent l'île de *William*, ils y trouvèrent une grande quantité de bois flottant & de morſes. Ils nommèrent *Berenfort* un havre au-delà de l'île de William, où ils avaient tué un ours blanc. Il trouvèrent dans une île deux grandes croix, ce qui leur fit donner à cette île le nom d'*île de la Croix*. Ils nommèrent une pointe de terre au soixante-seizième degré trente minutes, *Cap Nassau*. Delà ils allèrent à *Troosthoek* & à *Yshoek* (*Pointe de glace*) & aux îles d'Orange. Ils revinrent ensuite sur leurs pas, & repassèrent par tous ces lieux que nous venons de nommer, & arrivèrent à une île située au-delà de *Langeness*, au sud-ouest, à laquelle ils donnèrent le nom d'Ile-Noire à cause de sa couleur. Ensuite Barentz entra dans une *passe* qu'il supposa être le même lieu où *Olivier Bennel* avait relâché précédemment, & auquel il avait donné le nom de *Constant-Search* (*Constante-Recherche*) (*a*). Sur un promontoire un peu plus loin, il vit une croix, ce qui lui fit donner, à ce promontoire, le nom de *Cruyshoek* (*Pointe de la Croix*). Ensuite il entra dans la *passe Saint-Laurenz-Hoek*, & en vit une autre

(*a*) Il est très-évident que les navigateurs, qui avaient été dans la Nouvelle-Zemble avant Barentz, étaient Anglais; car le nom d'Olivier Bennel est entièrement anglais, & le nom de la passe que Barentz appelle *Constint-Sarch*, ne peut être pris pour un autre que *Constant-Search*. Mais on ne peut aisément déterminer, dans lequel des voyages connus faits par les Anglais dans ces lieux, cet endroit a été nommée ainsi, ou si *Olivier Bennel* aura entrepris un trois milles plus loin nommée Schanshoek. En s'avançant toujours plus loin, il découvrit un havre beau & sûr, sur les bords duquel il trouva de la farine; il le nomma, pour cela, *Meelhaven*; enfin, il vit deux petites îles auxquelles il donna le nom d'*îles de Sainte-Claire*. Arrivé aux îles *Matseoi* & *Dolgoy*, il rencontra les vaisseaux de la Zélande & d'*Enkhuysen* qui étaient précisément revenus de *Waigatz*. Les équipages de ces vaisseaux croyaient que Barentz avait fait le tour de la *Nouvelle-Zemble*. Après s'être félicités mutuellement de leur heureuse rencontre, ils prirent tous ensemble le chemin de la Hollande.

II. En 1595, sept vaisseaux furent équipés, deux à Amsterdam, deux en *Zélande*, autant à *Enkhuysen* & un à Rotterdam; le 2 de juillet, ils partirent des Dunes; le 17 d'août, ils trouvèrent des glaces en grandes masses. Le 18, ils virent l'île Mauritius (ou *Dolgoi-Ostrof*.) Le 19, ils étaient vis-à-vis du détroit de *Waigatz*, mais ils se trouvèrent bloqués par les glaces. Ils attendirent dans quelques passes & devant le détroit; mais la glace continua long-temps, & le

---

voyage dans le dessein de faire des découvertes, ou enfin, s'il aura été jeté sur cette côte en allant ailleurs. Nous n'avons rien de positif là-dessus.

2 & le 3 de ſeptembre, étant arrivés à l'île des Etats, ils furent obligés, à cauſe des glaces & des brouillards, de ſe mettre en ſtation derrière l'île. Ils tinrent un conſeil général dans lequel il fut réſolu qu'ils feraient encore un nouvel effort pour avancer. Il gelait toutes les nuits, & la glace avait un pouce d'épaiſſeur. Ils tuèrent deux liévres ſur cette île, mais un ours blanc qu'ils apperçurent, leur échappa. La marée venait de l'eſt, ce qui leur fit croire qu'il y avait une grande mer de ce côté. Ils trouvèrent ſur l'île des Etats, de petits criſtaux tranſparens; dans la recherche de ces minéraux deux de leurs gens furent dévorés par un ours blanc. Ils furent obligés à cauſe des glaces, d'avancer dans les détroits juſqu'à *Twiſthoek*. Le 11, ils réſolurent de faire une nouvelle tentative; mais bientôt ils ſe trouvèrent forcés de retourner en arrière à cauſe des glaces qui obſtruaient leur route. Le 15, ils ſe déterminèrent dans un conſeil général de revenir, puiſqu'il était impoſſible de naviguer au travers du détroit à cauſe de la grande quantité de glace dont il était rempli. Après avoir beaucoup ſouffert des mauvais temps & des tempêtes, ils ſe trouvèrent le 10 d'octobre au ſud-oueſt de *Waardhuys*. Ce ne fut que très-rarement qu'ils apperçurent la lune. La lumière des étoiles compenſait preſque l'abſence du ſoleil. Outre cela, les aurores boréales

contribuèrent beaucoup à les éclairer. Enfin ils arrivèrent le 26 octobre dans leur patrie.

III. Quoique les états généraux eussent refusé d'avancer l'argent nécessaire pour entreprendre un autre voyage, cela n'empêcha pas la ville d'Amsterdam d'équiper deux vaisseaux en 1596. Le commandement en chef de ces vaisseaux fut donné à Jacob *van Heemskerk*, & la place de premier pilote à *William Barentz*. *Jean Cornelis Ryp* fut maître du second vaisseau & en même temps *supercargue* des marchandises qui étaient à bord de ce bâtiment. Le 18 de mai, ils sortirent du *Vlie*, & le 22, ils virent les îles de Schetland & *Fayer-hill*. Le 2 de juin, ils virent deux parélies au soixante-onzième degré latitude nord; il s'éleva alors une dispute entre *Barentz* & *Ryp* sur la route que les vaisseaux devaient tenir. Le premier pensait qu'il fallait faire voile plus à l'est; mais Ryp assurait qu'ils étaient dans la bonne route; car il avait toujours fait voile à l'opposite du détroit de Waigatz. Ils virent le 5 de la glace pour la première fois, & passèrent heureusement au travers. Le 9, ils virent une île par le soixante quatorzième degré trente minutes, qui pouvait avoir, selon leur conjecture, environ quinze milles de longueur. Ils y trouvèrent un grand nombre de goilands dont ils emportèrent les œufs. Ils montèrent sur une haute montagne de neige du haut de laquelle ils se laissèrent bientôt glisser en bas. Ils virent un ours blanc qu'ils furent deux heures à tuer. La peau de cet animal était de douze pieds de long, quelques personnes de l'équipage mangèrent de la chair de cet ours, mais ils la trouvèrent d'un goût désagréable. Il appelèrent ce lieu île de l'*Ours*. Le 17 & le 18, ils virent une grande quantité de glace, qu'ils côtoyèrent, jusqu'à ce qu'ils fussent arrivés à une pointe de terre située au sud de ces glaces. Ils apperçurent encore la terre le 19, & trouvèrent qu'ils étaient par le quatre-vingtième degré onze minutes. Cette terre était fort étendue. Ils naviguèrent le long de la côte ouest jusqu'au soixante-dix-neuvième degré trente minutes, où ils trouvèrent une bonne rade, mais la glace les empêcha d'en approcher. Ils mouillèrent cependant dans une baie qui s'étendait du nord au sud, dans la mer. Ils tuèrent encore là un grand ours blanc de treize pieds de long. Ils trouvèrent sur une île un grand nombre d'oyes (*anas-bernicla*), ils en tuèrent une à coup de pierres; ils trouvèrent plus de soixante œufs. Ils observèrent sur cette île, au quatre-vingtième degré latitude nord, des graminées & du trèfle en végétation, ainsi que des rennes qui paissaient. Tous les animaux de la *Nouvelle-Zemble*, qui est située bien plus au sud, sont, au contraire, d'espèces carnivores, parce qu'il n'y croît point d'herbe. La déclinaiſon de l'aiguille aimantée était en cet endroit, de ſeize degrés. Ils côtoyèrent cette terre juſqu'au ſoixante-dix-neuvième degré, & découvrirent une large paſſe de trente milles de long au moins, mais ils furent obligés de ſe détourner. Le 28, ils arrivèrent à une pointe de terre ſituée ſur la côte à l'oueſt, où ils trouvèrent un ſi grand nombre d'oiſeaux qu'ils volaient juſques dans leurs voiles & ſur leurs mâts. Ils revirent le premier de juillet, l'île de l'*Ours*. *Jean Cornelis Ryp* vint à bord de leur vaiſſeau & leur dit qu'il avait intention de faire voile le long de la côte *eſt* de cette terre, vers le quatre-vingtième degré. *Barentz*, au contraire, alla vers le ſud à cauſe de la glace. Le 17 de juillet, ils découvrirent la *Nouvelle-Zemble*, non loin du rivage de *Loms-Bay*. Le 20, ils deſcendirent ſur Croſs-Iſland (l'île de la Croix), ils y virent deux croix qu'ils voulurent examiner, mais y étant allés ſans armes, leur curioſité penſa leur coûter la vie; car deux ours coururent ſur eux, & ce ne fut qu'avec les plus grandes difficultés qu'ils échappèrent à ces animaux voraces. Le 17 d'août, ils étaient près de *Trooshoek* autour duquel il y avait une grande quantité de glace. Le 19, ils doublèrent le cap *Deſiré*, où ils virent diſtinctement la terre qui s'étendait au ſud. Le vaiſſeau totalement environné de glace était dans un grand danger ; ce qui les obligea de porter leurs provisions à terre & de se préparer à hiverner. Ils tirèrent sur un ours, mais le froid était si grand que le coup n'eut point d'effet. Ils découvrirent une rivière & virent beaucoup de bois flottant. Le 15 de septembre, la mer était gelée de deux pouces d'épaisseur. Le 16 ce fut encore de même, ils allèrent chercher du bois sur des traîneaux pour construire leur habitation. Le 2 d'octobre, tous les matériaux étaient prêts, mais ils ne purent creuser la terre qui était si fort endurcie, qu'ils ne purent la ramollir même par le moyen du feu. Ils amoncelèrent de la neige autour de leur maison, afin de la rendre un peu plus chaude & de l'assurer contre l'effort des vents. Leur bière gela, même la bière forte de Dantzick appelée *joppen*. Ils souffrirent considérablement du froid & furent continuellement en guerre avec les ours. Ils tuèrent & firent rôtir un renard blanc, dont la chair leur parut avoir le même goût que celle du lapin. Le 3 de novembre, ils perdirent la vue du soleil, les ours disparurent aussi ; mais les renards commencèrent à se montrer ; les ours ne revinrent dans ces lieux que lorsque le soleil y reparut. Nos voyageurs attrapèrent des renards dans des pièges. Le 7 de décembre, il s'en fallut peu qu'ils ne fussent tous étouffés par la fumée d'une mine de charbon de terre. Le froid augmenta alors prodigieusement. Le 24 janvier, ils revirent pour la première fois depuis le 3 de novembre, le soleil qui paroissait depuis quinze jours, comme le crépuscule. Ils furent étonnés de ce phénomène, parce que selon leur calcul, le soleil aurait dû paroître environ seize jours plus tard. Mais c'était une erreur, ils n'avaient pas fait attention que dans ces régions la réfraction est très-considérable, à cause de la grande quantité de vapeurs contenues dans l'air. Ils manquaient de bois, & ils eurent des peines incroyables à s'en procurer, parce que le bois flottant était tout couvert de neige. Ce fut vers ce temps que la mer se nettoya des glaces qui la couvraient, & qu'ils conçurent l'espérance de se tirer de ce triste lieu. Mais le 14 février, les vents d'est-nord-est ramenèrent d'autres gelées, ce qui abattit le courage de ces pauvres gens & les réduisit presque au désespoir. Le 8 & le 9 de mars, le vent soufflant du sud-ouest chassa les glaces. Mais le 10, un vent violent du nord-est ramena d'énormes montagnes de glace. Les mois d'avril & de mai ils en virent enfin la mer entièrement débarrassée, ils commencèrent alors à songer à leur retour dans leur patrie. Ils préparèrent au mois de juin les barques pour leur voyage. Ils virent un grand nombre d'ours & en tuèrent plusieurs; quelques personnes de l'équipage ayant mangé du foie d'un ours, elles en furent très-incommodées, & après avoir recouvré la santé, leur peau tomba toute en écailles. Ayant porté à bord de leurs deux petits vaisseaux tout ce qu'ils purent se procurer de provisions, ils mirent à la voile le 14 de juin, Barentz & une autre personne de l'équipage étant malades. Le 20, Barentz & un homme appelé Nicolas Andreiss moururent.

Les gens de l'équipage se trouvèrent souvent en grand danger au milieu des glaces. Ils perdirent une grande quantité de provisions & de marchandises. Ce ne fut pas sans de grandes difficultés que leurs vaisseaux passèrent à travers ces glaces ; enfin, ils commencèrent à naviguer dans une mer assez libre. Ils descendirent quelquefois pour chercher des œufs, des oiseaux, & du bois pour les faire cuire. A peu de distance de *Waigatz*, ils trouvèrent deux petits vaisseaux russes, plusieurs personnes des équipages russes reconnurent quelques-uns d'entr'eux parce qu'ils s'étaient vus dans d'autres voyages. Ils arrivèrent enfin, avec de grandes difficultés, à *Kandnoes* (Kanyn - Noss), ils obtinrent quelques provisions de plusieurs vaisseaux russes ; mais ils furent séparés de leur petite barque par une tempête. Cependant ils traversèrent en trente heures avec leur petit vaisseau l'entrée de la mer Blanche qui a dans ce lieu cent vingt milles de large. Ils rencontrèrent un bâtiment russe & quelques pêcheurs, dont ils obtinrent des provisions, & bientôt après ils trouvèrent leurs camarades dans l'autre barque. Ils arrivèrent à *Kilduyn* où ils apprirent qu'il y avait à *Kola* trois vaisseaux hollandais, dont deux étaient prêts à mettre à la voile. Ils y envoyèrent deux matelots avec un lapon, & en trois jours ils reçurent des lettres du capitaine *Jean Cornelis Ryp*, dans lesquelles il leur disait qu'il les croyait perdus depuis long-temps. Ce capitaine vint les trouver à *Kola* avec des rafraîchissemens & les prit sur son vaisseau, ils s'en allèrent avec lui au nombre de douze en Hollande, & arrivèrent à Amsterdam le premier novembre 1597.

Cette relation prouve évidemment que *Heemskerk*, *Barentz* & *Ryp* avaient découvert, dès l'année 1595, l'île de l'Ours, que les Anglais reconnurent depuis, en 1603, à laquelle ils ont donné le nom d'île de *Cherry*, & qu'ils visitèrent souvent dans la suite. De même, Hudson vit, en 1607, le *Spitzberg* qui avait été découvert onze ans auparavant par les Hollandais, & qu'Hudson prit à tort pour le Groenland. Cette relation montre clairement la difficulté de naviguer dans la mer peu profonde qui baigne le nord de la Sibérie, à cause des glaces dont elle est couverte, & les effets de l'intensité du froid, qui est tel, que l'eau de la mer se gèle en une nuit; ainsi que

la

la durée & l'extrême froideur des vents d'eſt ſous le cercle polaire.

IV. Henri Hudſon, partit du Texel le 6 d'avril 1609, avec un yacht équipé aux dépens de la compagnie Hollandaiſe des grandes Indes. Le 5 de mai, il était à la vue du cap Nord, & bientôt après il arriva à la Nouvelle-Zemble qu'il trouva environnée de glace très-épaiſſe. Ce fut pour cette raiſon qu'il abandonna cette côte, & dirigea vers l'Amérique où il découvrit une rivière qui eſt encore appelée de ſon nom, *rivière d'Hudſon*, à l'embouchure de laquelle eſt *New-York*, & un lieu ſitué un peu plus haut qu'on nommait *New-Belgium*, où les Hollandais avaient autrefois envoyé une colonie. Mais à l'égard des découvertes dans le Nord, le voyage d'Hudſon fut abſolument infructueux.

V. L'île de *Jean Mayen* fut découverte en 1611, par un marin de ce nom, elle eſt ſituée vers le ſoixante-onzième degré de latitude nord, & huit degrés quinze minutes de longitude eſt de l'île de *Fer*. Elle eſt longue & étroite, & s'étend du nord-eſt au ſud-oueſt. Il y avait autrefois une pêcherie & une manufacture d'huile de poiſſon, parce que les baleines ſe rendaient quelquefois de l'ancien Groenland ſur cette côte; on y trouvait auſſi un grand nombre d'ours blancs, de morſes & d'autres animaux marins, & quelques renards.

Mais l'île étant trop petite & l'appas très-rare, les poissons découvrirent bientôt leurs ennemis & se retirèrent parmi les glaces, où ils trouvent plus de sûreté & de tranquillité. Cette pêcherie avait été en activité depuis 1611 jusqu'en 1633 ; mais depuis ce temps cette île a été peu-à-peu négligée. Actuellement on ne la visite plus que par hasard. Elle fut nommée, en l'honneur du prince Maurice de Nassau, île *Mauritius en Groenland* ; mais il faut bien la distinguer d'une autre île *Mauritius* sur la pointe nord-ouest du *Spitzberg*, qui porte aussi le nom d'*île* d'*Amsterdam*, & que les Anglais appellent cap d'*Hackluyt*. On avait laissé, sur l'île *Mauritius* en Groenland ou île *Jean Mayen*, sept matelots pour hiverner dans la saison de 1633 à 1634, mais tous moururent principalement du scorbut. Ils avaient fait leur journal jusqu'au 30 avril ; ce fut probablement très-peu de temps après qu'ils moururent ; car les vaisseaux qui arrivèrent là de la Hollande, le 7 juin 1634, ne les trouvèrent plus vivans.

VI. On trouve dans les Transactions Philosophiques, n°. 118, que plusieurs marchands de Hollande équipèrent, on ne dit pas en quel temps, quelques vaisseaux qui s'avancèrent jusqu'au soixante-dix-neuvième & quatre-vingtième degré de latitude nord, cent lieues à l'est & au-delà de la *Nouvelle-Zemble*, & qu'ils trouvèrent sous cette latitude une mer parfaitement libre de glace ; mais au quatre-vingtième degré, un degré de longitude ne vaut que dix milles géographiques, & cent lieues font trois cents milles communs anglais, comme on compte à la mer; conséquemment les Hollandais n'allèrent pas plus loin que trente degrés à l'est de la pointe la plus orientale de la Nouvelle-Zemble, peut-être aux environs de *Chatanga*, au cent-vingt-cinquième degré longitude est de l'île de *Fer;* ce qui n'était pas d'une assez grande importance pour cacher cette découverte avec autant de soin que nous savons qu'ils le faisaient.

VII. Quelques personnes qui désiraient continuer les navigations au Nord, présentèrent en 1614, une requête à leurs hautes-puissances les Etats-généraux, dans laquelle elles demandaient d'être établies dans la libre navigation au Nord du détroit de *Davis*, au Groenland, au Spitzberg & à la Nouvelle-Zemble. Ce privilége leur fut accordé par une charte en date du 27 janvier 1614 ; & depuis ce temps il a toujours subsisté une compagnie du Nord, ou comme on l'appelle encore, du Spitzberg ou du Groenland, qui a coutume d'envoyer tous les ans aux régions polaires, des vaisseaux employés à la pêche de la baleine & des phoques. On ne peut cependant pas assurer que cette compagnie ait fait aucune découverte importante dans le Nord, car ces marchands associés se contentèrent des gains médiocres qu'ils firent à cette pêche, & ne portèrent pas leurs vues plus loin.

VIII. En 1633, la compagnie Hollandaise du Nord envoya, comme de coutume, ses vaisseaux au Spitzberg & donna en outre des ordres pour qu'on laissât des matelots, mais de leur propre consentement, pour hiverner dans ce pays. Plusieurs s'offrirent d'eux-mêmes pour cette expédition. Ils y passèrent en effet l'hiver, mais ils eurent beaucoup à souffrir du froid. Ils se battirent quelquefois avec les ours, ils tuèrent quelques rennes, attrapèrent & mangèrent plusieurs renards, tuèrent un ou deux morses, préparèrent quelques fanons d'une baleine qui avait été jetée sur le rivage par la marée, mais ils n'en tuèrent point; enfin ils revinrent heureusement en Hollande dans l'année 1634. Ils avaient passé l'hiver dans une baie au nord sur l'île *Mauritius* (ou cap *Hackluyt*), près du Spitzberg. On laissa encore dans la même année sept matelots sur cette île, ce fut aussi de leur propre consentement; mais ils moururent tous du scorbut en 1635. Ils avaient continué leur journal jusqu'au 26 de février seulement, & lorsqu'on retourna dans ce lieu en 1635, ils n'étaient plus. Depuis ce temps on n'a plus laissé personne pour hiverner dans cet âpre climat.

IX. En 1640 ou 1645, *Ryke-Yſe* du *Vlieland*, ancien négociant au Groenland, aborda à un grouppe de très-petites îles ſur la côte orientale du Spitzberg, qui n'avaient encore été vues ni fréquentées par aucun des premiers navigateurs au Groenland. Il avait toujours beaucoup aimé à chaſſer les morſes. La grande quantité de ces animaux qui ſe trouvent ſur ces rivages, lui fournit l'occaſion de déployer ſon habileté, & l'adreſſe de ſes gens. En très-peu de temps il tua pluſieurs centaines de ces animaux & tira un grand produit de leur graiſſe & de leurs dents.

X. En 1643, la compagnie Hollandaiſe des grandes Indes donna ordre d'envoyer deux vaiſſeaux de l'Inde au Nord, dans le deſſein d'examiner la route du Japon vers le nord, & même d'aller auſſi loin qu'il ſerait poſſible au nord de l'Amérique & de chercher un paſſage dans cette partie. Pour remplir cet objet, deux vaiſſeaux partirent enſemble, le 3 de février 1644, du havre de l'île de *Ternate*. Ces vaiſſeaux étaient, le *Caſtricom*, commandé par le capitaine Martin *Herizoom van Vriez*; & le *Breskes*, ſous le commandement du capitaine *Hendrick-Cornelis Schaep*. Le 14 de mai, les deux vaiſſeaux furent ſéparés par une tempête, à la diſtance de cinquante-ſix lieues de *Jeddo*, la capitale du Japon. Ils apperçurent la terre de *Jeſo*. Le *Breskes* traverſa le détroit entre Jeſo & le Japon, au quarante-unième degré cinquante minutes de latitude nord, & au cent ſoixante-quatrième degré dix-huit minutes de longitude eſt de Ténériffe. Ils virent encore la terre au quarante-troiſième degré quatre minutes de latitude nord; vers le quarante-quatrième degré quatre minutes, quelques barques vinrent du rivage vers leur vaiſſeau. Ils découvrirent une autre fois la terre ſous le quarante-troiſième degré quarante-cinq minutes, ainſi qu'au quarante-quatrième degré douze minutes de latitude, & cent-ſoixante-ſept degrés vingt-une minutes de longitude. Sous le quarante-cinquième degré douze minutes de latitude, & cent-ſoixante-neuf degrés trente-ſix minutes, la terre parut, dans l'éloignement, comme un grand nombre d'îles; mais en approchant, ces îles leur parurent ne former qu'une ſeule terre. Ils apperçurent par le quarante-ſixième degré quinze minutes de latitude, & le cent-ſoixante-douzième degré ſeize minutes de longitude, ainſi qu'au cent-ſoixante-douzième degré cinquante-trois minutes de longitude, quelques hautes montagnes. Ils virent encore terre au quarante-ſeptième degré huit minutes de latitude, & cent-ſoixante-treizième degré cinquante-trois minutes de longitude. Nous voyons par cette relation comme par celle du Caſtricom, que ce qu'on appelle l'île de *Jeſo* conſiſte en effet en une grande quantité d'îles connues aujourd'hui par les Ruſſes ſous le nom de Kuriles. Les Hollandais imaginèrent avoir découvert dans *Jeſo* une grande contrée ; & dans la dernière relation que nous avons des Ruſſes (*a*), on donne la même deſcription de la terre de *Matmai*, dans laquelle les Hollandais parlent d'un lieu nommé *Acqueis*, que les Ruſſes appellent *Atkis*. Le détroit entre *Matmai* & le Japon eſt d'environ ſoixante *Werſtes* ou trente-quatre milles géographiques en largeur ; il y paſſe un grand courant, comme entre preſque toutes les îles *Kuriles*. *Matmai* eſt une ville ſous la domination de l'empereur du Japon ; les Chinois commercent auſſi à la terre de *Matmai*. Les Kuriles chevelus ſont un peuple libre. On ne ſait pas encore ſi *Matmai* eſt une île ou un continent. Mais il eſt probable que c'eſt une île puiſque les habitans ne ſont pas tributaires des Chinois. D'ailleurs cela eſt auſſi confirmé par le père *Hieronymus de Angelis*, qui parle du détroit de *Teſſoi* qui ſépare *Matmai* du continent, & par lequel il paſſe un courant fort & rapide. Cette contrée ſemble avoir pris ſon

(*a*) Nouvelles Collections de M. Pallas, Vol. IV, pag. 136 (en allemand).

nom de *Jeſo* ou *Eſo*, du peuple qui l'habite. Les Japonais appellent les Kuriles, *Jeſò*, & c'eſt delà que les Portugais & les Hollandais ont donné le nom de *Jeſo* à la terre de *Matmai*. La terre & le pic de Saint-Antoine, décrit dans le journal du *Caſtricom*, paroît être l'île *Itorpu* ou *Etorpu*, qui n'eſt formée, ſelon les dernières relations (*a*), que d'une chaîne de hautes montagnes avec pluſieurs ſommets élevés. Dans ce cas *Urup* doit être l'île des Etats des Hollandais, de même *Tſchirpo-Oi* répond à la terre de la Compagnie, & le détroit entre *Urup* & *Tſchirpo-Oi*, ſera le détroit de *Van-Vriez*. On trouve pluſieurs volcans dans les îles Kuriles, il y en a qui ſont actuellement éteints, d'autres brûlent encore. Quelques-uns formés nouvellement, ont de fréquentes éruptions, comme celui qui jeta des flammes le 8 de janvier 1780, dans l'île de, *Rachkoke* ou *Rakchotik*. Cette éruption produiſit un violent tremblement de terre qui cauſa de grands ravages dans les îles de *Ketoi*, *Schimuſchir*, *Tſchirpo-Oi* & *Urup*.

Mais quand nous regarderions comme authentique le récit des Hollandais qui crurent appercevoir, comme le dit la relation du *Caſtricom*

(*a*) Voyez Pallas, Collection du Nord, Vol. IV, pag. 133.

& du *Breskes*, un continent étendu & ſans interruption; on ne peut nier cependant que ces nombreux volcans ne donnent lieu de conjecturer que pluſieurs grands pays auront été diviſés par les violentes ſecouſſes des tremblemens de terre & qu'ils auront ainſi formé de petites îles. Auſſi ce qu'on lit dans la relation du Caſtricom & du Breskes, ne me paraît pas très-incroyable.

XI. Dans le temps que la compagnie du Nord Hollandaiſe était encore dans toute ſa ſplendeur (c'eſt-à-dire de 1614 à 1641), elle envoya un vaiſſeau au Groenland pour y charger de l'huile de poiſſon qu'on faiſait à *Sewerenberge*. Mais comme il n'y en avait pas ſuffiſamment pour completter la cargaiſon, le capitaine trouvant la mer libre, dirigea droit au nord, & approcha à la diſtance de deux degrés du pôle, duquel il fit deux fois le tour. Ce capitaine avait coutume de raconter cela publiquement & de prendre ſon équipage à témoin de ce fait. Voyez *Zorgdrager*, *pêche de la baleine au Groenland*, (en allemand) *Vol. II*, *chap.* 10, *pag.* 162. *Joſeph Moxon* dit auſſi à *Wood* en 1676, comme celui-ci nous l'apprend, qu'étant en Hollande environ vingt ans avant, & conſéquemment en 1656, il entendit dire à un capitaine Hollandais, homme très-reſpectable & auquel il pouvait ajouter foi, qu'il avait navigué ſous le pôle où il trouva l'air auſſi chaud qu'il a coutume de l'être en été à Amſterdam. Enfin, le capitaine *Gould* qui avait fait plus de vingt voyages au Groenland, dit au roi Charles II, qu'étant au Groenland vingt ans auparavant, il avait rencontré près l'île *Edges* (*a*), à l'eſt de cette contrée, deux navigateurs Hollandais, qui réſolurent, comme il ne paraiſſait point de baleine ſur ce rivage, de faire voile plus loin vers le nord, ce qu'ils firent en effet; qu'ils étaient revenus quinze jours après, & avaient été juſqu'au quatre-vingt-neuvième degré, où ils n'avaient vu aucune glace, mais une mer parfaitement libre & des vagues auſſi grandes que dans la baie de Biſcaie. La déclinaiſon de l'aiguille aimantée était dans ce lieu de cinq degrés. Il arriva dans la ſuite qu'un de ces capitaines vint à Londres, le capitaine *Gould* le préſenta à quelques membres de la compagnie du Nord qu'il convainquit pleinement de la vérité de ſa relation. Voyez la *Re-*

(*a*) L'île *Edges* eſt probablement une des îles appartenants à ce grouppe d'îles découvert par *Ryke-Yſe*. Le capitaine Thomas Edge qui fit dix voyages au Groenland, découvrit cette île en 1616; & en 1617, une île ſituée à la hauteur du Spitzberg, fut appelée île Wyche du nom de M. Wyche.

lation de quelques Voyages & de plusieurs Découvertes faites depuis peu; Londres, 1711, pag. 145 ; ainsi que l'*Histoire du Froid*, *par M. Boyle.*

XII. C'est la malheureuse destinée des savans de ne pouvoir, malgré tous leurs soins, acquérir les connaissances qu'ils desirent sur les objets de leurs recherches. Nous trouvons dans les meilleures cartes quelques relations ou plutôt quelques notions relatives aux contrées qu'on prétend avoir été découvertes par les Hollandais; mais il est fort difficile de déterminer où l'on pourrait trouver des relations plus circonstanciées concernant ces découvertes. Je vais parler de quatre ou cinq contrées découvertes dans le Nord par les Hollandais, dont je ne puis guère dire que le nom. Je possède une collection d'environ sept cents volumes de voyages écrits en différentes langues, cependant j'avouerai que dans tous ces livres je n'ai rien pu trouver qui ait le moindre rapport à ces découvertes; peut-être cet aveu engagera-t-il quelques savans ou d'autres personnes à me faire part de leurs recherches sur ces contrées; dans ce cas je leur aurais une obligation infinie, non-seulement d'avoir par-là augmenté la somme de mes connaissances, mais encore d'avoir rendu mon Histoire des Découvertes dans le Nord beaucoup plus complette qu'elle ne l'eſt à préſent. Car je conviens franchement que, même à mon avis, mon ouvrage n'a pas atteint ce point de perfection auquel je m'étais propoſé de le porter. Mais j'ai rencontré une multitude de difficultés qu'il m'a été impoſſible de ſurmonter dans la ſituation où je me trouve. Au ſoixante-quinzième degré latitude nord, & environ cinq degrés à l'eſt de l'île de Fer, nous trouvons ſur la côte orientale du Groenland, la terre de *Gale-Hamkens*, qu'on dit avoir été vue en 1654. *Gale-Hamkens* était un Hollandais commerçant au Groenland, qui dès l'année 1639, avait le commandement de l'*Oranjeboom*, vaiſſeau du premier rang, & qui prit ſur ſon bord le capitaine *Dirk-Alberts-Raven* & le reſte de ſon équipage, lorſque cet infortuné perdit ſon vaiſſeau nommé le *Spitzberg*, dans les glaces près du Spitzberg. C'eſt là tout ce que j'ai pu apprendre concernant ce *Gale-Hamkens*. J'avoue même que je ne puis déterminer s'il a découvert cette terre, ou ſi quelque autre navigateur lui aura donné le nom de *Gale-Hamkens* pour perpétuer la mémoire de ce marin. On a indiqué au ſoixante-dix-huitième degré de latitude nord, & au dixième degré de longitude eſt de l'île de Fer, une terre ſituée ſur la côte orientale du Groenland, & appelée la terre d'*Edam*. Elle fut découverte en 1655, mais je ne puis dire par qui, ni si elle fut nommée ainsi du nom d'un homme, d'un vaisseau ou de la ville d'Edam dans le nord de la Hollande. De plus on place au soixante-treizième degré trente minutes de latitude nord, à peu de distance du premier méridien qui passe à l'île de *Fer*, une île sur laquelle est écrit le nom de *Bontekoe* avec la date de l'année 1665, mais je ne sais qui la découvrit, ni si elle a été nommée ainsi du nom de celui qui y a abordé le premier, ou d'un vaisseau, ou enfin, de quelqu'homme de cette contrée. On marque encore au soixante-dix-neuvième degré de latitude nord, & au dixième degré de longitude est de l'île de *Fer*, une terre où l'on trouve la date de 1670, mais c'est tout ce que je sais concernant cette île. Enfin, précisément au quatre-vingtième degré de latitude nord, & à cent milles géographiques à l'est de *Northeast-Land* dans le Spitzberg, on trouve une terre élevée. Cette terre fut découverte en 1707, par un négociant au Groenland, savant & expérimenté, nommé *Cornelis Gillis*. Il alla beaucoup au-delà du quatre-vingt-unième degré au nord des *Sept-Iles*, sans trouver du tout de glace; ensuite il tourna à l'est, & enfin au sud-est, de sorte qu'il se tint toujours à l'est de Northeast-Land, & découvrit à vingt-cinq lieues delà, au quatre-vingtième degré, une terre élevée que personne n'avait probablement vue avant lui. *Van Keulen* a placé cette terre ſur ſa carte du Spitzberg, appuyé ſimplement ſur le récit donné par le capitaine Gillis. Voyez *les Mêlanges de Barrington, Lond. 1780, pag.* 80 *&* 85.

Telles ſont les relations des découvertes faites dans le Nord par les Hollandais, les ſeules qui ſoient parvenues à ma connaiſſance. Cet eſprit actif qui animait tous ces républicains, qui caractériſa ſi énergiquement leurs entrepriſes au ſeizième & dix-ſeptième ſiècles, & qui éleva à ce haut point de grandeur où nous les voyons actuellement les provinces-unies des Pays-Bas, s'eſt éteint par degrés & a totalement diſparu. Ce peuple a commencé à ſuivre un ſyſtême diamétralement oppoſé à celui qui l'avait conduit à la gloire & aux honneurs. Ce mépriſable eſprit de parti en matière de religion & de politique qui attire leur attention vers de vains objets, leur fait négliger les choſes vraiment grandes & importantes. Ce faux ſyſtême engage cette république à tout ſacrifier au commerce; d'après ce principe, elle a cherché à demeurer neutre, & a fréquemment refuſé, au mépris des conventions & des traités les plus ſolennels, de donner à ſes alliés les ſecours qu'elle leur avait promis. Elle s'eſt bornée à faire en paix ſon commerce, ſans penſer à mettre ſes forces de terre & de mer ſur un pied reſpectable, ce qui l'a expoſée aux juſtes plaintes de ſes voiſins, & l'a miſe dans la néceſſité de dépendre entièrement de la protection de puiſſances qui pourraient, ſi elles n'étaient pas douées de la plus grande magnanimité, s'emparer des meilleures & des plus importantes poſſeſſions de la république. Une pareille conduite a totalement détruit dans les eſprits toute inclination pour les grandes entrepriſes & pour tout ce qui eſt utile à la patrie. On ne doit donc pas attendre de la part d'un tel peuple de nouvelles découvertes. Peut-être à la vérité en reſte-t-il peu à faire dans l'hémiſphère Nord.

CHAPITRE III.

Des Découvertes faites dans le Nord par les Français.

LA découverte de l'Amérique par les Eſpagnols, & celle de la route des Indes Orientales par le cap de Bonne-Eſpérance due aux Portugais, paraiſſent ne pas avoir fait ſur les Français un aſſez puiſſant effet pour les engager à de ſemblables entrepriſes. Une ombre de fauſſe grandeur avait faſciné les yeux des rois & de la nobleſſe de ce royaume. La couronne de Naples & le duché de Milan étaient le phantôme trompeur qui rempliſſait leur imagination. La France prodigua, pour conquérir ces contrées qui lui échappèrent enfin l'une & l'autre, d'immenſes tréſors & le ſang de ſes héros. Elle négligea ſa marine, & l'eſprit romaneſque de chevalerie que les Français acquirent dans ces guerres, leur inſpira le plus profond mépris pour tout ce qui était relatif au commerce; juſqu'à ce qu'enfin, Henri IV & Sully, ſon ami; Louis XIV & Colbert, ſon miniſtre, relevèrent de toute leur puiſſance le commerce & les manufactures, & donnèrent aux marchands cette conſidération qu'ils méritent ſi bien comme membres utiles de la ſociété, & comme cauſes de ſa richeſſe. Les préjugés dont nous avons parlé, empêchèrent principalement les Français de donner aux voyages de découvertes l'attention qu'ils méritent. Tout le nord de l'Amérique & le Bréſil ſeraient tombés ſous la puiſſance de la France, ſi les rois & leurs miniſtres euſſent mieux appuyé les premiers voyages, s'ils euſſent donné de plus grands encouragemens à la population de ces nouvelles contrées, & porté en général ſur tout ce qui intéreſſe la navigation, plus d'attention qu'ils ne le firent alors. Il n'eſt donc pas ſurprenant que la France ait contribué pour très-peu aux découvertes faites dans le Nord.

I. Depuis la découverte de *Terre-Neuve* par *Sébastien Cabot* en 1496, les Européens avaient commencé à tirer avantage de la terre de *Baccalaos* & de la grande quantité de poisson qu'on trouve dans le voisinage de cette terre. En l'année 1502, quelques marchands de Bristol avaient déjà obtenu des priviléges pour y établir des colonies. Dès l'année 1504, les Biscayens, les Normands & les Bretons *des provinces de Normandie & de Bretagne*, fréquentaient la côte du sud pour y faire la pêche. On suppose même, avec quelque fondement, que l'île du cap *Breton* située près du continent, a pris son nom de ces Bretons. En 1506, Jean Denis partit d'*Honfleur* pour *Terre-Neuve*, avec son pilote *Camart* de Rouen. On dit qu'il leva & publia le premier la carte des côtes de cette contrée. En 1508, un navigateur, nommé Thomas *Aubert*, (selon Ramusio, Vol. III, pag. 423; mais l'abbé Prévôt dans son Histoire des Voyages l'appelle Hubert) partit de Dieppe pour Terre-Neuve, sur un vaisseau appelé la *Pensée*, & amena delà à Paris le premier sauvage qu'on eût encore vu de ce pays. Le vaisseau appartenait au père du capitaine, Jean Ango, vicomte de Dieppe. Tout cela est plutôt une faible notion qu'une relation circonstanciée des contrées & des lieux découverts par les Français; mais il ne nous en est parvenu que ce que nous venons de dire, & cela seulement par l'ouvrage de *Ramusio*.

II. Le premier qui ait fait, pour les Français, un voyage dont l'histoire nous soit parvenue, fut *Jean Verazzani*, Florentin au service de François premier; il partit avec quatre vaisseaux pour croiser contre les Espagnols, mais il fut forcé par une tempête d'entrer, avec deux de ses vaisseaux, la Normandie & le Dauphin, dans un port de la Bretagne. Il continua ensuite à croiser avec succès contre les Espagnols; & résolut enfin d'entreprendre un voyage avec le Dauphin, sans autre motif que de découvrir de nouvelles contrées.

Le 17 de janvier 1524, Verazzani partit de quelques rochers inhabités près de Madère (*a*), & fit cinq cents lieues à l'ouest en vingt-cinq jours. Après avoir essuyé une violente tempête, il continua son voyage pendant encore vingt-cinq jours; dans cet espace de temps il fit plus de quatre cents lieues & vit alors devant lui une terre basse où il apperçut plusieurs feux; mais la crainte l'empêchant de prendre terre, il fit encore cinquante lieues au sud le long de la

(*a*) Ces rochers inhabités son appelés par les Portugais *Ilhas-Desertas*; les Anglais les nomment *Deserters* Désertes. Ils sont situés à l'est de Madère.

côte ſans trouver aucun port. Il retourna donc au nord; cependant n'étant pas plus heureux qu'auparavant, il mouilla en pleine mer & envoya ſa chaloupe au rivage. Il parut un grand nombre d'habitans ſur la côte qui fuyaient & revenaient, montrant tout-à-la-fois de l'étonnement, de la joie & de la crainte. Les ſignes que firent les Français en engagèrent quelques-uns à s'arrêter, & s'étant peu-à-peu remis de leur frayeur, ils apportèrent enfin des proviſions; ces habitans étaient nus, mais ils portaient des tabliers de belles fourrures & des faiſceaux de plumes ſur la tête. Leur taille était belle, leurs yeux grands & noirs; ils avaient les cheveux noirs, longs & unis; ils étaient d'une grande agilité. Leur pays était coupé çà & là par de petites rivières. Nos navigateurs virent de belles plaines & de vaſtes forêts, ainſi que des boſquets de cyprès, de lauriers, de palmiers, & d'autres arbres inconnus en Europe. Il eſt difficile de déterminer où Verazzani prit terre d'abord. Mais il paraîtrait que ce fut à la côte d'Amérique, dans cette partie de la Géorgie, où eſt actuellement la ville de *Savannah*, & qu'enſuite il dirigea au ſud juſqu'au trentième degré de latitude. Ce qui m'engage à penſer ainſi, c'eſt que Verazzani dit avoir vu des palmiers ſur la terre où il deſcendit; ces arbres, autant que je puis le ſavoir, ne croiſſent qu'en Floride. Il n'aurait pas été possible de faire cinquante lieues au sud en partant d'aucun autre lieu de la côte d'Amérique, puisque la côte, depuis le quarantième degré jusqu'au trente-quatrième, s'étend du nord-est au sud-ouest. Après cela il dirigea encore vers le nord. Ayant suivi cette direction pendant quelque temps, il se trouva au trentième degré de latitude, & vit une côte qui courait à l'est. Il est vrai que cette côte est plate, & qu'on n'y trouve point de havre ni de rochers. Le climat & l'air en sont très-sains. Arrivés à la terre où la côte court à l'est, ils virent plusieurs feux, & envoyèrent leur barque à bord sans se défier des sauvages; mais la mer était si grosse que ceux qui étaient dans la chaloupe ne purent prendre terre. Un jeune matelot se fiant à son habileté à nager & aux invitations des sauvages, se hasarda à nager vers le bord avec quelques présens de peu de valeur, il approcha si près du bord, qu'il n'avait plus d'eau que jusqu'à la ceinture, mais la crainte le saisit au point qu'il jeta les présens sur le rivage & se remit à nager pour retourner à la chaloupe. Alors une vague le rejeta sur le rivage avec tant de force, qu'il demeura sur le sable sans aucun sentiment. Les sauvages accoururent sur le champ à son secours & le portèrent à quelque distance de la mer.

Quelle fut sa frayeur en revenant à lui, de

ſe voir en leur puiſſance ! Il jeta un grand cri que les ſauvages répétèrent pour l'encourager ; enſuite ils le placèrent au pied d'une colline, le tournèrent du côté du ſoleil, allumèrent du feu & lui ôtèrent ſes habits. Il ne douta plus qu'ils n'allaſſent l'offrir en ſacrifice au ſoleil. On avait la même idée dans le vaiſſeau, & l'on ne pouvait lui porter aucun ſecours. Cependant la crainte le faiſait mal augurer, car ils firent ſeulement ſécher ſes habits & ne l'approchèrent du feu qu'autant qu'il était néceſſaire pour le réchauffer ; malgré cela il tremblait toujours. Les ſauvages le careſsèrent avec beaucoup d'amitié & de douceur ; ils admiraient la blancheur de ſa peau, & s'étonnaient de voir couvertes de poils les parties du corps où l'on ſait que les ſauvages d'Amérique n'en ont pas. Ils lui rendirent ſes habits & placèrent des alimens devant lui. Comme il montra un grand deſir de retourner vers ſes amis, ces ſauvages le conduiſirent ſur le bord de la mer, & après l'avoir embraſſé avec beaucoup de tendreſſe, ils s'éloignèrent un peu de lui pour lui montrer qu'il était entièrement libre ; ils le ſuivirent des yeux juſqu'à ce qu'il eût rejoint ſa chaloupe & qu'il fût à bord du vaiſſeau. Or, tout cela doit s'être paſſé quelque part aux environs de *New-Jerſey* ou *Ile des Etats*, ou peut-être ſur Long-Iſland. Enſuite Verazzani avançant plus loin vit la côte qui courait vers le nord. Après avoir fait cinquante lieues, il mouilla à la vue d'une délicieuse contrée, couverte des plus belles forêts; vingt hommes de son équipage prirent terre dans ce lieu & avancèrent environ deux lieues dans les terres. Les habitans fuyaient devant eux, mais ils attrapèrent une jeune femme d'environ dix-huit ans & une vieille qui s'étaient cachées dans de grandes herbes. La vieille portait un enfant sur son dos & avait encore deux petits garçons avec elle. La jeune femme emmenait aussi trois petites filles. Lorsqu'elles se virent découvertes elles jetèrent de grands cris, & la vieille femme fit entendre par signes, aux matelots, que les hommes s'étaient enfuis dans les bois; ils lui offrirent quelque chose à manger, ce qu'elle accepta; mais la fille le refusa. Cette fille étant fort bien faite, ils auraient desiré l'emmener avec eux, mais comme elle résistait & poussait de grands cris, ils se contentèrent d'emmener un des petits garçons. Ces gens étaient à demi-vêtus d'un tissu composé d'herbes & de roseaux. Ils avaient des filets; leurs flèches étaient armées d'os pointus; leurs canots étaient formés d'un seul tronc d'arbre. Les arbres n'étaient pas si odorans que ceux qui croissent dans les lieux où ils étaient descendus précédemment. Plusieurs de ces arbres avaient cependant des vignes qui s'élevaient jusqu'à leur sommet. Nos voyageurs ne virent aucune maison sur cette terre. Après avoir resté trois jours à l'ancre, ils avancèrent plus loin le long de la côte, ils découvrirent une très-belle contrée & l'embouchure d'une grande rivière.

Les sauvages leur marquèrent les endroits profonds de cette rivière. Mais une tempête qui survint tout-à-coup, les obligea de diriger à l'est, où ils trouvèrent une île bien cultivée (l'île de *Nantucket*, ou autrement celle de *Martha's-Vineyard*); un peu plus loin ils découvrirent un havre sur lequel ils virent plus de vingt canots appartenans aux sauvages. Ils trouvèrent là une fort belle race d'hommes, ils sont aussi très-doux, cependant les hommes sont extrêmement jaloux. Les femmes portent des ornemens de cuivre ouvragé. Leurs maisons sont rondes, faites de bois & couvertes de paille. L'embouchure de la rivière était au quarante-unième degré. Les Français firent dans ce lieu une grande quantité de provisions, & le 5 de mai, ils dirigèrent plus au nord. Après avoir fait une route de cent cinquante lieues (qui font sept degrés & demi), ils découvrirent une terre élevée toute couverte de forêts. Les habitans de cette contrée étaient très-sauvages; ils étaient couverts de peaux d'animaux, & vivaient de racines qui croissaient naturellement.

Vingt-cinq perſonnes de l'équipage deſcendirent à terre & furent fort mal reçues des habitans qui les accablèrent d'une grêle de traits & de flêches. Ils trouvèrent auſſi dans ce lieu des ornemens de cuivre. Delà ils avancèrent plus loin & arrivèrent après une route de cent cinquante lieues, au cinquante-ſixième degré latitude nord, près d'une contrée où les Bretons étaient venus précédemment. Cette contrée, le long des côtes de laquelle ils avaient fait déjà plus de ſept cents lieues, fut appelée Nouvelle-France (*a*). Les proviſions de *Verazzani* commençant à diminuer ſenſiblement, il revint droit en France, d'où il data ſa lettre à François premier le 8 de juillet 1524.

(*a*) J'ai vu dans une carte ancienne la terre de *Nurumbega* placée préciſément où eſt aujourd'hui la *Nouvelle-Ecoſſe*. J'ai avoué franchement à la page 290, que je ne comprenais pas bien le nom d'*Arembec* qu'on donna à la côte de la terre appelée dans la ſuite *Nouvelle-Ecoſſe*. Il n'eſt cependant pas douteux que ce ne ſoit la même terre que *Nurumbega* ou *Norimbega*. Néanmoins l'origine de cette dénomination m'eſt toujours inconnue, à moins qu'on ne diſe que les bagatelles offertes aux ſauvages & qui conſiſtaient en miroirs, en ſonnettes, &c. &c. avaient été fabriquées à Nuremberg, & qu'en mémoire de cela, on aura donné ce nom à cette contrée.

On croit que Verazzani entreprit un autre voyage à cette contrée nouvellement découverte (la *Nouvelle-France*), mais il est absolument impossible de dire en quelle année. Cependant *Ramusio* nous assure positivement que lorsque *Verazzani* prit terre, il fut défait avec ceux qui étaient avec lui, & dévoré par les sauvages, à la vue du reste de l'équipage qui était resté à bord du vaisseau sans pouvoir leur porter le moindre secours. Avant de terminer cet article je demanderai la permission d'ajouter deux petites observations; la première regarde la ressemblance des destinées de *Verazzani* & de l'immortel *Cook*; tous les deux ont été tués, mis en pièces & dévorés par des peuples grossiers & barbares; tous les deux possédaient une grande connaissance de la navigation, tous les deux étaient doués du courage le plus intrépide & de la plus grande constance. La seconde observation a déjà eté faite par d'autres avant moi, mais elle est aussi vraie que remarquable; c'est que les trois plus puissans royaumes de l'Europe à cette époque se servirent chacun d'un Italien pour diriger les voyages de découvertes dont ils faisaient les frais. L'Espagne employa *Christophe Colomb*, génois; l'Angleterre *Sébastien Cabot*, vénitien; & la France *Verazzani*, florentin. Ce qui prouve suffisamment qu'aucune nation n'égalait alors les Italiens dans les connaiſſances qu'exige la marine. Mais malgré leurs connaiſſances maritimes & leur expérience, les Italiens n'ont pu acquérir un pouce de terre pour eux-mêmes dans l'Amérique. Toutes les découvertes qu'ils firent tombèrent en partage à celle de ces nations qui les avait envoyés faire ces voyages. L'eſprit mercantille & meſquin des républiques de Veniſe, de Genes, de Florence, de Piſe & des autres états libres, dont pluſieurs avaient déjà paſſé ſous le joug d'un maître; leurs diſputes perpétuelles & les petites guerres qu'ils ſe faiſaient entr'eux; & leurs vues courtes & intéreſſées, les empêchèrent de voir les avantages qui devaient réſulter de ſi grandes entrepriſes; les attachèrent à des détails puérils qui les rendirent incapables d'entreprendre des expéditions de la plus grande importance pour l'état, quoiqu'il ſe trouvât chez eux des hommes qui avaient l'eſprit, non-ſeulement aſſez vaſte pour concevoir de pareils projets, mais encore tout le courage néceſſaire pour les mettre à exécution.

III. Les découvertes faites par *Verazzani* n'ayant apporté que très-peu ou même point du tout d'avantages à la France, on abandonna pendant quelque temps l'idée de pareils voyages. Mais en 1534, l'amiral *Philippe Chabot* repréſenta au roi combien il ſerait avantageux d'établir une colonie dans une contrée de laquelle les Eſpagnols tiraient tant de richeſſes; on préſenta donc *Jacques Cartier* de *Saint-Malo* au roi qui agréa ſes projets. Le 20 d'avril, il partit de Saint-Malo, avec deux vaiſſeaux & cent vingt-deux hommes, & le 10 de mai, il vit *Bona-Viſta* ſur l'île de *Terre-Neuve*. La terre était encore couverte de neige, & il y avait une grande quantité de glace vers le rivage. Six degrés plus loin au ſud ou au ſud-ſud-eſt, il vit un havre auquel il donna le nom de Sainte-Catherine. Il retourna enſuite au nord, & près de l'île des Oiſeaux à la diſtance de quatorze lieues de Terre-Neuve, il vit un grand ours blanc. Enſuite il fit preſque le tour de Terre-Neuve, où il trouva des havres ſûrs, mais un mauvais ſol. Les habitans étaient d'une aſſez grande taille, aſſez bien faits; leurs cheveux étaient liés ſur le ſommet de la tête, & ils portaient des plumes pour l'ornement de cette partie. Nos voyageurs s'approchèrent du continent, & s'arrêtèrent dans une baie profonde. Ils y ſouffrirent de grandes chaleurs & ils la nommèrent à cauſe de cela, la *Baie des Chaleurs*. Elle eſt auſſi appelée dans quelques anciennes cartes *Baie-Eſpagnole*. On dit en effet que *Velaſco* avait été dans cette contrée avant *Cartier*, & que n'y trouvant ni métaux, ni hommes, il s'écria *aca nada*, c'eſt-à-dire, *il n'y a rien ici* (*a*) ; expreſſion dont on forma le mot *Canada*, nom ſous lequel cette contrée fut connue dans la ſuite. Il y avait dans la *baie des Chaleurs* un grand nombre de phoques. Après que *Cartier* eut examiné les côtes de la baie de Saint-Laurent, il remit à la voile le 15 d'août & arriva le 5 ſeptembre à *Saint-Malo*.

IV. Cartier donna la relation de ſon voyage,

(*a*) L'étymologie du nom de Canada priſe de l'eſpagnol Aca-nada ayant été ſi ſouvent rapportée, je ne puis m'empêcher de propoſer quelques objections qui doivent bien l'affaiblir. Le mot eſpagnol qui répond à, *ici*, n'eſt pas *aca*, mais *aqui*; & la formation de Canada par *Aqui-nada* paraît forcée & peu naturelle. On ne peut nier cependant que pluſieurs perſonnes ne tirent ce mot Canada de ceux-là. Dans les anciennes cartes nous trouvons ſouvent *ca : da nada* ou *promontorium nihili*. Il paraît cependant par un vocabulaire *Canadien* annexé à l'édition originale du ſecond voyage de *Jacques Cartier*, Paris, 1545, qu'un aſſemblage de maiſons ou d'habitations, c'eſt-à-dire, une ville, était appelé par les naturels, Canada. Cartier dit, « ils *appellent une* ville *Canada* ». Et il paraît fort naturel que lorſque les Français demandèrent à ces habitans comment ils appelaient un tel lieu comme un aſſemblage de maiſons ou de huttes, ces gens leur aient répondu *Canada* ou une ville. Alors les Français ſe ſeront imaginés que c'était le nom de cette contrée, & delà toute cette région aura pris le nom de *Canada*.

ce qui engagea le vice-amiral, Charles de Mouy, ſieur de la Meilleraye, à lui obtenir du roi plus d'autorité, & trois vaiſſeaux bien équipés & bien armés. Le 6 de mai 1535, Cartier ſe rendit avec tout ſon équipage à la cathédrale de Saint-Malo, pour demander à Dieu qu'il bénît leur entrepriſe; ils reçurent en même-temps la bénédiction de l'évêque. Cartier mit en mer le 19, ayant à bord nombre de jeunes gens de diſtinction qui deſiraient faire fortune ſous lui. Les vaiſſeaux furent bientôt diſperſés par une tempête. Le 26 de juin, ils ſe trouvèrent tous enſemble à leur rendez-vous général dans la baie de *Terre-Neuve*. Le premier d'août, le capitaine fut obligé par une autre tempête de relâcher dans le port de Saint-Nicolas à la côte nord de l'embouchure de la rivière Saint-Laurent, qui eſt au quarante-neuvième degré vingt-cinq minutes de latitude nord. Le 10, Cartier avança encore dans la grande baie qu'il nomma baie de Saint-Laurent, & quoique la rivière qui ſe jète dans cette baie ait été d'abord appelée rivière de Canada, on a changé par la ſuite du temps, ce nom en celui de rivière de Saint-Laurent, d'après la baie ou le golfe de ce nom. Le nom de Saint-Laurent fut auſſi donné d'abord à une paſſe ſeulement, ſituée entre l'île d'*Anticoſti* & la côte nord de la Terre-Ferme; dans la ſuite ce nom s'eſt étendu à toute cette grande baie. Le 15, Cartier aborda à une île qu'il nomma l'île de l'*Assomption*, & que les sauvages appellent *Natiscotec* dont les Anglais ont fait le nom d'Anticosti, qu'elle porte encore aujourd'hui. Après cela il remonta la rivière, & le premier septembre, il entra dans la rivière *Seguenay*. Delà en allant plus loin, il vit une île couverte de noisetiers, il la nomma *île aux Coudres*. Il vit la terre des deux côtés de la rivière, & chercha dans cet endroit un port où il pût passer l'hiver. Il trouva plus haut une île plus grande & plus belle que celle-ci, couverte d'une grande quantité de vigne (*a*) qui croissait naturellement

(*a*) Une des principales & des plus fortes objections qui aient été faites contre l'opinion que Terre Neuve est le Winland des anciens Normands (*vid.* tome I, pag. 138), c'est qu'il ne croît point de vignes spontanément dans cette île. Or, l'*île de Bacchus* de *Cartier* ou l'île d'Orléans a été trouvée couverte de vignes, & la latitude de cette île est exactement la même que celle de Terre-Neuve, & même de la partie la plus méridionale de cette contrée. D'ailleurs le climat de Terre-Neuve étant, à cause du voisinage de l'Océan, plus doux que celui de l'île d'Orléans, je ne puis plus douter que quelques espèces de vigne sauvage ne se trouvassent aussi à l'île de Terre-Neuve, & sur-tout l'espèce dont j'ai parlé plus haut : *vitis vulpina*, *labrusca*, *arborea*. Nous n'avons aucune histoire des plantes de Terre-Neuve, ainsi nous ne pouvons dans les bois & les forêts. Il la nomma à cause de cela, île de Bacchus; mais ce nom est actuellement oublié, elle n'est plus connue que sous le nom d'île d'Orléans. Cartier remonta encore la grande rivière, & en vit une autre qui venait du nord, à laquelle il donna le nom de Sainte-Croix, parce qu'il l'avait découverte le jour de l'exaltation de la Croix. Aujourd'hui cette rivière est connue sous le nom de rivière de *Jacques Cartier*. Là il s'entretint avec *Donnacona*, un chef de sauvages, qui aurait bien desiré conserver pour lui seul les avantages que la présence de Cartier & de son équipage pouvait procurer aux habitans de ces contrées; dans ce dessein, il l'engagea à ne pas aller à *Hochelaga*, grand établissement de sauvages. Mais Cartier laissa deux vaisseaux dans la rivière de Sainte-Croix, & alla plus loin avec le troisième, la *Grande-Hermine*. Quand il fut dans le lac de Saint-Pierre, il ne put aller plus avant avec son vaisseau, parce que l'eau n'était pas assez profonde. Il arma ses deux chaloupes & alla avec (*a*) à

---

affirmer cela avec certitude; cependant il est très-probable que c'est comme nous le présumons.

(*a*) Ce lieu n'est plus appelé aujourd'hui *Hochelaga*, mais *Montréal*; le premier nom est entièrement oublié. *Montréal* est la première place du Canada après *Que-*

Hochelaga. Cet établissement contenait environ cinquante habitations, dont chacune avait cinquante pas de long & quatorze ou quinze de large, elles étaient toutes environnées de palissades. Il n'y avait qu'une porte pour entrer dans ce lieu. Tout autour des fortifications il y avait un étage élevé auquel on montait par une échelle. Sur cet étage on avait mis une grande quantité de pierres grandes & petites pour la défense des fortifications. Les Européens y furent très-bien reçus. L'air renfermé & putride des habitations resserrées & sales de ces sauvages, les alimens salés & mauvais dont ils étaient obligés de se nourrir, ainsi que l'impossibilité où ils étaient de changer d'habillemens, causa le scorbut parmi les gens de l'équipage de *Cartier*, il en mourut 25 de cette maladie, jusqu'à ce qu'enfin ils apprirent des sauvages le meilleur remède pour ce mal & en firent usage. Ce remède consistait dans une décoction des feuilles & de l'écorce intérieure de l'épinette blanche de Canada (*pinus canadensis Linn.*) Par l'usage de ce remède Cartier & son équipage furent parfaitement rétablis en huit jours; ceux même qui étaient atta-

bec. L'île sur laquelle elle est située, est très-bien cultivée & très-peuplée en comparaison du reste du Canada.

qués du mal vénérien en furent aussi guéris. Le printemps suivant, Cartier revint en France avec ce qui restait de son équipage. Il avait emmené par force & par stratagême *Donnacona*, de la rivière Sainte-Croix, il le présenta au roi, & s'étendit beaucoup sur les avantages qui résulteraient d'un établissement dans cette contrée, principalement par le commerce de pelleteries; il fit voir en même-temps que la douceur du climat & la fertilité du sol promettaient aux cultivateurs toutes les productions de la terre. Mais le ridicule préjugé dominant alors dans toute l'Europe, que les contrées qui produisaient de l'or ou de l'argent étaient seules de quelque valeur & méritaient seules qu'on en prît possession; ce préjugé, dis-je, avait, encore à cette époque, une telle influence sur l'esprit des Français, qu'on méprisa l'avis très-utile de *Cartier* & qu'on ne voulut plus entendre parler d'établissement dans le Canada.

V. Il se trouva cependant quelques personnes, même à la cour, qui se formèrent de plus justes idées sur cet objet. Un gentilhomme de Picardie, nommé François *de la Roque*, *Seigneur de Roberval*, qui jouissait d'une grande considération dans sa province, & que François premier avait coutume d'appeler à cause de cela le petit roi de *Vimeu*, se montra plus zélé que personne à poursuivre ces découvertes. Le 15 janvier 1540, le roi le créa ſeigneur de Norimberga, & ſon lieutenant-général & vice-roi dans le *Canada*, *Hochelaga*, *Saguenay*, *Terre-Neuve*, *Belle Ile*, *Carpon*, *Labrador*, *la Grande-Baie & Bacallaos*. *De Roberval* chargé de ces titres, voulut paraître dans ces contrées avec la grandeur & la magnificence convenable à ſes dignités. Il envoya chercher pour cela des canons en Normandie & même en Champagne, & équipa deux vaiſſeaux à ſes propres dépens.

Cartier devait aller devant, comme capitaine, parce que *de Roberval* ne pouvait être aſſez tôt prêt avec ſes deux vaiſſeaux. *Cartier* mit à la voile avec cinq vaiſſeaux le 23 de mai 1540. Après avoir eſſuyé pluſieurs tempêtes, il débarqua enfin à Terre-Neuve, dans le voiſinage de *Carpon* (probablement *Quirpon* ou *Kirpon* ſur la pointe nord de l'île). *De Roberval* n'arrivant point, *Cartier* alla droit au *Canada* où il s'entretint avec *Agona*, le ſucceſſeur de *Donnacona* qui était mort en France. S'étant réciproquement fait des préſens, *Cartier* alla à la diſtance de quatre lieues de *Sainte-Croix* dans une petite rivière qui parut mieux lui convenir que la rivière de Sainte-Croix. Il vit dans ce lieu une grande quantité de raiſin noir. Il y ſema différentes eſpèces de graines potagères, comme celles de laitue, de chou & de navet qui levèrent très-promptement. Il conſtruisit aussi dans ce lieu une petite citadelle qu'il nomma *Charlebourg* (*a*). Cette contrée était fort agréable & coupée par plusieurs ruisseaux. On y trouvait du fer, une grande quantité de pierres cristallisées, & même de la poudre d'or. *Cartier* arma deux canots dans le dessein de passer par les cataractes à Saguenay, mais il trouva que cela était impossible : il redoubla de soins & d'attention lorsqu'il eut découvert la perfidie des naturels de cette contrée. Ayant attendu vainement jusqu'en 1542, l'arrivée du vice-roi *de Roberval*, & ses provisions étant toutes consommées, d'ailleurs ayant de grandes raisons pour craindre une attaque de la part des sauvages, il partit pour revenir en France, mais il fut extrêmement surpris de trouver à Terre-Neuve *de Roberval* qui n'était parti de France qu'au mois d'avril 1542, & était arrivé à la rade de Saint-Jean à Terre-Neuve précisément avant lui, avec trois vaisseaux chargés d'hommes, de femmes & d'enfans. *De Roberval* voulait à la vérité obliger *Cartier* de retourner avec lui en Amérique; mais ce dernier s'échappa avec son escadre pendant la nuit, & fit voile pour la Bretagne.

(*a*) Il semblerait delà que ce premier établissement des Français doit n'avoir pas été éloigné de *Quebec* & de la petite rivière de *Charles*; en effet on trouve encore dans ces environs une place appelée *Charlesbourg*.

VI. *De Roberval* alla avec ses trois vaisseaux à la côte de *Saguenay*, bâtit un fort sur une montagne près la rivière de Saint-Laurent, & envoya son premier pilote, *Jean-Alphonse de Xaintoigne*, né en Portugal ou en Gallice, dans le nord pour découvrir un passage aux Indes orientales. Mais celui-ci ne put aller au-delà du cinquante-deuxième degré latitude nord. *De Roberval* revint sans doute en France, car nous voyons qu'on parle de plusieurs autres voyages entrepris par lui. La guerre qui s'était allumée entre François premier & Charles V, empêcha *de Roberval* de rien tenter de nouveau jusqu'en 1549. Mais en cette année il repartit avec son frère, l'un des hommes de son siècle le plus courageux. On rapporta qu'ils avaient péri tous les deux; cependant il ne nous est parvenu aucuns détails particuliers concernant les circonstances de leur mort.

VII. On ne se soucia plus pendant assez long-temps, d'entreprendre des voyages en Amérique, parce qu'on ne tirait point d'or des contrées nouvellement découvertes dans cette partie du monde. On ne voyait pas que la valeur réelle du commerce de pelleteries & des pêcheries surpassait de beaucoup celle de tout l'or du Pérou, & assurait à l'état des avantages bien plus durables. En 1598, le marquis de la *Roche* fut à ces contrées en qualité de lieutenant du pays;

on avait envoyé avec lui quarante personnes tirées des prisons, il les descendit sur une misérable île appelée *île de Sable*, & s'en alla en *Acadie* qui depuis a pris le nom de *Nouvelle-Ecosse*. Delà, après avoir fait, en différentes parties de ce pays, les recherches qu'il crut nécessaires, il revint en France sans qu'il lui eût été possible de reprendre les pauvres malheureux de l'*île de Sable*. Il éprouva en France plusieurs malheurs qui l'empêchèrent de retourner en Amérique, ce qui l'affecta au point qu'il mourut de chagrin. Henri IV ayant entendu parler des malheureux laissés sur l'île de Sable, envoya *Chetodel* pour les chercher & les ramener. Après sept ans de séjour sur cette île déserte, il n'en restait que douze de vivans. A leur retour le roi voulut les voir précisément comme ils étaient lorsqu'ils quittèrent cette île, vêtus d'habits de peau de veau marin, & avec leur longue barbe; ensuite ce prince leur fit à chacun un présent de cinquante écus & leur pardonna les crimes pour lesquels ils avaient été mis en prison, & qu'ils avaient si longuement expiés. Immédiatement après le voyage du marquis de la *Roche*, *Pontgrave de Chauvin* alla, avec un privilège du roi pour un commerce exclusif, à *Tadoussak* à l'embouchure de la rivière de *Saguenay*, où il fit des échanges contre des fourrures; il y retourna l'année suivante & continua ce commerce; il avait formé le dessein d'y aller une troisième fois, lorsque la mort vint terminer sa carrière. Nous trouvons ensuite quelque chose concernant les voyages au Canada de Samuel Champlain, gentilhomme; mais les découvertes qu'il fit sont de peu de conséquence, & ne peuvent, pour la plupart, entrer dans le plan que nous nous sommes proposé. Ce que le sauvage *Otschagah* (c'est peut-être quelqu'un de la nation des *Otschagras*) a dit du passage du lac supérieur dans le lac Bourbon & des deux Ouinipiques, qui sont jointes à la baie d'Hudson par la rivière *Nelson*, est également incertain. Aucune de ces relations, non plus que celles de quelques officiers Français, ne sont suffisamment authentiques pour qu'on puisse dresser des cartes ou donner une description circonstanciée de ces contrées sur de pareils fondemens.

VIII. M. *Philippe Buache* dans ses Considérations géographiques & physiques, Paris, in-4°. 1753, parle d'un voyage d'un capitaine *Frondad*, qui partit, en 1709, de la Chine pour l'Amérique septentrionale Espagnole. C'est le seul vaisseau qui ait jamais traversé la mer du sud à une si haute latitude.

Au cent soixante-cinquième degré de longitude est de l'île de *Fer*, il trouva un courant rapide qui venait du nord, & dans le mois de mai il eut de grandes pluies & de violens coups de vent. Arrivé au cent quatre-vingt-huitième degré de longitude est, & au quarante-cinquième degré latitude nord, il trouva une mer aussi calme qu'un étang; ce qui lui fit penser qu'au vent du lieu où il était, il devait y avoir une terre qui ralentissait le courant. Avant d'arriver au quarante-quatrième degré de latitude, & au cent quatre-vingt-dix-septième degré de longitude est de l'île de *Fer*, il essuya de terribles tempêtes & de violentes bourasques du nord-nord-est & de l'est, & vit des courans rapides au nord & nord-ouest. Il vit aussi sous cette latitude un grand nombre de baleines. Au quarantième degré latitude nord, la mer était verte. Plus loin les courans étaient au sud-est. Enfin, le 24 juillet, il atteignit les côtes de Californie, ayant eu pendant tout le cours de ce voyage, des temps & des vents très-variables, de grandes pluies, souvent la mer très-agitée, & quelquefois des calmes plats.

C'est-là tout ce que nous avons pu rassembler concernant les voyages des Français & leurs découvertes dans le Nord. Mais il faut observer que ce n'est que depuis peu que cette nation a donné aux voyages dans les régions éloignées, l'attention qu'ils méritent. Les voyages que les Français ont entrepris autrefois l'ont été par des particuliers & à leurs propres dépens. Le Gouvernement a rarement protégé de ſemblables entrepriſes, & lorſqu'il l'a fait, ce n'a point été avec ce zèle & cette ardeur néceſſaires pour les faire réuſſir. On ne peut nier cependant que le Gouvernement n'ait auſſi ordonné quelques voyages très-conſidérables & avec de grandes dépenſes, voyages dans leſquels on a fait des découvertes importantes & d'une utilité générale.

CHAPITRE IV.

Des Découvertes faites par les Eſpagnols dans le Nord.

CE fut à un concours de circonſtances heureuſes que l'Eſpagne dut la découverte des îles de l'Amérique, que l'immortel génois, Chriſtophe Colomb fit pour elle en 1492; les avantages importans que cette puiſſance recueillit de ces découvertes enhardirent tous ceux de cette nation doués d'un courage élevé à courir la même carrière avec la plus grande activité. Les richeſſes ainſi acquiſes ſervirent à équiper un grand nombre de vaiſſeaux & à l'exécution de nouveaux projets de ce genre. L'heureuſe iſſue des voyages des Portugais en Afrique, le cap de Bonne-Eſpérance doublé en 1496, & la découverte d'un paſſage par mer aux grandes Indes; tout cela rendit les Espagnols encore plus appliqués à la recherche de nouvelles terres. Chacune de ces nations essayait d'étendre ces sortes de conquêtes & d'en profiter le plus qu'il lui serait possible. Des vaisseaux furent envoyés de tous côtés pour des voyages de cette nature. *Vincent le Blanc* assure que lorsque *Thomas Aubert* (ou *Hubert*) alla au Canada en 1508, l'espagnol *Velasco* y alla aussi, & qu'il remonta la rivière appelée depuis Saint-Laurent, environ l'espace de deux cents lieues, & qu'en côtoyant la terre de *Labrador*, il revint à la rivière *Nevado*, que *Cortereal* avait découverte avant lui. Mais les relations de Vincent le Blanc méritent en général si peu de confiance, que nous ne pouvons ajouter foi à ce qu'il raconte des entreprises de *Velasco*; & conséquemment nous ne pouvons déterminer si c'est conforme à la vérité.

I. Le pape Alexandre VI en 1493 divisa, d'après le préjugé de ce temps-là, les nouvelles terres à découvrir, entre les Espagnols & les Portugais, par la fameuse ligne de démarcation qui commence en effet à trente-six degrés à l'ouest de Lisbonne, ou à vingt-sept degrés vingt-neuf minutes à l'ouest du premier méridien, savoir, celui qui passe à l'île de Fer, ou trois cents trente-deux degrés trente-une minutes à l'est de cette île. Mais cette ligne fut changée en 1494, par le traité de Tordesillas pour le plus grand avantage des deux puissances; de manière que le Portugal pouvait conquérir le royaume de *Fez*, & l'Espagne d'un autre côté pouvait aussi s'emparer d'*Alger*, de *Bugey*, de *Tunis* & de *Telesin*, & conséquemment la ligne de démarcation devait être tirée à trois cents soixante dix lieues à l'ouest des îles du cap Vert. Le premier voyage de Magellan autour du monde avait montré aux Espagnols une route à l'ouest, pour aller aux îles Moluques, & les deux nations étendaient très-injustement leurs cent quatre-vingts degrés depuis la ligne de démarcation, dans la vue d'agrandir leur domination. Elles essayèrent en 1524, de régler ces différens par des commissaires à *Badajoz* & *Elvas*; mais on n'avait encore rien déterminé, lorsque l'empereur Charles V qui avait besoin d'argent, céda, en 1529 par le traité de Saragosse, à Jean III, roi de Portugal, ses prétentions sur les îles Moluques pour la somme de 350,000 ducats. Cependant les Espagnols trouvaient toujours beaucoup de difficultés pour aller dans la mer du sud, au Pérou, au Chili & aux îles Philippines, par le détroit de Magellan, à cause du danger de cette route & des tempêtes fréquentes qui s'y élèvent; il était donc tout naturel qu'ils souhaitassent de trouver une voye plus courte. Les tentatives faites par les Anglais & par les Français pour découvrir un passage par le nord dans la mer du sud, à la Chine, au Cathay, inquiétaient, en quelque sorte, les Espagnols, ils craignaient que ce passage ne fût trouvé & occupé par ces nations, & qu'ainsi ils n'en fussent exclus. Cette inquiétude leur fit naître l'idée de chercher aussi un passage de la mer du sud dans l'Atlantique. Avant que cette entreprise pût être mise à exécution, l'empereur Charles V envoya de la Corogne en 1524, *Estevan-Gomez* pour chercher un passage aux îles Moluques, par le nord de l'Amérique. Mais ce capitaine ayant trouvé que cette découverte était impossible, emmena avec lui quelques Indiens de ces îles & revint à Tolède en 1525. Voyez *Miguel-Venegas*, Histoire de la Californie, pag. 124. *Cortez* le conquérant du Méxique, avait été instruit des tentatives du portugais *Gaspar Cortereal* pour trouver un passage, & qu'il avait déjà découvert un détroit auquel il avait donné le nom d'*Anian*. En conséquence, il envoya trois vaisseaux bien armés sous le commandement de *François Ulloa*, pour le prévenir dans cette découverte. Cet événement paraît être de 1537, quoiqu'il nous soit parvenu très-peu de chose sur le résultat de cette expédition. Comme *Cortez* voulait s'approprier les avantages qui pouvaient résulter de cette découverte, ſi elle ſe fût faite ; il prit le commandement de l'expédition, mais il revint ſans avoir rien fait. Après lui, le vice-roi *Mendoza* envoya en 1540, des gens par terre ſous le commandement de *Franciſco Vaſquez Coronado*, & par mer ſous celui de *Franciſco Alarçon*, pour chercher le détroit connu ſous le nom d'*Anian*, & reconnoître la côte au cinquante-troiſième degré latitude nord. *Alarçon* n'alla pas plus loin que le trente-ſixième degré, parce que ſon vaiſſeau était en mauvais état & ſon équipage malade. Cependant la côte commençait à courir au nord (probablement au nord-oueſt), dans ce cas il aurait pu s'éloigner davantage des troupes de terre qui étaient déjà à la diſtance de dix jours de marche de l'endroit d'où il retourna ſur ſes pas. Voyez *Antonio de Herrera*, *Deſcription* de las *Indias*, *amberes*, fol. 1728 ; ouvrage qui a été auſſi publié en latin à Amſterdam, in-folio, en 1622, ainſi que in-8°. *de Laet*, *novus orbis*, *ſeu Americæ utriuſque Deſcriptio*, *Antuerp*. & *Lugd. Bat. ap. Elzevir*, *fol. 1633*.

II. La nouvelle du mauvais ſuccès d'Alarçon ayant été appriſe en Eſpagne, on donna des ordres pour une autre expédition dont on confia le commandement en 1542, à *Jean Rodriguez de Cabrillo*, portugais au ſervice d'Eſpagne, mais il n'alla pas plus loin que le quarante-quatrième degré de latitude nord, où il éprouva un très-grand froid. Les malades de son équipage, le manque de provisions, le mauvais état de son vaisseau qui faisait eau & qui ne pouvait soutenir la mer dans ces parages, tout cela obligea *Cabrillo* de revenir sans avoir pu s'avancer aussi loin que le portaient ses instructions. Cependant il vit une terre au quarante-deuxième degré latitude nord, sur la côte de l'Amérique septentrionale, & la nomma, en l'honneur du vice-roi, *Capo Mendocino*. Il trouva que delà au port de la *Nadividad* (de la Nativité), toute la côte était une terre continue sans aucun détroit, ni aucune autre séparation.

III. Outre ce qui fut fait par ces vaisseaux, on assure qu'un gentilhomme espagnol, nommé Salvatierra, à son retour dans sa patrie, de l'Amérique, prit terre par hasard en Irlande, & rapporta au vice-roi qu'*André Urdanietta* avait trouvé vers l'an 1556 ou 1557, un passage, & qu'il lui avait montré à lui-même, huit ans avant son arrivée en Irlande, une carte du Mexique, sur laquelle il avait tracé ce passage. *Urdanietta* venait de la mer du sud & fut en Allemagne, il eut occasion de parler au roi de Portugal & de lui faire part de sa découverte. Ce prince lui recommanda d'observer le plus profond silence sur cette affaire, parce que si les Anglais en prenaient connaiſſance, ils donneraient beaucoup d'inquiétude au roi d'Eſpagne & à lui-même comme roi de Portugal. Cet *Urdanietta* était un ſimple moine, mais il avait de grandes connaiſſances en mathématiques & dans la navigation, ce qui lui valut de l'emploi dans pluſieurs voyages, particulièrement dans celui qui avait pour objet les Philippines en 1564, ſous le commandement d'*Andreas-Miguel Lopez-Legaſpi*.

IV. En 1582, *Franciſco Gualle* reçut ordre du roi d'Eſpagne de rechercher s'il était vrai qu'il exiſtât un paſſage à l'eſt & nord-eſt du Japon, par lequel la mer du ſud communiquât avec celle du nord de l'Aſie. Voici les propres termes de ſon rapport : « En dirigeant ma route (du trente-» deuxième degré latitude nord-eſt du Japon) » à l'eſt-nord-eſt, environ à trois cents lieues du » Japon, je trouvai une mer très-profonde avec » des courans qui venaient du nord & du nord-» oueſt, je fis ainſi plus de ſept cents lieues, » & ce ne fut qu'à la diſtance de deux cents » lieues des côtes de la Nouvelle-Eſpagne (ou » Californie) que je perdis les courans & la mer » très-profonde. D'après cela je ſuis dans l'opinion » & je crois fermement qu'il exiſte un détroit » ou canal, entre le continent de la Nouvelle-» Eſpagne & la Tartarie d'Aſie. Pendant toute » cette route de ſept cents lieues, nous vîmes

» un grand nombre de baleines & de ces poiſ-
» ſons que les Eſpagnols appellent *atuns* (*thon*,
» ſcomber thynnus) dont on prend un grand nom-
» bre auprès de Gibraltar, ainſi que des *alba-*
» *coras* (ſcomber-hippos) & des *bonitos* (ſcom-
» ber pelamys), toutes eſpèces de poiſſons qui
» fréquentent ordinairement les détroits & les cou-
» rans de la mer (*a*). Ces circonſtances priſes
» enſemble m'engagent à croire qu'il doit y avoir
» dans ce lieu un détroit ou canal » (*b*).

Juan de Fuca était, ſtrictement parlant, un grec de l'île de Cephalonie, ſon vrai nom était *Apoſtolos-Valerianos*. Il avait été plus de quarante ans au ſervice de l'Eſpagne en qualité de matelot & de pilote, il avait auſſi perdu une

---

(*a*) Pour moi, je ne puis dire que toutes ces eſpèces de poiſſons ſe trouvent particulièrement dans les détroits, car dans le cours de mes voyages autour du monde, j'ai vu plus d'une fois ces eſpèces de maquereaux & particulièrement les *bonites* en grande quantité au milieu de l'Atlantique à de grandes diſtances de toute terre, nous en avons même pris quelques-uns. Nous avons vu des baleines dans les hautes latitudes du ſud & près des glaces fort loin des terres. Cependant la plus grande quantité de celles que j'ai vues étaient dans un détroit qui a un fort courant : le détroit de *le Maire*.

(*b*) Vide *de Conto decad.* 10, *lib.* 5, *cap.* 3, & *Routier de Linſchoten*, *cap.* 24.

fortune considérable sur le vaisseau d'*Acapulco*, pris sur les Espagnols par *Cavendish*, il estima certainement cette somme trop haut en l'évaluant à 60,000 ducats (peut-être veut-il dire écus). Il fit connaissance à Venise avec *John Dowlass*, pilote anglais, excellent homme de mer, auquel il raconta ses aventures & lui apprit en même-temps qu'il avait découvert un passage. Jean *de Fuca* offrit aussi de passer en Angleterre, de s'attacher au service de la reine Elisabeth & de montrer ce passage, à condition qu'on l'indemniserait de la perte qu'il avait faite sur le vaisseau d'*Acapulco*; il ajouta qu'il avait été envoyé par le vice-roi du Mexique, comme pilote avec trois vaisseaux sous le commandement d'un espagnol, pour découvrir les détroits d'*Anian*; mais que les soldats au nombre de cent, s'étant mutinés, & d'ailleurs le capitaine s'étant mal conduit, tout ce voyage avait été sans succès. Le vice-roi l'envoya lui-même en 1592, avec une petite *caravelle* & une pinasse pour découvrir ces détroits. Il vit alors, entre le quarante-septième & quarante-huitième degré latitude nord, que la terre courait au nord & nord-est; il vit aussi une grande *passe* au travers de laquelle il navigua pendant l'espace de vingt jours, la terre s'étendait quelquefois vers le nord-ouest, & la mer qui devenait plus large qu'elle ne l'était à l'entrée,

trée, contenait plusieurs îles. Il prit terre plusieurs fois, vit quelques hommes vêtus de peaux d'animaux, & trouva la contrée très-fertile & abondante en or, en argent & en perles. Etant déjà près de la mer du nord, il trouva le détroit assez large par-tout, il avait près de trente ou quarante lieues de large à l'embouchure par où il était entré ; mais alors il se détermina à retourner parce qu'il avait, d'une part, fait la découverte si desirée, & que de l'autre il était trop faible pour se défendre contre les sauvages dans le cas où il aurait été attaqué par eux. Il retourna donc à *Acapulco* en 1592, où il espérait recevoir une récompense considérable du vice-roi, mais il l'attendit envain pendant deux ans. Il s'en alla delà en Espagne où le roi le reçut avec autant de bonté que l'avait fait le vice-roi, cependant il n'en obtint aucune récompense, & après l'avoir attendue long-temps, il partit secrettement pour l'Italie, dans l'intention d'aller delà à *Céphalonie* sa patrie, pour passer en paix le reste de ses jours au milieu de ses parens. Cette relation de *Fuca* paraît être fabuleuse en plusieurs points, ce qui rend le reste fort suspect (*a*).

(*a*) Vide Lucas Fox, nord-ouest, Fox Londres, in-4°. 1635, pag. 163, 166; & les Voyages de Purchas, Liv. IV, part. 3.

VI. L'expédition brillante du chevalier *François Drake*, qui prit possession en 1578, dans un port au-delà de la Californie, d'une terre au trente-huitième degré trente minutes latitude nord, & la nomma *Nouvelle-Albion*, ainsi que les expéditions du chevalier *Thomas Cavendish*, devinrent très-incommodes & très-nuisibles aux Espagnols dans le commencement de leur commerce aux îles Manilles; ajoutons à cela qu'on croyait toujours à l'existence du détroit d'*Anian*, ce qui augmentait l'inquiétude de cette nation, parce que toute la côte depuis *Culhuacan* (Culiacan) jusqu'à *Acapulco*, était sans défense. La cour envoya donc Sébastien Vizcaino, homme intelligent & d'un grand courage, afin d'examiner la côte nord. Pour remplir cet objet, il partit d'Acapulco en 1596, avec trois vaisseaux, & arriva à l'île de *Mazatlan* dans la Nouvelle-Galice, & au *Port-San-Sébastien* où il prit de l'eau, & reconnut une étendue de plus de cent lieues de pays vers le nord. Il perdit dans un des lieux qu'il visita, dix-sept hommes; le manque de provisions l'obligea de revenir à la Nouvelle-Espagne.

VII. Après ce voyage sans succès, le roi Philippe III ordonna à son vice-roi *Don Gaspar de Zuniga*, comte *de Monterey*, de faire chercher dans le voisinage du cap Mendocino, puisque les vaiſſeaux qui allaient des Philippines à la Nouvelle-Eſpagne avaient coutume de paſſer à cette hauteur, un havre sûr où les vaiſſeaux puſſent, en cas de beſoin, trouver un aſyle ſi néceſſaire ſur cette côte où les vents du nord ſoufflent avec tant de violence, mais utile ſur-tout aux vaiſſeaux qui traverſent la mer du ſud. On fit immédiatement toutes les préparations néceſſaires pour ce voyage. *Sebaſtien Vizcaino* partit d'*Acapulco* le 5 de mai 1602, avec deux vaiſſeaux, une frégate & une chaloupe. Il rangea cette côte & décrivit tous les havres, les rochers & toutes les îles qui s'y trouvent. Pendant cette recherche, il eut infiniment à ſouffrir des vents nord-oueſt qui dominent dans ces parages. Enfin, il découvrit vers le trente-ſixième degré quarante-quatre minutes de latitude nord, un havre très-commode & très-sûr, où l'on trouva du bois excellent pour la mâture, ainſi que de très-beaux chênes pour la conſtruction. On y trouva auſſi des pins, des ſaules & des peupliers, ainſi que de beaux lacs, de gras pâturages & une terre excellente pour le labourage. Il y avait des ours & des bœufs ſauvages de deux différentes eſpèces; l'une dont les individus étaient grands comme un buffle, & les autres de la taille d'un loup, faits cependant comme un cerf; ils avaient le col long & les cornes ſemblables à celles d'un cerf ; la queue de trois pieds de long & d'un pied & demi de large ; leur pied était fourchu comme ceux de nos bœufs.

On y trouva des cerfs, des lapins, des lièvres, des chats ſauvages, des oyes, des canards, des pigeons, des perdrix, des merles, des milans & des grues en grande quantité ; différentes ſortes de moules ainſi que des écreviſſes ; on y voyait auſſi des veaux marins & des baleines. Ce port était environné d'habitations indiennes (rancherias). Ceux qui les habitaient étaient des gens bien faits & d'un naturel fort doux. Ces navigateurs nommèrent ce port *Monterey* en l'honneur du vice-roi. Ils virent auſſi le cap *Mendocino*, au quarante - unième degré trente minutes latitude nord, & parce qu'ils avaient beaucoup de malades à bord, ils revinrent ſur les côtes de la Nouvelle-Eſpagne. La petite barque vit un promontoire ſous la latitude de quarante - trois degrés, on le nomma *Capo-Blanco*. *Martin Aquilar* qui commandait la chaloupe & le pilote *Florez* pensèrent alors que, puiſqu'ils avaient vu le *Cap-Mendocino*, comme on leur avait ordonné de le faire, il était néceſſaire qu'ils retournaſſent & qu'ils cherchaſſent les côtes de la Nouvelle - Eſpagne. Mais leur rapport qu'on trouve dans *Torquemadas Monarquia Indiana*, bien loin de donner la deſcription d'un détroit, ne contient pas un mot concernant un port, ni crique, ni paſſe. Conſéquemment toute l'hiſtoire du *détroit* de *Martin Aquilar* dont il eſt fait mention dans tant de cartes, eſt appuyée ſur une pure fable. Enfin, après avoir beaucoup ſouffert du ſcorbut & perdu beaucoup de monde, ces navigateurs retournèrent à *Acapulco* au commencement de l'année 1603.

VIII. Nous ſommes arrivés maintenant à une très-fameuſe expédition qui ne nous laiſſerait aucun doute ſur l'exiſtence réelle d'un paſſage, ſi nous pouvions ajouter foi à la relation de ce voyage. Dans les mois d'avril & de juin de l'année 1708, dans un journal anglais, intitulé Mémoire des Curieux, on inſéra la relation d'un voyage de découvertes faites par un amiral Eſpagnol, nommé *Bartholomeo de Fonte*, décrit par lui-même dans une lettre. On ne dit point par quels moyens cette lettre eſt venue entre les mains de l'éditeur. Quelques perſonnes ont prétendu qu'elle était ſuppoſée, d'autres ont aſſuré le contraire. Au nombre de ceux-ci, il n'eſt pas douteux qu'il ne faille compter l'auteur d'un ouvrage intitulé : *Probabilités d'un Paſſage au nord-oueſt, déduites des Obſervations ſur la lettre de l'amiral de Fonte.* Londres, in-4°. 1761. L'auteur eſt *Théodore Swaine-Drage*, le même qui avait publié, étant ſecrétaire du vaiſſeau la Californie, la relation du voyage de la baie d'Hudson en 1748 : nous ne nous en rapporterons à aucun de ses antagonistes, mais nous observerons seulement qu'il est difficile de concevoir que, d'après l'examen soigneux des côtes du nord de l'Amérique par les Espagnols en 1775, depuis que l'immortel Cook a parcouru cette même côte, & que les voyageurs Russes ont commencé à fréquenter plus que jamais & à examiner attentivement cette côte, depuis enfin que la compagnie de la baie d'Hudson a tout nouvellement fait faire un voyage par terre à la mer Glaciale, il est difficile, dis-je, après tout cela, de concevoir où nous placerons l'Archipel de *San-Lazaro*, le *Rio* de *Los-Reyes*; le *Lago-Bello*, la rivière *Parmentire*; le *Lago* de *Fuente*; le *Estrecho* de *Rouguiello*, la rivière *Haro*, la rivière *Bernardo*, le lac *Velasco* & la péninsule de *Conibasset*; qui tous se trouvent nommés dans la relation ou plutôt dans la rêverie de l'amiral de Fonte. Aucun des auteurs espagnols, eux qui à d'autres égards élèvent si haut les découvertes de leurs compatriotes, ne connaît rien de ce voyage qui paraît être une production de quelque visionnaire. Cet auteur a certainement en général une manière d'écrire très-vague. Car il parle d'eau salée des lacs & d'un flux & reflux qui s'y fait sentir, Cependant il trouve nécessaire, pour avancer plus loin, d'avoir recours à des barques parce qu'il est obligé de passer quelques cataractes. Mais, si l'on y fait la mondre attention, comment est-il possible que le flux passe par-dessus une cataracte ? Et comment peut-on s'imaginer trouver de l'eau salée au-delà d'une cataracte ? Il faudrait avoir bien du temps à perdre ou être étrangement possédé du *cacoethes scribendi*, pour entreprendre une réfutation sérieuse d'une rêverie aussi absurde que celle-là. Elle ferait certainemeut une aussi bonne figure dans cet ouvrage, qu'un extrait de vingt pages de la relation bien connue de *Daniel Foe*, intitulée *Nouveau Voyage autour du Monde par une route qui n'a pas encore été tenue*; si on la mêlait à des matériaux pour l'histoire recueillis des papiers politiques, ou d'une collection de témoignages authentiques.

IX. Le dernier des voyages des Espagnols qui fut entrepris en 1775, par les ordres du vice-roi du Mexique *Don Antonio-Maria* de *Bukarelli-e-Orsua*. dans le dessein de faire des découvertes au nord sur la côte occidentale de l'Amérique dans la mer du sud, paraît avoir été, selon toute apparence, précédé par quelques autres voyages dont le public n'a jamais eu la moindre connaissance; car il est bien certain que les Espagnols tiennent toutes leurs affaires d'Amérique dans le plus grand secret possible. Il paraît qu'ils ont, non-ſeulement des miſſionnaires, mais auſſi un port & un commandant à Monterey. Il y a auſſi des paquebots qui vont régulièrement dans ce lieu, & ils diſent eux-mêmes que juſqu'à ce port il n'y a point de connaiſſances à acquérir ſur la navigation, la route qui y conduit ayant été fréquentée ſi ſouvent depuis l'établiſſement des colonies, & la meilleure manière de faire ce voyage étant déjà bien connue. La longitude de ce lieu eſt de dix-ſept degrés à l'eſt du port *San-Blas*, & la latitude trente-ſix degrés quarante-quatre minutes nord. Les deux vaiſſeaux étaient commandés par *Bruno Heceta*, & le commandement de la *galère* fut donné au lieutenant *Don Juan de Ayala* & au lieutenant *Don Juan-Franciſco de la Bodega*.

Le paquebot de Monterey appelé le *San-Carlos*, commandé par *Don Miguel Maurrique*, fit voile avec eux de compagnie. L'auteur de cette relation était *Antonio Maurelle*, ſecond pilote à bord de la *Senora*. Mais quelques vaiſſeaux avaient déjà été envoyés au cinquante-cinquième degré latitude nord en 1774, avant ce voyage. Les fréquents voyages des Anglais dans la mer du ſud, ſous Byron, Wallis, & deux fois ſous Cook, avaient réveillé l'attention des Eſpagnols ; les découvertes nombreuſes des Ruſſes dans l'Océan oriental, faites principalement entre les années

1767 & 1773, produisirent le même effet. En conséquence les Espagnols envoyèrent deux ou trois fois des vaisseaux de *Callao* à *Otaheite*, & en 1774, ils s'avancèrent vers le nord le long de la côte ouest de l'Amérique septentrionale, jusqu'au cinquante-cinquième degré de latitude nord-est, encore en 1775, & dans cette année les vaisseaux partirent le 16 de mars, de compagnie avec le paquebot. Le commandant du *Don Carlos* ayant donné des preuves évidentes de folie, fut mis à terre, & le commandement du paquebot fut confié à *Don Juan d'Ayala*, & Don Juan Francisco *de la Bodegay Quadra* demeura seul commandant à bord de la *Sonora*. Dès leur départ ils rencontrèrent de forts courants. Sur leur passage ils virent des albatross. (Pelecanus-Aquilus), des oies de Basan (Pelecanus-Bassanus) & les oiseaux du Tropique (Phœton-Æthereus), ainsi que des hirondelles de mer (*Bobos*, *Sterna-Stolida*). Ils eurent à lutter contre les courants & les vents contraires. Ils ne relâchèrent cependant pas à Monterey, mais ils prirent la résolution de diriger vers le quarante-troisième degré de latitude nord, & là de réparer leurs vaisseaux & de prendre de l'eau. Dans leur route ils virent une espèce très-extraordinaire d'algue-marine. La tige par laquelle la plante était attachée au rocher, était un long tube dont la partie supérieure était faite comme une orange, & du ſommet ſortaient de grandes feuilles larges. C'eſt pourquoi ils nommèrent cette plante *cabeza de naranja* ou la tête d'orange; immédiatement après ils apperçurent une autre eſpèce d'algue-marine avec de longues feuilles comme des rubans, on la nomme communément *zacute del mare.* Ils virent auſſi des veaux marins, des canards & des poiſſons. La latitude était de trente-huit degrés quatorze minutes. Le 8 de juin, ils virent très-diſtinctement la côte & un courant très-rapide vers le ſud. Le 9, ils relâchèrent dans un havre au quarante-unième degré ſept minutes, qu'ils nommèrent *de la Trinitad*, du nom de la fête de la ſainte Trinité. Les habitans de ce lieu reſſemblent beaucoup à ceux que *Cook* découvrit environ neuf degrés plus loin vers le nord. Leurs flèches étaient armées de pointes de caillou, de cuivre ou de fer. Ils avaient peut-être obtenu cette derniere ſubſtance par échange, ſoit des Anglais de la baie d'Hudſon, ſoit des Ruſſes. Le pays des environs eſt fertile & propre encore à recevoir de grandes améliorations. En continuant leur route, ils arrivèrent au voiſinage de l'île de *Dolores*, très-près de la terre, où ils mouillèrent, ſe propoſant d'y faire eau; mais ils perdirent dans cette tentative, leur barque, & la plus grande partie de leur équipage fut tuée par les ſauvages. Les Eſpagnols tuèrent aussi par représailles quelques-uns de ceux qui par une dissimulation perfide étaient venus les inviter à descendre à terre. Ensuite ils s'avancèrent plus au nord. Le 17 d'août, ils virent encore la terre au cinquante-septième degré deux minutes de latitude nord, là ils apperçurent une montagne à laquelle ils donnèrent le nom de *Santo-Hyacintho*, le promontoire fut appelé Cabo *del Enganno*. Le sommet de la montagne était couvert de neige & le penchant l'était de bois, comme le pays près le port de la *Trinitad*. Les Espagnols entrèrent enfin dans le port de *Guadaluppe*, au cinquante-septième degré onze minutes, & trente-quatrième degré douze minutes à l'ouest de *San-Blas*. Cependant ils remirent bientôt à la voile, & le 18 ils mirent à l'ancre dans le port de *Remedios*, au cinquante-septième degré dix-huit minutes de latitude nord, & trente-quatrième degré douze minutes à l'ouest de *San-Blas*. Ils érigèrent en cet endroit une croix, & prirent possession de cette contrée, que les Russes avaient découverte & fréquentée long-temps auparavant. Ils ne prirent dans ce lieu qu'un mât, un peu de bois & d'eau, & dirigèrent ensuite vers le sud, au cinquante-cinquième degré dix-sept minutes, ils virent le port de *Bukarelli* où ils prirent du bois & de l'eau. Ils avaient pendant ce temps plusieurs de leurs gens malades du scorbut, ce qui les obligea de retourner en diligence à *Monterey*. Au trente-huitième degré dix-huit minutes, ils entrèrent dans un havre qu'ils nommèrent de la *Bodaga*, du lieutenant de ce nom. Ils y perdirent leur chaloupe par un grand flot, & allèrent ensuite à *Monterey*. Ils étaient alors presque tous affligés du scorbut. Après s'être bien rétablis & rafraîchis, ils remirent à la voile, & le 16 novembre, ils rentrèrent dans le port de *San-Blas*.

Les Espagnols ont autrefois entrepris des voyages de découvertes très-importants ; mais dans le dernier siècle, la superstition, l'indolence, la chûte de leurs manufactures & de leur commerce, tout cela, joint à un faux systême de politique & à d'autres causes, les a jetés dans une espèce de léthargie, de laquelle cependant ils commencent à sortir sous le gouvernement actuel.

CHAPITRE V.

Des Découvertes & des Voyages faits par les Portugais dans le Nord.

SOUS la direction vigoureuse & patriotique de l'Infant Don Henri, dont la mémoire sera toujours glorieuse, les Portugais découvrirent différentes contrées. Dans le quinzième siècle, la science de la géographie & l'art de la navigation furent plus redevables de leurs accroissemens à cette nation qu'à toute autre. La célébrité du nom de *Vasco Gama* enflamma la jeunesse de Portugal & excita son émulation. Une multitude de héros s'empressa de marcher sur les traces de leurs prédécesseurs. D'immenses richesses acquises par le commerce des Indes entraient continuellement dans le Tage; les avantages résultans de ce riche commerce traînèrent à leur suite le luxe, l'orgueil & tous les vices qui accompagnent la prospérité, détruisent l'industrie, la vertu, la vraie religion & sappent par degrés les fondemens d'un empire. L'extinction de l'ancienne famille des rois de Portugal, la réunion de cette couronne à celle d'Espagne sous la puissance de Philippe II, les conquêtes des Hollandais dans les Indes & dans le Bréſil, les entraves que le pouvoir exceſſif de l'Inquiſition mettait à la liberté de penſer, toutes ces choſes contribuèrent principalement à dégrader cette nation, autrefois ſi active & ſi célèbre par ſes grandes entrepriſes, & à la réduire à un état d'indolence aviliſſante & d'une profonde inſenſibilité. Les Portugais reprirent à la vérité, pour quelque temps, leur courage accoutumé, à la révolution qui plaça la maiſon de *Bragance* ſur le trône. Mais les mines d'or & de diamans du Bréſil, en leur ouvrant de nouvelles ſources de richeſſes, ne ſervirent qu'à précipiter vers ſa perte un peuple qui était déjà bien près de ſa chûte. Son commerce avec l'Angleterre tarit ſes richeſſes au lieu deſquelles elle reçut les produits de l'induſtrie de cette puiſſance. L'agriculture, les arts, le commerce, la tactique & la navigation furent ſi négligés qu'il n'en reſta plus que l'ombre. Pombal s'efforça, il eſt vrai, de remédier à tant de maux, mais il était trop déteſté, ſes meſures étaient trop cruelles & trop injuſtes, & la nation était trop déchue de ſa primitive énergie, pour qu'il lui fût poſſible de la lui redonner. Ce royaume quoique favoriſé de la nature, eſt encore trop profondément enveloppé des ténèbres de la ſuperſtition, pour avoir rien à eſpèrer à cet égard. Le gouvernement trop peu inſtruit des vrais principes de l'économie politique, n'a pas cette ſollicitude qui rendrait ſes indolens citoyens actifs & induſtrieux; l'engourdiſſement où ſont les arts & les ſciences, l'agriculture & le commerce, augmente de jour en jour la faibleſſe de l'état. Il eſt donc en grand danger d'être englouti à la première occaſion favorable, par une puiſſance voiſine telle que l'Eſpagne, qui augmente tous les jours en grandeur & en pouvoir.

Mais lorſque le Portugal était encore dans toute ſa gloire, lorſque ſes habitans étaient encore animés de l'eſprit des grandes actions, & que le gouvernement était attentif aux objets importans qui ſe préſentaient, cette puiſſance regarda toutes les découvertes faites par l'Eſpagne dans le nouveau monde, comme autant d'uſurpations ſur ſes droits & ſa propriété, malgré la donation faite par le pape, & la promeſſe de la moitié du monde que le Portugal n'avait acceptée qu'avec répugnance. Ce fut une même eſpèce de jalouſie qui inſpira à *Gaſpar de Cortereal*, homme de naiſſance, la réſolution de découvrir de nouvelles contrées & une nouvelle route aux Indes. Il partit de Liſbonne en 1500, ou comme d'autres l'aſſurent, en 1501. Dans le cours de ſa navigation il arriva à Terre-Neuve dans une baie qu'il nomma baie de la *Conception*, nom qui lui eſt toujours reſté. Il viſita toute la côte orientale de cette île, & vint enfin à l'embouchure de la grande rivière du Canada. Ensuite il découvrit une terre qu'il nomma, le premier, *Terra-Verde*, mais qu'on appela par la suite *Terra de Cortereal*, pour honorer la mémoire du navigateur, qui la découvrit. Il nomma la partie de cette contrée qui est en-deçà du cinquantième degré latitude nord, *Terra de Labrador*, parce qu'il la crut propre au labourage & à la culture. Cette étendue de terre est appelée, dans la cosmographie *de Sébastien Munster*, Terra Agricola. Il est très-probable que *Cortereal*, étant aux îles *Button* & au cap *Chidley*, supposa de *bonne-foi* que c'était le détroit qui devait conduire dans la mer des Indes. On dit aussi que ce détroit reçut alors de *Cortereal*, le nom d'*Anian*, de deux frères appelés ainsi. Après avoir fait cette découverte importante, *Cortereal* s'empressa d'en communiquer à sa patrie, l'intéressante nouvelle ; il eut à peine fait part de ses connoissances, qu'il se hâta de retourner pour visiter les côtes de Labrador, & aller aux Indes par le détroit d'*Anian* qu'il imaginait avoir heureusement découvert. Mais on n'entendit plus parler de lui ; sans doute qu'il aura été massacré, par les sauvages Eskimaux, ou qu'il aura péri dans les glaces. Après cela son frère *Michel de Cortereal* entreprit le même voyage avec deux vaisseaux, il eut probablement la même destinée

tinée que ſon frère. L'aîné de ces deux infortunés, *Vaſquez de Cortereal*, qui était chambellan du roi, ne recevant point de nouvelles de ſes frères, réſolut d'entreprendre le même voyage dans l'eſpérance de les retrouver; mais le roi ne voulut point lui permettre de s'expoſer à un danger ſi éminent.

II. Entre les nations qui faiſaient une pêche conſidérable ſur les bancs de Terre-Neuve, nous trouvons dans un temps très-éloigné, les Biſcayens, les Eſpagnols & les Portugais; car dès l'année 1578, le capitaine *Antoine Parkhuſt* comptait cinquante vaiſſeaux portugais à la côte de Terre-Neuve, ils portaient enſemble au moins trois mille tonneaux. Il faut obſerver qu'une pêcherie auſſi conſidérable n'a pu ſe former tout-à-coup, mais qu'elle s'eſt établie par degrés; conſéquemment il doit s'être écoulé un temps aſſez long avant qu'elle ait pu s'élever au point où elle était alors. Mais les Français ont pêché ſur cette côte, au moins dès l'année 1504; ainſi il eſt très-probable que les Portugais y ont pêché auſſi, ſoit dans le même temps, ſoit au moins peu après. Ceci montre évidemment l'étendue de la navigation, ainſi que le caractère actif & induſtrieux des Portugais à cette époque, puiſqu'ils employaient plus de cinquante voiles à la pêche ſur le banc & ſur les côtes de Terre-Neuve, dans le temps où très-peu de vaisseaux anglais suivaient cette branche de commerce.

III. Nous trouvons dans le Livre de *Lucas Fox*, intitulé le *Nord-Ouest* de Fox, Londres, in4°. 1635, *pag.* 162 (*a*), une déposition faite par un certain *Thomas Cowles*, matelot anglais, de *Badminster* en *Somersetshire*. Cette déposition fut faite dans l'année 1579, temps où un serment étoit encore universellement considéré comme un acte très-solennel de religion. Cette déposition porte que « Cowles étant à Lisbonne six ans auparavant (conséquemment en 1573), il entendit un certain » Martin *Chacke* ou *Chaque*, marin portugais, » lire un livre que ce même *Martin Chaque* avait » écrit & publié en langue portugaise six ans » auparavant (c'est-à-dire en 1567). Il affirmait » dans ce livre que, douze ans auparavant (c'est-» à-dire en 1555), il avait fait voile des Indes » pour le Portugal, dans un petit vaisseau d'en-» viron quatre-vingts tonneaux, accompagné de » quatre autres très-grands vaisseaux, desquels il » fut séparé par une tempête élevée par un vent » d'ouest, qu'il avait passé près de plusieurs îles, & » navigué enfin à travers un golfe près de Terre-» Neuve, au cinquante-neuvième degré de latitude

(*a*) Cette relation a été prise par *Fox* des *Voyages de Purchas*, Part. III, pag. 849.

» nord, selon son estime, & qu'après avoir tra- » versé ce golfe, il n'avait plus vu de terre jusqu'à » ce qu'il fut arrivé à la vue de la partie nord- » ouest de l'Irlande, d'où il était parti pour Lis- » bonne où il arriva un mois ou cinq semaines » plutôt que les quatre autres vaisseaux ».

Si cette relation était de nature à mériter notre confiance, elle serait une très-forte preuve de l'existence d'un passage. Mais le simple témoignage d'un matelot qui a entendu lire la description d'un voyage dans un livre qui n'était peut-être qu'un roman, ne porte pas avec soi la moindre conviction. Conséquemment il serait aussi absurde de faire quelque fond là-dessus, qu'il le serait de conclure, après avoir lu un extrait de M. *Busching* du roman de *Foe*, intitulé *Nouveau Voyage autour du Monde par une route inconnue jusqu'à présent*, qu'un tel voyage a été entrepris dans les années 1713 & 1715, & qu'une contrée d'or & une île de perles comme celles qui sont décrites dans ce livre, ont été réellement découvertes. D'ailleurs, les fréquentes recherches qu'on a faites dans la baie d'Hudson, les voyages des Espagnols, des Anglais & des Russes le long des côtes occidentales de l'Amérique, nous donnent les plus grandes probabilités qu'il n'existe pas de passage dans ces contrées; & que le détroit imaginaire d'*Anjoy* ou d'*Anian* n'existe que dans les cerveaux foibles des visionnaires, si par ce nom l'on entend un détroit conduisant de la mer du sud dans la baie d'Hudson. Car à d'autres égards le détroit entre l'Asie & l'Amérique que j'ai nommé détroit de *Berring*, ou de *Cook* & d'autres de *Deschneff*, peut être également bien appelé détroit d'Anian.

IV. Le jésuite *de Angelis*, Portugais, alla dans les années 1620 & 1621 à la côte de *Matsmai*; le frère *Jacob Caravalho* y alla aussi. Ils rapportent que dans l'île d'*Eso* ou *Yedso*, dans le voisinage de la ville de *Matsmai*, il y a de très-riches mines d'argent dans lesquelles travaillent environ cinquante mille Japonais; que parmi eux il s'en trouve qui y sont volontairement & de leur propre choix, mais que les autres sont des criminels condamnés par les lois à ce genre de travail; ils ajoutent qu'il y avait alors dans ce nombre quelques chrétiens. Ils disent encore qu'il coule une rivière près de la ville de *Matsmai* ou *Matsumai*, où l'on trouve en abondance de la poudre d'or. Les habitans des parties orientales apportent au marché les peaux d'un poisson (la loutre de mer) qu'ils achetent de quelques habitans des îles voisines lesquelles sont au nombre de trois. L'animal auquel ces peaux appartiennent, est appelé *raccon*, & une peau se vend environ quarante écus. Chaque habitant de Matsmai est son propre maître, ces hommes ſont forts, bien faits & d'un bon caractère. Ils portent la barbe longue & de grands anneaux d'argent ou de ſoie aux oreilles. Leurs armes ſont des arcs & des flèches empoiſonnées, des lances, & de petites épées ou poignards. Ils portent des cuiraſſes faites de petites planches de bois. A Matſumai on donne du vin pour des fourrures, des plumes d'oiſeaux & différentes eſpèces de poiſſons. On commerce auſſi du riz, de la ſoie, du coton & de la toile. On y adore le ſoleil, la lune & les dieux des montagnes & des mers. Ces peuples n'ont qu'une idée très-imparfaite d'un état futur; ils ſont cependant très-humains, très-ſociables & de très-honnêtes gens. Ce petit nombre de particularités eſt tout ce qu'il y a de connu ſur la nature de la contrée d'*Eſo* & de *Matſumai*.

V. Dans une carte de l'Inde publiée pour la première fois à Liſbonne en 1649, par *Pierre Texeira*, coſmographe du roi de Portugal, laquelle prouve, ainſi que pluſieurs autres de ſes ouvrages, qu'il était très-habile géographe, nous trouvons d'abord un grouppe d'îles ſituées à dix ou douze degrés au nord-eſt du Japon, au quarante-quatrième & quarante-cinquième degré de latitude nord, où la côte s'étend de l'oueſt à l'eſt, avec les mots ſuivans : « terre de *Joao-da-Gama* » l'Indien, vue par lui en allant de la Chine à

» la Nouvelle-Espagne (*a*) ». Mais on ne sait en quelle année ce voyage a été fait, & il n'est pas possible de déterminer avec quelque certitude qui était ce *Joao-da-Gama.* Il paraît cependant avoir été un voyageur né dans l'Inde, mais d'extraction portugaise. La terre dessinée par Texeira est probablement la même que l'île d'*Urup* ou l'île *Samussir* ou *Schimussir.* La dernière a environ cent trente *wersts*, c'est-à-dire, soixante-seize milles géographiques, en longueur. Il est vrai que *Texeira* a marqué la côte comme s'étendant en une ligne continue jusqu'au détroit d'Anian (Estraito de Anian) qui est situé entre l'Asie & l'Amérique. Mais on peut clairement appercevoir par ce plan, qu'il n'avait pas une exacte connaissance de la continuation des côtes de l'Asie; car, selon lui, le détroit d'Anian est au cinquantième degré de latitude nord, ce qui certainement est très-éloigné de la vérité.

VI. Enfin j'ai trouvé, dans les *Considérations Géographiques* & *Physiques* de M. *Buache*, Paris, in-4°. 1753, *pag.* 138, une relation où on lit qu'en 1701, un matelot du *Havre-de-Grace* avait vu, vingt-huit ans auparavant, à Oporto en Portugal un vaisseau, appelé *lo Padre-Eterno*,

(*a*) *Terra q. uio do Joao-da-Gama Indo, da China pera nova Espaha.*

commandé par le capitaine David *Melguer*, qui mourut précisément dans ce temps & aux funérailles duquel il assista. On dit que ce *Melguer* partit du Japon avec son vaisseau *lo Padre-Eterno*, le 16 de mars 1660, qu'il navigua le long de la côte de Tartarie jusqu'au quatre-vingt-quatrième degré de latitude nord; qu'il dirigea ensuite sa route entre le Spitzberg & l'ancien Groenland, & qu'en naviguant ainsi à l'ouest de l'Ecosse & de l'Irlande, il entra enfin dans le port d'*Oporto*. Telle est la partie essentielle de sa relation, qui cependant ne mérite pas de confiance; car depuis les années 1637 & 1638, les Portugais & les Espagnols sont absolument, & pour toujours bannis du Japon. Comment était-il donc possible qu'un vaisseau portugais vingt-deux ans après cette époque, partît du Japon, contrée où les Portugais n'étaient plus admis, ni soufferts depuis long-temps? Cette considération seule est une preuve suffisante que toute cette relation n'est qu'une pure fable accréditée par quelques matelots, & dénuée même de la moindre probabilité.

Nous n'avons pas d'autre relation concernant les voyages des Portugais dans le Nord. Ils se contentent aujourd'hui de naviguer à leurs possessions du Brésil, de la côte d'Afrique, aux Açores, aux îles du Cap-Vert & à Madère; ce n'est que rarement que quelques-uns de leurs vaisseaux vont à Goa, à Macao & à Timor. Le mauvais état de leur commerce & de leur marine, leur rendent très-difficiles ces navigations. Conséquemment il ne faut plus attendre de cette nation aucun voyage au Nord, puisqu'elle n'en pourrait tirer aucun avantage.

CHAPITRE VI.

Des Voyages & des Découvertes faites dans le Nord par les Danois.

Les anciens Normands avaient coutume de parcourir les mers les plus éloignées, avec une intrépidité qui n'a pas même été surpassée dans l'état florissant où se trouve actuellement la navigation ; ces peuples qui habitent un pays dont les côtes s'étendent fort loin, & qui est, pour la plus grande partie, environné par la mer, de laquelle ils tirent leur subsistance au moyen de la pêche, doivent sans doute mieux connaître la navigation & être plus habitués à la rigueur du froid qu'aucune autre nation. On ne peut nier que les habitans de la Norwège & les Danois ne soient aujourd'hui d'excellens marins. Vers la fin du quatorzième siècle & au commencement du quinzième, leur principale navigation consistait dans les voyages d'Islande & de Groenland; ils avaient même enfin entièrement abandonné ceux de Groenland.

I. Le gouverneur d'Islande ayant confisqué en 1564, tous les revenus du couvent d'Helgafjœl au profit du roi, y trouva un moine aveugle qui y vivait dans l'indigence & la misère. Le gouverneur le fit venir, & apprit de lui, que dès ses premières années il avait été jeté dans un couvent par ses parens, & qu'à l'âge de trente ans, l'évêque du Groenland l'avait mené avec lui à *Drontheim* en Norwège chez l'archevêque : mais qu'à leur retour l'évêque l'avait laissé au couvent d'*Helgafjœl* en Islande. Ceci se passa en 1546; il donna dans la suite une description du Groenland & du couvent de Saint-Thomas, dans lequel il avait autrefois habité; sa relation est conforme à celle de *Zeno* à quelques fables près qu'il y ajoute. D'après ses discours on conclut qu'il serait facile d'arriver à la Chine par la mer Glaciale. Le gouverneur donna des ordres pour qu'un des vaisseaux du roi, qui avait passé l'hiver en Islande, fût équipé & envoyé au Groenland. En conséquence le capitaine mit à la voile le 31 mars 1564, & découvrit le Groenland le 20 avril, mais il ne put y aborder à cause des glaces, ni jeter l'ancre par la profondeur de la mer. Les gens de l'équipage vinrent donc à terre dans leur canot, en grimpant le mieux qu'ils purent ſur la glace. Ils trouvèrent près de la côte un Groenlandais mort dans ſon petit bateau. Auſſi-tôt après leur débarquement ils furent attaqués par un ours blanc qu'ils tuèrent. Un vent violent s'éleva & ils regagnèrent leur vaiſſeau, ſe dirigeant de l'eſt de l'Iſlande vers le Nord dans le deſſein de paſſer de la mer Blanche dans celle de la Tartarie & delà au Catay, mais la glace les empêcha d'aller plus loin & les contraignit de ſe rendre en Iſlande le 16 juin. On trouve cette relation dans le *Dithmar Blesken Iſlandia, ſive populorum, & mirabilium quæ in ea inſula reperiuntur, accuratior deſcriptio; Lugd. Bat.* 1607.

II. Chriſtian IV, roi de Danemarck, deſirait auſſi reconnaître le vieux Groenland, qui avait fait partie des états de ſes ancêtres. Dans cette intention il donna des ordres pour un voyage à ce pays; & afin de remplir ſes vues il fit venir d'Angleterre & d'Ecoſſe des pilotes expérimentés, *John Cunningham*, *James Hall* & *John Knight*. Il équipa trois vaiſſeaux, & *Gotske Lindenau*, noble Danois, fut nommé pour commander l'expédition en qualité d'amiral. Il prit pour ſon inſtruction les anciennes relations iſlandaiſes du Groenland, avec le journal du voyage que *David Von-Nelle* avait fait dans ce pays par les ordres de Frédéric II. Le 2 mai 1605, ils gagnèrent le large. Comme ils approchaient de la glace, *Hall* dirigea sa route au sud-ouest. *Gotske Lindenau* dirigea la sienne au nord-est, & aborda sur les côtes orientales du Groenland. Les naturels du pays vinrent à bord de son vaisseau. Ils buvaient de l'huile de baleine, & convoitaient beaucoup le fer & l'acier. *Lindenau* après y avoir passé trois jours, retint par force à son bord deux de ces sauvages, ils firent cependant une résistance courageuse pour recouvrer leur liberté, les autres lancèrent des flèches & jetèrent des pierres aux Européens, mais le bruit d'un coup de canon les dispersa bientôt. *Gotske Lindenau* se hâta de se rendre à Copenhague où il arriva heureusement.

James Hall aborda sur les côtes occidentales du Groenland, où il trouva plusieurs havres, de beaux pays & de bons pâturages. Les habitans y étaient fort timides. Les Danois trouvèrent plusieurs endroits où il y avait du soufre brûlant. Ils trouvèrent aussi de l'argent sous la forme de poudre noire, dont cent livres rendirent à Copenhague vingt-six onces d'argent. James Hall appela *Christianus*, du nom du roi son maître, le cap *Farewell* situé au cinquante-neuvième degré cinquante minutes de latitude nord. Cinq lieues plus loin l'aiguille aimantée varia de douze degrés quinze minutes à l'ouest. Un courant très-fort le porta vers le nord contre la glace des côtes de l'Amérique : mais sur les côtes du Groenland le courant portait au sud. Pour du fer, des clous & des couteaux, il reçut en échange des peaux de veaux marins, des cornes de narval, des dents de morses & des fanons de baleines. Après avoir été quelque temps dans un havre au soixante-sixième degré trente-trois minutes, à trafiquer avec les habitans, il en fut attaqué subitement par une décharge de pierres & de flèches; mais ayant tiré sur eux un fauconneau, ils furent entièrement dissipés. Il fut encore attaqué deux fois de la même manière. Il se retira dans un havre près le mont Cunningham, qu'il nomma le *havre de Danemarck*. Il y trouva environ trois cents natifs. Les anses qui sont assez profondes abondaient en saumons, en harengs, en baleines & en veaux marins. Il y vit des corbeaux, des corneilles, des faisans, des perdrix (gélinottes), des mouettes & d'autres espèces d'oiseaux. Il y avait des renards noirs, il vit de la fiente & des bois de cerf. Il fit route plus loin au soixante-neuvième degré. Ayant souffert des hostilités de la part des sauvages, il se saisit de trois d'entr'eux, & se trouva dans la triste nécessité d'immoler les autres à sa tranquillité. Il traita ses prisonniers avec humanité, & à son retour, il les présenta au roi. Conformément aux ordres qu'il avait reçus du premier miniſtre deDanemarck, il mit à terre deux coupables condamnés à mort, les ayant munis d'avance de proviſions & des choſes néceſſaires à la vie. Le 15 juillet, il était au cinquante-ſeptième degré, & le jour ſuivant parmi des glaces flotantes, il apperçut une grande multitude de baleines, le courant portait au nord-oueſt. Le premiera d'août, il rencontra une quantité incroyable de harengs, qui lui firent eſtimer qu'il était dans les parages des Orcades. Le 10, il mouilla dans la rade d'*Helſingor*.

III. Les ſuccès de ce voyage portèrent le roi à faire une ſeconde entrepriſe de ce genre. Le 27 de mai 1606, cinq vaiſſeaux partirent de Copenhague ſous les ordres de *Gotske Lindenau* & de *James Hall*. Le 4 d'août, ils arrivèrent au Groenland avec quatre vaiſſeaux, le cinquième ayant été ſéparé dans une tempête. Ils naviguèrent le long des côtes & entrèrent dans pluſieurs havres; ils virent des rennes; mais les ſauvages leur firent des hoſtilités malgré le commerce de fer qu'ils avaient commencé avec eux. Les Danois à leur départ firent cinq ſauvages priſonniers, un d'eux ſe jetta à la mer & fut noyé. Ils trouvèrent à leur retour le vaiſſeau qu'ils avaient perdu de vue, & arrivèrent enfin à Copenhague le 5 d'octobre.

IV. Quoiqu'on n'eût rien découvert de nouveau

dans ce voyage, & qu'on n'en eût tiré aucun avantage, le roi résolut d'envoyer encore deux vaisseaux qu'il fit expédier en 1607, sous les ordres d'un Holsteinois, nommé *Karsten-Richardt*. Un de ces vaisseaux fut commandé par *James Hall*, ils quittèrent le *Sond* le 13 de mai, & découvrirent le Groenland le 8 de juin. En s'efforçant de continuer leur route à travers la grande quantité de glace qui les environnait, ils furent séparés : Richardt après plusieurs vaines tentatives fut contraint de s'en retourner sans avoir rien fait. Et tandis que *Hall* faisait tous ses efforts pour passer à travers la glace, son équipage se révolta, & le força de prendre d'autres mesures & de diriger sa route vers l'Islande, de sorte que cette expédition fut manquée.

V. Comme on apprit qu'en 1610, *Henri Hudson* avait découvert un nouveau détroit, & qu'il y avait, au-delà, une mer assez vaste, *Christian* IV, roi de Danemarck, crut qu'il serait possible qu'il y eût un passage aux grandes Indes, qui aurait été très-avantageux; il fit équiper en conséquence deux vaisseaux en 1619, & en donna le commandement à *Jean Munck*. *Munck* mit à la voile, du Sond le 16 de mai de la même année, & découvrit le 20 juin, le cap *Farewell*. Il passa le détroit d'Hudson qu'il nomma (Fretum-Christiani) ou détroit de Christian, du nom de son roi.

Dans une île de ce détroit, ils trouvèrent une renne qui fut tuée; & l'île fut nommée à cause de cela *Deer's-Island;* elle est située au soixante-unième degré vingt minutes latitude nord. *Munck* appela *Mare-Novum* (ou Nouvelle-Mer), la mer qui touche à l'Amérique (c'est-à-dire, les côtes de Labrador), & donna le nom de *Mare-Cristianum* (ou de mer de Christian) à celle qui avoisine le Groenland (si c'est en effet le Groenland), vers le soixantième degré vingt minutes, il trouva tant de glace qu'il lui fut absolument impossible d'aller plus loin, alors il se dirigea au sud & entra dans la rivière de *Churchill.* Lorsqu'il fut à tetre il vit sur une pierre une figure qui avait des griffes & des cornes. Il trouva aussi des chiens qui étaient muselés, des foyers & des restes de huttes de sauvages. Les gens de son équipage mangèrent de la chair d'ours blanc, des lièvres & des perdrix, ils prirent quatre renards noirs & quelques zibelines. Leur bière, leur vin, leur eau-de-vie étaient gelés & firent crever les barriques. La glace était épaisse de trois cents à trois cents soixante pieds. La plus grande partie de l'équipage tomba malade du scorbut qui fut suivi de la dissenterie. Le 4 juin, *Munck* tomba aussi malade & passa quatre jours sans boire, ni manger, car les provisions étaient presque épuisées; malgré cela il se rétablit, se traîna hors de sa cabane, & de soixante-quatre hommes qui composaient son équipage, il n'en trouva que deux vivans. Ces deux hommes furent ravis de revoir leur capitaine, & ils essayèrent tous trois de se soulager mutuellement, en cherchant leur nourriture dans la neige. Ils arrachèrent des racines qu'ils mangèrent & qui furent pour eux un restaurant efficace. Le 18, la glace étant fondue, ils commencèrent à pêcher des saumons & des truites, & en peu de temps ils recouvrèrent entièrement la santé. Enfin, ils laissèrent le plus grand vaisseau dans la rivière qu'ils nommèrent le havre de *Munck*, & partirent dans le plus petit; ils perdirent alors leur canot, & la glace brisa leur gouvernail qu'ils réparèrent avec beaucoup de difficulté; cependant lorsque la glace fut rompue, ils retrouvèrent le canot qu'ils avaient perdu depuis dix jours. Il s'éleva ensuite une violente tempête qui rompit leur mât & emporta leurs voiles, enfin, ils eurent le bonheur d'aborder dans un havre de Norwège, & peu de jours après ils arrivèrent à Copenhague, où le roi qui les avait regardés comme perdus fut très-étonné de les revoir. Ce *Munck* fut dans la suite employé par le roi en 1624, 1625 & 1627, dans la mer du Nord & sur l'Elbe, & mourut le 3 juin 1628, dans une expédition maritime. Le roi avait en 1620, établi une nouvelle compagnie de Groenland

land, qui devait envoyer tous les ans deux vaisseaux à la pêche de la baleine; mais cette compagnie fut encore dissoute en 1624, parce qu'elle n'eut pas les moyens de continuer plus long-temps la pêche de la baleine; & le roi permit à tous les particuliers de Danemarck d'aller au Groenland.

VI. En 1636, le roi établit une nouvelle compagnie de Groenland, qui, en conséquence, envoya ses premiers vaisseaux le 6 avril; mais pour se conformer aux préjugés de ces temps, ils négligèrent entièrement la pêche des phoques, des saumons & de la baleine, ainsi que toutes les autres productions utiles de ce pays, pour se borner uniquement à la recherche de l'or & de l'argent. Ils emportèrent une grande quantité de sable brillant qu'on trouva cependant ne contenir aucun métal. Ce mauvais succès dégoûta les intéressés, & la compagnie fut dissoute.

VII. Au mois de novembre 1773, on inséra sous le nom de M. de la Lande, une lettre dans le Journal des Savans, dans laquelle il est dit qu'un vaisseau du roi de Danemarck, appelé le *Northern-Crown*, & commandé par le baron *von Uhlefeld*, avait mis à la voile de *Bornholm* en Norwège (où cependant il n'y a point d'endroit de ce nom), fourni de provisions pour dix-huit mois, avec des astronomes, des dessinateurs &

tout ce qui était néceſſaire pour un voyage; que ce vaiſſeau avait trouvé dans la baie d'Hudſon un paſſage à la mer d'Amérique au-deſſus de la Californie. Cette lettre porte encore qu'on trouva dans le détroit un grand nombre de buffles & de bêtes fauves, & qu'après avoir ſouffert bien des fatigues, le vaiſſeau arriva le 11 de février 1773, par le détroit de le Maire, près l'île de Roſs en Iſlande, & fut conduit à Brême, parce que le Sond était gelé; qu'enfin, après une abſence de trois ans, ſept mois & onze jours, il était arrivé à Copenhague.

Il eſt aiſé d'appercevoir que cette lettre eſt entièrement ſuppoſée, & qu'elle a été faite dans l'intention de détourner l'attention que toute l'Europe portait au voyage du capitaine Cook & à ſes découvertes, & pour rabaiſſer peut-être le mérite de ce grand homme, dont le nom, quoi qu'on puiſſe faire, ſera immortel, comme ſes découvertes ſont nombreuſes & importantes.

Il ne ſerait point avantageux maintenant aux Danois de faire de nouvelles découvertes dans le Nord, ou de trouver un paſſage aux Indes; conſéquemment il n'eſt pas probable qu'ils faſſent aucune dépenſe pour mettre à exécution un projet dont ils tireraient ſi peu de profit.

CHAPITRE VII.

Voyages & Découvertes des Russes dans le Nord.

UNE grande partie de la contrée, appelée aujourd'hui Russie, était habitée vers le nord-est & le nord, dès les temps les plus reculés, par un peuple d'origine *Finnoise*, peut-être descendu des anciens Scythes. Vers le nord-ouest étaient des tribus composées d'un mêlange de colonies Grecques & *Sauromates*, desquelles sont descendus les *Lithuaniens*, les *Lettoviens*, les *Livoniens* & les *Courlandois* modernes, ainsi que les anciens *Prussiens*. Toute la partie méridionale de la Russie jusqu'à la Crimée fut, pendant quelque temps, habitée par les *Goths*; & une nation descendue des Mèdes, appelée *Sauromates*, c'est-à-dire, *Mèdes du Nord*, habitait le pays situé entre le Wolga, le Don & le Caucase. Dans la suite, lorsque des essaims de nations barbares sortirent successivement de l'est, & que quelques-unes des différentes tribus des Goths eurent, vers le milieu du troisième siècle, pénétré dans les régions occidentales de l'empire Romain, une partie des Sauromates se trouva dans la nécessité de se retirer vers le nord & l'oueſt. Ces peuples avaient dès ces temps reculés, la même conſtitution politique que nous voyons toujours chez eux. Chaque individu de la nation était ou maître ou eſclave. Ceux qui tenaient le premier rang parmi eux formaient la tribu de *Slaw* & *Slawne* ou nobles. Delà tous ceux qui étaient illuſtrés par de grandes actions, ou ſeulement capables d'en faire, furent enſuite auſſi appelés *Slawne*. C'eſt ſous cette dénomination qu'ils furent connus aux Européens; mais les tribus particulières de cette nation ne l'ont été que depuis peu. Ces tribus prenaient fréquemment leur nom de quelque rivière, auprès de laquelle elles étaient établies; de quelque ville, ou de la contrée qu'elles habitaient. Ainſi le nom de Polabes dérive de la rivière *Laba* ou Elbe; celui de Poméraniens, de leur habitation *Po-Moru*, ou près de la mer; les Havellaniens ont pris le leur de la rivière *Havel*; les *Maroara* ou Moraviens, de la *Morawa*; les *Warnabi*, du *Warnouve*; les *Polotzanis*, de la *Polate*; les *Chrobates*, de leur ſéjour dans les montagnes, (*Chrebet*); les *Tollenſians*, de la rivière *Tollenſea* dans la Poméranie citérieure: cette rivière ſe jete dans la *Peene*, près *Demmin*. De *Siden* ou *Sedin*, le *Stellin* des modernes, une tribu a été nommée *Sidiniens*; une autre, *Brizanians*, de *Brizen* (Treunbrizen); les Kiſſinians ont reçu leur nom de *Kuſſin*, ville qui subsistait dans ces temps reculés, & de laquelle on retrouve encore les traces dans un village près de Rostock, appelé *Kessen* ou *Kissen*; & enfin, les *Lutitziens* ont été nommés ainsi de *Loitz*, sur la rivière de *Peene*. Mais il y a aussi quelques noms de ces tribus qui sont originaux, comme par exemple ceux des *Sorbs* ou *Serbs*, les *Tschechs* ou Bohémiens; les *Lachs*, *Lechs* ou Polatres, c'est-à-dire, les Polonais; les Russes prirent leur nom vers l'année 862, des Waregiens *Rossi* plus modernes. L'orage qui, à la suite d'Attila, répandit la terreur & la dévastation sur la terre, depuis 435 jusqu'en 456, fut court & passager. Dans ce temps parurent en Europe, les tribus Turques, qui avaient habité jusqu'alors la *grande Turquie*, (c'est-à-dire, la petite Bukharie) & le *Turkistan*, (où la ville de *Turkistan* subsiste encore sur les bords du *Taras*), & ces tribus établirent de nouveaux empires dans cette partie du monde. L'empire des *Wlagi*, *Wolochi*, *Wologares*, *Wolgars* ou *Bulgares*, est appelé de même, Grande-Bulgarie; il est situé au-delà du Wolga sur les bords des rivières *Kama*, *Bielaia* & *Samara*. L'empire de *Borkah* ou *Ardu* des Turcs Asconiens, s'étendait sur le côté du Wolga depuis *Uwiech*, près Saratof, jusqu'au Caucase. Une partie de ces tribus était appelée *Kumani* ou *Komam*, de la rivière *Kuma*, & leur ville était nommée *Kumager* (*a*) ; plus loin résidaient les *Madschiard*, *Mascharts*, *Pascatirs* ou *Baschkirs*, tribu d'origine Finnoise, près les montagnes d'Usal & de Bielaia. Bientôt après encore d'autres tribus Turques, comme les *Chazars*, les *Pelshenegs*, les *Uziens* & les *Polowriens* & même les Bulgares s'avancèrent dans la partie méridionale de la Russie & dans la Moldavie, la Bessarabie & la Crimée. La Russie était alors gouvernée par ses grands-Ducs qui étaient, ainsi que leur noblesse, Waregiens d'origine. Le nombre des petites principautés qui divisaient l'empire, les prétentions des plus petits princes à la souveraineté, ainsi que le pouvoir excessif & les grandes richesses du clergé, tout cela contribuait à affaiblir cet empire. Les petits princes étaient rarement très-satisfaits de leurs grands-Ducs, ce qui élevait d'abord de frivoles contestations & bientôt des guerres civiles destructives. Mais dans le treizième siècle, sur les

(*a*) Les ruines connues aujourd'hui sous le nom de Ruines de *Madschiar*, paraissent être plutôt les restes de la ville de *Kumager* sur les bords du *Kuma* & du *Bymara*. Le mot *Kumakir* signifie dans la langue Turque, *la plaine de Kuma*. En effet, il y a aux environs de ce lieu une grande plaine, & par ce mot *Kumager*, nous devons entendre la *ville de la plaine de Kuma*, *Shæhr Kumakio*.

bords de la rivière *Onon* & *Kerlon*, il s'éleva un nouvel empire qui donna de la célébrité à une nation des Mongols (ou Moguls) inconnue jusqu'alors; *Temudschin* les commandait en 1201, bientôt après sa victoire sur les *Taissus*, les *Nainans*, les *Mekritties* ou *Merkitts*, & après plusieurs incursions dans le Tangut, eut le nom de Genghis-Kan que lui donnèrent toutes les hordes soumises à son commandement. Les victoires de ce prince furent grandes & rapides. Il donna à ses fils le commandement de quelques tribus des Moguls & de quelques-unes des nations conquises, & ces princes partirent pour soumettre les nations de l'Asie à la puissance de Genghis-Kan. Tuschi-Kan un de ses fils alla en 1211, attaquer les habitans de Gete (*a*) & de Kaptschak, dans la partie méridionale de la Russie, depuis le Dnieper jusqu'à *Emba* ou *Yemba*, & toutes les nations qui vivaient vers l'ouest. Les *Komaniens*, les *Wlachs*, les *Bulgares* & les *Hongrois* ou *Madschiars* furent conquis par Tuschi. *Batu-Kan* son fils attaqua les Russes & les Polowriens & les défit dans une grande bataille qui se donna près de la rivière *Kalka* qui

(*a*) *Gete*, selon M. de Guignes, est une contrée située à l'ouest & au sud-ouest de l'Irtish; mais M. Danville la place au nord de la contrée de Tursau ou au sud du haut Irtish.

ſe jète dans la mer d'Azof près du Don. Les chefs des Moguls enorgueillis de cette victoire, opprimèrent ſouvent les Ruſſes dans différentes occaſions. D'un autre côté les princes Ruſſes conduits par une fauſſe ambition & par les petites conteſtations qui s'élevaient parmi eux, avaient coutume de s'adreſſer à la horde dorée du Kan, près du Wolga, pour acheter par de honteuſes humiliations & de riches préſens, le titre de grand-duc. Cependant les continuelles diſſentions & les guerres civiles des Moguls affaibliſſaient leur puiſſance, & les princes Ruſſes furent enfin honteux d'adorer une ombre de pouvoir & de grandeur, & de tenir de ces inſolens oppreſſeurs un titre qu'il était bien plus honorable de devoir à leur propre valeur. *Iwan-Waſſilewitſch* fut le premier grand-duc qui, vers la fin du quinzième ſiècle, ſecoua un joug ſi humiliant; il refuſa de payer le tribut accoutumé & battit les Moguls en différentes rencontres. *Iwan-Waſſilewitſch* le premier czar & *Autocrate* de toutes les Ruſſies, monta ſur le trône en 1533; il fit la conquête des royaumes de Caſan & d'Aſtracan, & étendit fort loin la puiſſance de la Ruſſie. Les Coſaques du Don cauſaient de grands dommages à ſes ſujets par leurs incurſions & troublaient leur repos. Il envoya dans l'année 1577, des forces conſidérables pour punir ces déprédateurs. Avant l'arrivée de ces troupes, plusieurs des Cosaques avaient eu la prudence de se soustraire, par la fuite, à l'orage qui les menaçait. *Yermak-Temoseeff*, vaillant Cosaque, très-habile dans l'art de la guerre & très-estimé parmi ses compatriotes à cause de son expérience & de son grand courage, se retira vers les rivières Kama & *Tschussowaya* avec six ou sept mille hommes. Là il rencontra un neveu du fameux *Anika-Stroganoff*, duquel descendent les comtes & les barons de Stroganoff d'aujourd'hui. Son nom était *Maximius Stroganof*, il possédait une partie des terres laissées à ses ancêtres par la couronne, il reçut avec bonté cette troupe pour éviter d'en être maltraité. Yermak apprit dans ce lieu que quelques nations barbares, comme les *Baschkirs*, les *Wotes*, les *Ostiaks* & les *Tscheremisses* traitaient très-durement les sujets Russes près de Kama, qu'ils étaient soutenus secrétement par Kutschum kan de Sibérie & qu'ils en recevaient des secours; il se détermina à prendre vengeance de ces déprédations, il remonta les rivières dans les années 1578, 1579 & 1580, & arriva enfin à Tura, où il soumit plusieurs petits chefs de Tartares, & passa l'hiver à Chimgi. Son armée cependant était réduite à mille six cents trente-six hommes. Il défit encore les Tartares en 1587; mais toutes ses forces consistaient seulement alors en mille & soixante hommes. Il fut forcé avec ce petit nombre de livrer plusieurs combats avant d'arriver à l'Irtish, & de poursuivre ses victoires; ayant enfin totalement défait & mis en fuite Kutschum-Kan, il fit publiquement son entrée dans *Sibir*. Les Ostiaks & les Woguls anciens sujets de Kutschum, se fournirent alors à Yermak, & même un grand nombre de Tartares reconnurent sa souveraineté. Yermak avait fait un butin considérable & reçu en outre, de ses nouveaux sujets, des présens d'une grande valeur. Il regla alors le tribut qu'ils devaient payer, & envoya un Cosaque, nommé Ataman, au czar de Moscow, avec la nouvelle de sa victoire. Il envoya en même-temps à ce prince les plus belles fourrures par forme de tribut, & lui demanda sa grace & le pria de lui envoyer quelques secours. Le czar lui envoya aussi des présens, & les secours qu'il demandait, lui accorda sa grace & le confirma dans sa nouvelle dignité. Mais son extrême avidité pour étendre ses conquêtes l'engagea à croire trop facilement aux faux rapports, & sa négligence pour les approvisionemens fit périr de faim la plus grande partie de son armée, il mourut lui-même dans une expédition sur l'Irtish. Sibir & toutes les nouvelles conquêtes furent perdues pour quelques temps; mais de plus grandes forces ayant été bientôt envoyées dans cette contrée, elle fut peuplée & fortifiée, on y bâtit des villes; & en peu d'années les victoires & les acquisitions des Russes s'étendirent rapidement d'une rivière à l'autre, & sur diverses tribus errantes & éloignées les unes des autres, jusqu'à ce qu'enfin Dmitrei-Kopiloff arriva en 1639 à la côte orientale de l'Asie, non loin du lieu où Ochotsk est maintenant. Si nous jetons un coup-d'œil sur la carte de Russie, nous verrons que dans l'espace de cinquante-neuf ans, des troupes légères & des chasseurs indisciplinés ont ajouté à cet empire une étendue de pays de près de quatre-vingts degrés en longueur, & dans le nord même il touche au cent quatre-vingt-cinquième degré de longitude à l'est de l'île de Fer & conséquemment, c'est plus d'un quat du globe. Ce pays s'étend en largeur de plus de vingt-cinq degrés, c'est-à-dire, depuis le soixante-quinzième jusqu'au cinquantième degré de latitude septentrionale. Il ne faut que lire l'histoire de ces conquêtes pour avoir une idée de la constance, de l'intrépidité & de la fermeté du caractère des Russes. Leurs corps endurcis à supporter les plus grandes fatigues, leur force & leur constitution égalent le courage avec lequel ils ont exécuté de si vastes conquêtes. Mais au milieu de ces succès & de cet accroissement de richesse & de pouvoir, cet empire si puissant n'avait pas encore fait un pas vers la civilisation que les Européens occidentaux avaient porté au plus haut période, il lui fut même difficile de résister à la puissance du petit royaume de Suède. Mais heureusement pour la gloire de cet empire, la providence lui envoya un homme, qui malgré le peu de soin qu'on avait donné à son éducation & les efforts de ceux qui l'entouraient pour faire prendre un faux pli à ses talens & aux qualités de son esprit, &, malgré les préjugés qu'il a eu à vaincre & qu'on aurait cru insurmontables, eut assez de courage & de génie pour se donner lui-même une éducation ou plutôt s'en donner une nouvelle. Dans l'âge mur, doué d'assez de pénétration pour apprécier à leur juste valeur ceux qui l'entouraient, & pour ne se point méprendre dans le choix de ses nouveaux serviteurs; savant dans l'art de former l'esprit des peuples qu'il gouvernait, il leur fit faire, en un moment, un chemin rapide dans la civilisation & le raffinement des mœurs, leur donna du poids dans la balance politique de l'Europe; enfin un prince, qui par son génie créateur préparait son peuple à s'élever au degré de grandeur & de splendeur où nous le voyons aujourd'hui parvenu, sous le gouvernement de sa petite niéce, au grand étonnement de toute l'Europe.

Les découvertes de cette nation dans le Nord ont trouvé de grands historiens. Les conquêtes des autres princes ont été un fléau pour les peuples qu'ils ont vaincus, leurs armes ont dépeuplé des pays immenſes, & ils ont ſouvent acheté des déſerts par la mort de pluſieurs milliers d'hommes; la conquête de la Sibérie, au contraire, ne coûta pas une goute de ſang; ce pays a été peuplé & cultivé depuis qu'il a été conquis, & croît toujours en richeſſe, en population & en proſpérité.

Cette hiſtoire a été écrite fort au long avec beaucoup de fidélité & d'exactitude, par M. *Jean Eberhard-Fiſcher*, de l'académie de Péterſbourg. Les premières découvertes des Ruſſes ſur les côtes ſeptentrionales de l'Océan, la certitude que l'Aſie ne communique point avec l'Amérique, la diſtance entre l'empire des Ruſſes & celui du Japon, celle qui ſe trouve entre la Ruſſie & l'Amérique, ont été clairement démontrées par le ſavant conſeiller d'état, Geo. Fred. Muller (*a*), dans le troiſième volume de ſes *Collections* de l'hiſtoire Ruſſe. Enfin un grand naturaliſte, le profeſſeur *Pallas*, a continué avec un ſoin & une diligence louable dans ſes nouvelles Collections du Nord, l'hiſtoire des dernières Découvertes faites

---

(*a*) Le lecteur trouvera un ſupplément à ces auteurs, dans l'ouvrage de M. *Coxe*, qui a pour titre : *Relation des Découvertes des Ruſſes entre l'Aſie & l'Amérique*, in-4°. 1780.

depuis la publication de l'hiſtoire de M. *Muller*, & particulièrement depuis le commencement du règne de la célèbre Catherine II. Il eſt donc inutile de donner ici la relation des voyages & des découvertes faites par les Ruſſes dans le Nord. Il n'eſt pas néceſſaire de les recueillir avec beaucoup de peine & de travail dans pluſieurs ouvrages différens & très-rares, comme l'hiſtoire des découvertes faites par d'autres nations, mais elle eſt conſignée dans des ouvrages nouveaux, écrits avec un eſprit vraiment philoſophique, & eſt entre les mains de tout le monde. J'ajouterai ſeulement quelques obſervations générales.

L'eſprit vaſte de l'immortel Pierre avait d'abord eſquiſſé tout le plan de ces différens voyages de découvertes; & ſa femme, ainſi que les monarques qui lui ſuccédèrent, particulièrement les impératrices Anne & Eliſabeth, contribuèrent de tout leur pouvoir, à l'exécution de ce plan. On alla d'Archangel à l'Oby, de l'Oby au Jeniſea, du Jeniſea on arriva au Lena en voyageant en partie par eau, en partie par terre. Du Lena on alla par l'eſt juſqu'au *Judigirka*. On alla d'*Ochotsk* par les îles Kuriles au Japon. *Beering* avait déjà, avant cette époque, navigué le long des côtes ſeptentrionales du Kamtſchatka, juſqu'au ſoixante-ſeizième degré de latitude nord. On entreprit encore un grand voyage dans le deſſein de découvrir le continent de l'Amérique en partant du *Kamtſchatka ;* entrepriſe dans laquelle le commodore Beering a réuſſi, ainſi que le capitaine Tſchirikow. L'un & l'autre de ces navigateurs, virent, outre les objets particuliers à leurs recherches, quelques îles, ſur l'une deſquelles *Beering* échoua, à peu de diſtance du Kamtſchatka, & où il mourut. Son équipage fit une petite barque des débris du vaiſſeau, & ſe retira dans le havre de Saint-Pierre & Saint-Paul au Kamtſchatka. Enſuite quelques marchands & des flibuſtiers allèrent dans ces lieux, avec la permiſſion de la cour, pour faire des découvertes, chaſſer, commercer & recueillir les tributs ; & quoique les vaiſſeaux dans leſquels ces premiers aventuriers s'embarquèrent, ne fuſſent autre choſe que de faibles planches attachées les unes aux autres par des bandes de cuir, ils découvrirent cependant dans les années 1745 & 1750, un grouppe d'îles nommées îles *Alautian.* Plus loin on trouva encore un autre grouppe d'îles qui furent appelées les îles *Andreanoff ;* enfin, on découvrit les îles Black-Fox ou du Renard-Noir, près du continent de l'Amérique. Tous ces grouppes d'îles compoſent un archipel conſidérable, qu'on a nommé certainement avec beaucoup de raiſon, Archipel de Catherine, en l'honneur de l'illuſtre impératrice ſeconde de ce nom. Il s'étend du Kamtſchatka à la pointe de terre appelée Alaska dans le nord de l'Amérique. Une chaîne d'îles s'étend depuis cette terre du Kamtſchatka juſqu'au Japon. Le Kamtſchatka, le nord de l'Amérique, le Japon, les îles Kuriles & celles de Catherine ont des volcans, dont pluſieurs brûlent encore & d'autres ſont éteints. Ces volcans occaſionnent tous les jours de nouvelles & de grandes révolutions dans ces contrées. Ils forment une chaîne de montagnes qui uniſſait autrefois les deux continens de la même manière qu'ils avaient été joints probablement l'un à l'autre dans les détroits de Beering. Un courant venu du ſud-oueſt & dirigé au nord-eſt, a auſſi formé la pointe du Kamtſchatka, appelée *Lopatka*, ainſi que la baie d'*Ochotsk* & celle de *Penſchinuan*, & entraîné dans ſon cours une grande quantité de terre qui a reſté dans le fond des eaux & forme ces bas-fonds ſur leſquels les glaces s'arrêtent ſi fréquemment aujourd'hui, & où elles ne peuvent plus fondre. Il n'eſt pas de mon objet de déterminer le temps où cette ſéparation eſt faite, ni de quelle manière cela eſt arrivé. Mais nous avons une preuve évidente qu'une grande & violente révolution de cette eſpèce a eu lieu. Les îles & les volcans qu'elles contiennent, ſont encore une preuve de la vérité de ce que j'ai avancé, que les

les îles ont été formées des continens divisés par quelques violentes secousses.

Les îles Catherine & le continent voisin du nord de l'Amérique fourniraient à un habile naturaliste une multitude d'objets pour des observations intéressantes. Il serait à souhaiter que l'illustre Catherine voulût bien donner des ordres pour faire quelques voyages dans ces contrées : ils contribueraient beaucoup à l'avancement des sciences, sur-tout de la géographie & de l'histoire des nations, & à étendre les bornes des connaissances humaines; ce qui procurerait de grands avantages au puissant empire qui reçoit ses lois, & donnerait à cette grande princesse des droits éternels à la vénération de la postérité.

OBSERVATIONS GÉNÉRALES

Sur les Découvertes faites dans le Nord, & Refléxions sur la Physique, l'Anthropologie, la Zoologie, la Botanique & la Minéralogie de ces contrées.

LE globe contient dans ce que nous en connaissons, une plus grande quantité de terres élevées au-dessus de la surface de la mer, dans les régions du nord que dans les terres polaires du ſud qui n'ont conſtamment montré à tous ceux qui les ont obſervées, que de vaſtes mers. C'eſt d'après ce principe que j'ai eſſayé de démontrer dans un autre ouvrage, que les contrées du pôle nord, priſes enſemble, ſont plus chaudes particulièrement en été, que celles du pôle ſud (*a*). En effet la grande profondeur des mers abſorbe les rayons du ſoleil qui ne peuvent pas communiquer auſſi aiſément de la chaleur à des eaux d'une ſi grande étendue & profondeur, qu'au fluide plus rare de l'atmoſphère. La terre au contraire réfléchit les rayons du ſoleil dans toutes ſortes de directions, ils ſe croiſent en tous ſens; & l'expérience a démontré que c'eſt ſeulement par ces rayons ainſi raſſemblés, que le ſoleil peut donner un grand degré de chaleur. Il eſt auſſi confirmé par l'expérience de tous ceux qui ont navigué dans les régions du nord, qu'on reſſent fréquemment, entre les ſoixante - dixième & quatre - vingtième degrés de latitude nord, une chaleur aſſez grande pour faire fondre le goudron qui enduit les vaiſſeaux. Mais vers le pôle ſud la température de l'air eſt beaucoup plus froide, & dans ces contrées on ne jouit jamais de la douceur d'un jour chaud.

(*a*) Voyez mes *Obſervations faites pendant un voyage autour du monde*, *pag.* 99.

Dans les pays froids, on trouve une grande quantité de différentes eſpèces de talc & de mica, & beaucoup de ſtéatites & de pierres ollaires, particulièrement dans la baie d'Hudſon, dans le Groenland & le Spitzberg. Les productions volcaniques ſe voient en grande quantité dans le Groenland, l'Iſlande, ſur les côtes occidentales du nord de l'Amérique, ſur les îles Catherine & Kuriles & au Kamtſchatka. On a trouvé du cuivre natif dans la baie d'Hudſon & ſur l'île Copper (de Cuivre), près du Kamtſchatka. L'île de l'Ours ou de Cherry contient beaucoup de plomb & un peu d'argent natif. On aſſure qu'on a découvert dans le Groenland une mine contenant de l'argent & même de l'or.

Les côtes du Groenland ſont totalement bordées des deux côtés de rochers très-hauts & très-aigus. Cependant dans la baie d'Hudſon les montagnes commencent à être moins eſcarpées & dans quelques endroits les bords ſont plats & unis. L'Iſlande ainſi que le Spitzberg ſont des contrées toutes couvertes de rochers, la Nouvelle-Zemble préſente le même aſpect. Toute la côte du nord de la Sibérie eſt plate & baſſe. La côte orientale de l'Aſie juſqu'au Kamtchatka, eſt preſque partout haute & pleine de rochers. La côte de l'Amérique, au contraire, eſt baſſe & plate; mais au ſud d'Alaska, elle commence à ſe relever.

Les baies d'Hudſon & de Baffin auſſi bien que toutes les petites mers depuis le Labrador juſqu'au Cap-Farewel, ont été évidemment formées par la mer qui s'eſt jetée dans les terres. Ceci paraît également vrai, lorſqu'on obſerve la pointe élevée du Cap-Farewel & les hauts rochers de la côte orientale des îles de la Réſolution & de Saliſbury & ceux de toutes les îles de la baie d'Hudſon qui ſe terminent en écueils vers l'oueſt, comme ſi la terre en avait été entraînée par un flot venant de l'eſt qui ſe fut précipité ſur ces rochers. Le Groenland a une paſſe à l'eſt & une île à l'oueſt, c'eſt l'Iſlande. Le Spitzberg a un promontoire au ſud-oueſt, & au ſud-eſt une île. Tous les bords de la Sibérie le long de la mer Glaciale ſont plats, & les mers ſituées au nord de cette contrée ſont très-peu profondes. Nous avons déjà fait connaître, page 352, les effets phyſiques de la ſituation de la mer entre l'Aſie & l'Amérique, près du Kamtſchatka. Les mers dans ces régions ſont très-froides & couvertes en partie de glaces. C'eſt actuellement un fait pleinement confirmé que l'Océan ſe gèle dans ces parages, dès le mois d'août ou de ſeptembre, & que dans l'hiver, il ſe couvre dans l'eſpace d'une nuit, d'une glace de pluſieurs pouces d'épaiſſeur. La glace n'eſt donc pas produite par les rivières qui ſe jetent dans l'Océan, mais elle ſe forme dans la mer même. Les grands blocs de glace ſont pouſſés par les vents les uns ſur les autres & forment ainſi d'épaiſſes & de hautes montagnes. Mais la glace ſe forme de bien des manières. Nous ne pouvons pas dire quelle eſt la méthode que la nature emploie pour produire certains effets, parce qu'elle a pour parvenir à ſes fins, différens moyens qu'on ne peut découvrir que très-lentement. Au commencement de l'hiver l'Océan n'eſt pas auſſi froid qu'au commencement de l'été, qui ſuit un long & ennuyeux hiver dans ces régions. Dans la mer Glaciale les vents ſont très-violents, & lorſqu'ils ſoufflent ſur les immenſes plaines de glace de ces mers, le froid eſt inſupportable. Les vents d'eſt ſont auſſi plus communs qu'aucun autre vent ſous le cercle polaire arctique. La même choſe a été remarquée précédemment pour les régions polaires antarctiques. Les brouillards ſont très-fréquents dans ces climats; ce qui rend la navigation fort dangereuſe. Ces brouillards retiennent en bas, par leur preſſion, les vapeurs qui ſe feraient élevées dans l'atmoſphère, c'eſt pourquoi ils ont ſouvent une odeur déſagréable. Le tonnerre & les éclairs ſont très-rares dans ces contrées, d'abord parce que les aurores boréales y ſont très-fréquentes, & qu'elles conſument & détruiſent les exhalaiſons électriques, & encore parce que, dans ces régions couvertes de neiges éternelles, dont il ne ſe fond que très-peu dans l'eſpace de pluſieurs jours, la matière électrique ne peut s'élever ſans doute en aſſez grande quantité de la terre, ni ſe raſſembler pour former la matière du tonnerre & des éclairs. La petite quantité d'exhalaiſon électrique qui paraît dans les tempêtes, s'eſt élevée dans les airs des volcans de ces régions. L'abondance des brouillards & des vapeurs qui ſont en partie gelés, ſervent à produire un phénomène plus fréquent dans ces contrées que par-tout ailleurs. Les parélies ſont très-communs dans le nord, & ils ont été remarqués par pluſieurs voyageurs. Ces vapeurs dont l'atmoſphère abonde, ſervent auſſi à montrer dans ces affreuſes & triſtes contrées l'agréable lumière du ſoleil, quinze jours plutôt qu'elle n'aurait paru au-deſſus de l'horizon dans tout autre état de l'atmoſphère; conſéquemment elles contribuent à racourcir les nuits ténébreuſes de ces régions, & à vivifier la nature totalement engourdie par le ſouffle mortel de l'hiver.

Les êtres organiſés & animés ont été répandus d'une main avare dans ces triſtes lieux. La ſurface de la terre n'eſt couverte que d'un petit nombre de plantes, & celles que la bonté de la nature leur a accordées craignent, pour ainſi dire, d'élever la tête hors du ſein de leur mère, & de ſe montrer dans un air totalement privé de chaleur & condenſé par le ſouffle deſtructeur des vents du nord & de l'eſt. La terre elle-même n'eſt ni propre, ni préparée à recevoir les plantes confiées à ſes ſoins. Des rochers nus & arides préſentent, avec une intrépidité calme, leurs fronts calleux aux attaques de la gelée qui ravage tout; ils ſont couverts pendant la plus grande partie de l'année, d'une couche épaiſſe de neige, qui les préſerve long-temps de la deſtruction. Les pluies, les vents & la chaleur ſuccèdent alternativement au froid. Mais la chaleur & l'air fixe flottant dans l'atmoſphère, contribuent à détruire par degrés, dans les climats chauds & tempérés, les plus durs & les plus ſolides rochers. L'air fixe accompagné de la chaleur pénètre profondément dans la ſubſtance des pierres, en diſſout de petites parties que les pluies & les vents entraînent & emportent à de grandes diſtances; & par ce moyen, la ſurface de la terre devient de plus en plus capable de recevoir toutes les eſpèces de végétaux. Les ſemences légères portées par les vents à cette terre, y produiſent d'abord une petite mouſſe qui s'étend par degrés, réſiſte malgré ſa faible texture, au plus grand froid & déploye ſur la ſurface de la terre un tapis verdoyant. Ces mouſſes ſont les nourrices des autres végétaux. Les parties intérieures de ces mouſſes qui ſe détruisent annuellement, mêlées avec les parties dissoutes & cependant grossières de la terre, fournissent des molécules organisées qui contribuent à la nourriture & à l'accroissement des autres plantes; elles donnent aussi des parties grasses pour le développement d'une colonie future de végétaux. Les semences des autres plantes, portées des bords éloignés par la mer & les vents, même par les oiseaux dans leur plumage, & jetées sur les mousses, sont reçues par elles & préservées du froid avec un soin tout maternel, imbibées de l'humidité que ces mousses ont recueillie, & nourries par leurs exhalaisons huileuses. Ainsi elles croissent & se développent, portent enfin des semences, & mourant à leur tour, ajoutent à la terre des parties nutritives, & y répandent en même-temps de nouvelles semences, gages d'une nombreuse postérité. Mais arrêtons-nous un moment à considerer de plus près les productions du règne végétal. Elles sont, comme nous l'avons déjà observé, répandues avec économie dans les froides contrées des pôles; non à cause que la nature est marâtre envers elles, mais parce que l'intensité du froid dans ces climats trouble & arrête ses opérations, & conséquemment il lui faut un temps considérable pour produire des effets qu'elle produit en un petit nombre d'années sous la bénigne influence du soleil dans les climats plus tempérés. Cependant elle ſe montre ici une mère toujours indulgente. Les animaux s'engraiſſent d'une manière étonnante avec le peu de plantes rabougries qu'on trouve dans ces pays. Les lichen (*lichen-rangiferinus & iſlandicus*) poſſédent des qualités nutritives peu communes & engraiſſent en peu de temps les animaux qui s'en nourriſſent. Sur ces bords le cochléaria & les autres plantes de cette claſſe, ſe préſentent aux matelots infectés de fièvres putrides & mettent en peu de jours par leurs ſucs fortifians des bornes aux ravages du ſcorbut.

Quoique ces régions paraiſſent peu favoriſées de la nature, cependant la mer ni la terre ne ſont privées de créatures, qui outre une ſtructure organiſée ont la puiſſance & la conſcience du mouvement volontaire. Depuis le corail juſqu'aux quadrupèdes toutes les claſſes d'animaux ont leur repréſentant dans ces climats, d'ailleurs *inhoſpitaliers*. La Nouvelle-Zemble, le Spitzberg & le Groenland ont leurs rennes, leurs ours blancs & leurs renards gris; & la contrée ſituée au nord de la baie d'Hudſon eſt habitée par le biſon. Les lièvres, les ſouris & les *gloutons* ſont auſſi indigènes dans quelques-unes de ces régions. La mer abonde en toutes ſortes d'eſpèces de baleines & de dauphins; tandis que ſes bords & les vaſtes champs de glace qui flottent ſur ſes eaux, ſervent comme d'habitation à de nombreuſes eſpèces de phoques, auxquels la profondeur de l'Océan préſente, dans la multitude de ſes habitans, une abondante nourriture. De toutes ces régions du nord, la côte ſeptentrionale de la Sibérie eſt ſeule conſtamment habitée par l'eſpèce humaine, ſi nous en exceptons l'Amérique juſqu'à la baie d'Hudſon & le Groenland. Les hommes de cette race ont le corps, pour ainſi dire, contracté par le froid. Ils ont le teint d'un rouge foncé, les cheveux déliés, durs & noirs. Leur nourriture conſiſte en poiſſons, en phoques & en baleines, & l'huile de poiſſon fait leurs plus grandes délices. Leurs idées ſont, ſuivant notre manière de penſer, très-rétrécies; cependant ils montrent dans la conſtruction de leurs meubles & de leurs inſtrumens une habileté, une dextérité, qu'au premier abord on ne croirait pas qu'ils poſſédent. Les plaintes que nous entendons faire fréquemment de leur perfidie & de leur cruauté n'ont aucun fondement. Ce ſont les Européens qui ont attiré ſur eux, par leur violence, leurs meurtres & par les plus grandes cruautés, la vengeance de ce peuple naturellement hoſpitalier & d'un cœur excellent; enfin, ils lui ont appris à tromper. Ces peuples rempliſſent les devoirs paternels avec une tendreſſe, un courage & des ſoins tout particuliers, & dans des circonſtances où mille Européens abandonneraient leurs devoirs. Ils se hasardent sur la mer dans de petites barques de cuir, au milieu des plus grands dangers, des froids les plus perçans, des neiges, des glaces & des vents, pour chercher la nourriture de leurs enfans. En un mot, plus nous contemplons ces objets, plus nous voyons de tous côtés des traces de la providence, de la sagesse & de la bonté d'un Etre-Suprême qui dispense ses bienfaits sur tout l'univers, & qui manifeste la plus grande intelligence dans l'accomplissement de ses desseins. Tant de sollicitude doit exciter dans les cœurs sensibles, les sentimens les plus vifs de gratitude, les affecter des plus tendres émotions, & leur faire verser des larmes de joie & d'admiration.

FIN.

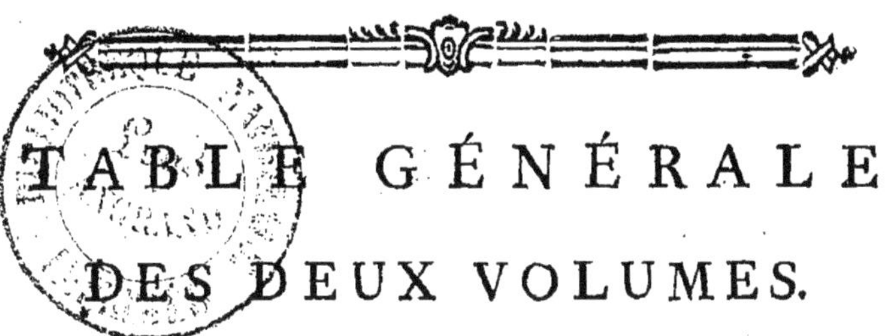

TABLE GÉNÉRALE DES DEUX VOLUMES.

Le chiffre romain indique le tome, & le chiffre arabe la page.

A

D

E

F

G

H

Hasicar,

J

N. B. Les noms d'hommes qui ne se trouvent pas au K, se trouveront au C, & *vice versa.*

L

N

O

Q

R

S

Saxons,

T

U

V

W

X

Y

Z

Fin de la Table des Matières.

APPROBATION.

J'AI lu, par ordre de Monſeigneur le Garde de Sceaux, *l'Hiſtoire des Découvertes & des Voyages faits dans le Nord*, *&c. &c.* Je crois que ces recherches d'un ſavant auſſi diſtingué que modeſte, auſſi juſte qu'impartial, ſeront fort bien accueilies. A Paris, ce 2 Avril 1788.

Signé, BOYEZ.

PRIVILEGE DU ROI.

LOUIS, par la grace de Dieu, Roi de France & de Navarre: A nos amés & féaux Conſeillers, les Gens tenant nos Cours de Parlement, Maîtres des Requêtes ordinaires de notre Hôtel, Grand Conſeil, Prévôt de Paris, Baillifs, Sénéchaux, leurs Lieutenans Civils, & autres nos Juſticiers qu'il appartiendra; SALUT. Notre amé le Sieur CUCHET, Libraire à Paris, Nous a fait expoſer qu'il déſireroit faire imprimer & donner au Public, *l'Hiſtoire des Découvertes & des Voyages faits dans le Nord, par J. R. Forſter*; s'il Nous plaiſoit lui accorder nos Lettres de Privilège pour ce néceſſaires: A CES CAUSES, voulant favorablement traiter l'Expoſant, Nous lui avons permis & permettons par ces Préſentes, de faire imprimer ledit Ouvrage autant de fois que bon lui ſemblera, & de le vendre faire vendre & débiter par tout notre Royaume, pendant le tems de dix années conſécutives à compter de la date des Préſentes. Faiſons défenſes à tous Imprimeurs, Libraires & autres perſonnes, de quelque qualité & condition qu'elles ſoient, d'en introduire d'impreſſion étrangere dans aucun lieu de notre obéiſſance; comme auſſi d'imprimer ou faire imprimer, vendre, faire vendre, débiter ni contrefaire ledit Ouvrage, ſous quelque prétexte que ce puiſſe être, ſans la permiſſion expreſſe & par écrit dudit Expoſant, ſes hoirs ou ayans-cauſe, à peine de ſaiſie & de confiſcation des Exemplaires contrefaits, de ſix mille livres d'amende, qui ne pourra être modérée, pour la première fois, de pareille amende & de déchéance d'état en cas de récidive, & de tous dépens, dommages & intérêts, conformément à l'Arrêt du Conſeil du 30 Août 1777, concernant les contrefaçons; à la charge que ces Préſentes ſeront enregiſtrées tout au long ſur le Regiſtre de la Communauté des Imprimeurs & Libraires de Paris, dans trois mois de la date d'icelles; que l'impreſſion dudit Ouvrage ſera faite dans notre Royaume & non ailleurs, en beau papier & beaux caracteres, conformément aux Réglemens de la Librairie, à peine de déchéance du présent Privilège ; qu'avant de l'exposer en vente, le manuscrit qui aura servi de copie à l'impression dudit Ouvrage, sera remis dans le même état où l'Approbation y aura été donnée, ès mains de notre très-cher & féal Chevalier Garde-des-Sceaux de France le sieur DE LAMOIGNON, Commandeur de nos Ordres ; qu'il en sera ensuite remis deux exemplaires dans notre Bibliotheque publique, un dans celle de notre Château du Louvre, un dans celle de notre très-cher & féal Chevalier, Chancelier de France, le Sieur DE MAUPEOU, & un dans celle dudit sieur DE LAMOIGNON ; le tout à peine de nullité des Présentes. Du contenu desquelles vous mandons & enjoignons de faire jouir ledit Exposant & ses ayans cause, pleinement & paisiblement, sans souffrir qu'il leur soit fait aucun trouble ou empêchement. Voulons que la copie des Présentes, qui sera imprimée tout au long, au commencement ou à la fin dudit Ouvrage, soit tenue pour duement signifiée, & qu'aux copies collationnées par l'un de nos amés & féaux Conseillers-Secrétaires foi soit ajoutée comme à l'original. Commandons au premier notre Huissier ou Sergent sur ce requis, de faire pour l'exécution d'icelles, tous actes requis & nécessaires, sans demander autre permission, & nonobstant clameur de Haro, Charte Normande, & Lettres à ce contraires : Car tel est notre plaisir. Donné à Versailles le dixième jour du mois de Mai, l'an de grace mil sept cent quatre-vingt-huit, & de notre Regne le quinziéme. Par le Roi, en son Conseil.

Signé, LE BEGUE.

Registré sur le Registre XXIII de la Chambre Royale & Syndicale des Libraires & Imprimeurs de Paris, N°. 1076, fol. 543, conformément aux dispositions énoncées dans le présent Privilège, & à la charge de remettre à ladite Chambre les neuf Exemplaires prescrits par l'Arrêt du Conseil du 16 Avril 1785. A Paris, le 10 Mai 1788.

Signé, KNAPEN, Syndic.

De l'Imprimerie de CHARDON, rue de la Harpe.

www.ingramcontent.com/pod-product-compliance
Ingram Content Group UK Ltd.
Pitfield, Milton Keynes, MK11 3LW, UK
UKHW020153250726
13967UKWH00003B/1029

9 782012 888647